计算机

科学与技术丛书·新形态教材

Python程序设计

基础入门、数据分析及网络爬虫

微课视频版

张　勇　唐颖军　陈爱国　朱文强
石宇雯　熊堂堂　谢宝来　◎ 编著

清華大学出版社

北京

内 容 简 介

本书基于 Python 3.10 全面介绍 Python 语言程序设计方法，全书共 10 章。首先，基于 Visual Studio 和 PyCharm 集成开发环境介绍设计 Python 语言程序的方法，讨论 Python 语言的常用数据结构的定义与用法，阐述分支与循环控制语句设计方法；然后，在讨论 Python 语言中的常用数据类型及其用法的基础上，重点论述函数、模块和包的概念与设计方法；接着，深入介绍 Python 语言中类的定义与应用方法，介绍文件操作与异常处理方法，阐述图形用户界面程序设计方法；最后，介绍数据分析与可视化技术和网络爬虫。全书内容丰富，实例翔实，配套实例讲解视频和教学资源。

本书可作为高等院校计算机科学与技术、软件与网络工程、电子信息工程和自动控制工程等工学相关专业的本科生学习 Python 语言的教材，也可作为程序设计爱好者学习 Python 语言的参考书。

图书在版编目(CIP)数据

Python 程序设计：基础入门、数据分析及网络爬虫：微课视频版/张勇等编著. —北京：清华大学出版社，2023.5(2024.8重印)
(计算机科学与技术丛书)
新形态教材
ISBN 978-7-302-63029-6

Ⅰ.①P… Ⅱ.①张… Ⅲ.①软件工具－程序设计－高等学校－教材 Ⅳ.①TP311.561

中国国家版本馆 CIP 数据核字(2023)第 043797 号

责任编辑：刘　星
封面设计：吴　刚
责任校对：申晓焕
责任印制：刘海龙

出版发行：清华大学出版社
　　　　网　　　　址：https://www.tup.com.cn,https://www.wqxuetang.com
　　　　地　　　　址：北京清华大学学研大厦 A 座　　邮　　编：100084
　　　　社　总　机：010-83470000　　　　邮　　购：010-62786544
　　　　投稿与读者服务：010-62776969，c-service@tup.tsinghua.edu.cn
　　　　质量反馈：010-62772015，zhiliang@tup.tsinghua.edu.cn
　　　　课件下载：https://www.tup.com.cn,010-83470236
印　装　者：三河市铭诚印务有限公司
经　　销：全国新华书店
开　　本：185mm×260mm　　印　张：16.25　　　　字　　数：395 千字
版　　次：2023 年 6 月第 1 版　　　　　　　　　　印　　次：2024 年 8 月第 2 次印刷
印　　数：1501～2500
定　　价：59.00 元

产品编号：099999-01

前 言
PREFACE

目前，计算机程序设计语言处于"百花齐放、百家争鸣"的局面。应用广泛的计算机语言有 Basic 语言、C/C++ 语言、C♯语言、Java 语言、JavaScript 语言（网页设计语言）、Delphi 语言（Pascal 语言）、Swift 语言（iOS 操作系统应用设计语言）、Wolfram 语言（基于 Mathematica 软件的科学计算语言）等。程序员都有类似的感觉，当精通了一门计算机语言后，其他的计算机语言就会有似曾相识的感觉，从而学习另一种计算机语言就变得轻松愉快了。但是，每种计算机语言都有其缺点，例如，C 语言的栈区较小、指针功能强大但易于内存访问越界等。有没有一种计算机语言，在吸取了众多计算机语言的优点的同时，又改进了它们的缺点？如果有，那就是 Python 语言。

Python 语言自 1991 年诞生以来，迅速成长为拥有庞大用户群体和健壮生态系统的计算机语言，而且是不断进化的计算机语言。相比于其他计算机语言，Python 语言至少具有以下的优点。

其一，Python 语言的设计思想是极致精简，表现在用最简练的代码实现尽可能多的功能，或者用最简形式的代码实现所需要的功能。Python 语言用语句的"缩进"格式区分代码的等级。

其二，Python 语言是开源的计算机语言，Python 语言的每个版本的升级都是在全球范围内程序员的贡献基础上的改进。请注意 Python 3 与 Python 2 不兼容，Python 3 才真正吸引了作者的注意。

其三，Python 语言具有极强的跨平台能力，可应用于 Windows、macOS、Linux/UNIX 等十多种平台上。

其四，Python 语言的 IDLE 程序（Python 语言自带的集成开发与学习环境）具有交互式执行功能，例如，IDLE 程序可作为超级计算器。

其五，Python 语言是面向对象的计算机语言，其类与对象的设计技巧比 C++ 语言更容易理解和掌握。

其六，Python 语言具有强大的生态圈，众多程序员基于 Python 语言开发了适用于各个专业领域的程序包，这些程序包使得 Python 语言甚至可以和 MATLAB 媲美。

在作者的教学和科研活动中，主要使用的语言为 Wolfram 语言、Python 语言和 C++/C♯ 语言。其中，Wolfram 语言用于处理全部的科学计算问题；Python 语言作为通用计算机语言，融合算法与界面的实现与设计；C++/C♯语言用于在计算效率上进行优化处理。我们向读者推荐《Mathematica 程序设计导论》（清华大学出版社，2022 年）和《精通 C++ 语言》（清华大学出版社，2022 年），帮助学习 Wolfram 语言和 C++ 语言。我们借助本书向读者推荐 Python 语言。Python 语言生态圈中流行着一种说法，当一个程序员深入接触了 Python 语言后，他就离不开 Python 语言了。

本书基于 Python 3.10 全面介绍 Python 语言的程序设计方法。全书共 10 章。第 1 章为 Python 语言入门,介绍基于 Visual Studio 和 PyCharm 集成开发环境设计 Python 语言程序的方法;第 2 章为 Python 编程基础,深入讨论 Python 语言中最重要的数据结构——列表的用法以及字符串的使用方法;第 3 章为程序控制,阐述 Python 语言中的分支与循环语句设计方法;第 4 章为数据表示,讨论 Python 语言中的常用数据类型及其用法;第 5 章为函数与模块,重点讨论 Python 语言中函数、模块和包的概念与设计方法;第 6 章为类与对象,介绍 Python 语言中类的定义与应用方法;第 7 章为文件操作与异常,介绍 Python 语言的文件操作与异常处理方法;第 8 章为图形用户界面设计,阐述带有图形用户界面的应用程序设计方法;第 9 章为数据分析与可视化,介绍 numpy、pandas 和 matplotlib 三个常用程序包的用法,这三个包依次为数组与矩阵计算、数据统计与分析以及绘图程序库;第 10 章为网络爬虫,阐述网络数据"爬"取方法。全书内容丰富,实例翔实,适合教学与自学。

本书作为计算机语言教材,若课时为 48 学时,宜讲授第 1~7 章;若课时为 64 学时,宜讲授第 1~10 章。本书提供了全部源程序,但作者强烈建议读者自行输入代码,并调试程序,以达到对 Python 语言融会贯通的目的。真正掌握好一门计算机语言,唯一的捷径或窍门在于持续编程与应用。

配 套 资 源

- **程序代码**:扫描目录上方的二维码下载。
- **教学课件、教学大纲、实验大纲、教学日历等资源**:扫描封底的"书圈"二维码在公众号下载,或者到清华大学出版社官方网站本书页面下载。
- **微课视频(300 分钟,126 集)**:扫描书中相应章节中的二维码在线学习。

注:请先扫描封底刮刮卡中的二维码进行绑定后再获取配套资源。

本书由江西财经大学量子计算研究中心信息安全课题组编写。其中,朱文强编写第 1 章,陈爱国编写第 2 章,熊堂堂编写第 3、4 章,石宇雯编写第 5、10 章,谢宝来编写第 6、7 章,张勇编写第 8 章和附录,唐颖军编写第 9 章。全书由张勇统稿、定稿。作者张勇感谢导师陈天麒教授(电子科技大学)、洪时中研究员(电子科技大学、成都市地震局)、汪国平教授(北京大学)对作者科研工作和学术研究的长期指导,他们对科学的热爱和对作者的鼓励是作者从事科研工作的巨大精神支柱;感谢爱人贾晓天老师在烦琐的资料整理工作方面所做的细致工作。全体作者感谢清华大学出版社工作人员对本书写作和出版的支持。

本书极力呈现 Python 语言的魅力和应用技巧,但限于作者的知识水平,书中内容难免有不足之处,恳请同行专家和读者朋友不吝赐教。

张 勇

2023 年 4 月

于江西财经大学麦庐园

微课视频清单

序号	视频名称	书中位置	序号	视频名称	书中位置
1	模块 zym0001	图 1-1 上方	41	模块 zym0410	4.2.2 程序段 4-10
2	模块 zym0002	图 1-8 上方	42	模块 zym0411	4.2.3 程序段 4-11
3	模块 zym0003	图 1-11 上方	43	模块 zym0412	4.2.4 程序段 4-12
4	模块 zym0101	1.3 程序段 1-4	44	模块 zym0413	4.3.1 程序段 4-13
5	模块 zym0102	1.3 程序段 1-5	45	模块 zym0414	4.3.2 程序段 4-14
6	模块 zym0103	1.3 程序段 1-6	46	模块 zym0415	4.3.3 程序段 4-15
7	模块 zym0201-1	2.1 程序段 2-1	47	模块 zym0416	4.3.4 程序段 4-16
8	模块 zym0201-2	2.1 程序段 2-2	48	模块 zym0417	4.4 程序段 4-17
9	模块 zym0202	2.3.6 程序段 2-3	49	模块 zym0418	4.4 程序段 4-18
10	模块 zym0203	2.4.2 程序段 2-4	50	模块 zym0501	5.1 程序段 5-1
11	模块 zym0204	2.4.3 程序段 2-5	51	模块 zym0502	5.2.1 程序段 5-2
12	模块 zym0205	2.4.3 程序段 2-6	52	模块 zym0503	5.2.1 程序段 5-3
13	模块 zym0206	2.5.1 程序段 2-7	53	模块 zym0504	5.2.2 程序段 5-4
14	模块 zym0207	2.5.2 程序段 2-8	54	模块 zym0505	5.2.2 程序段 5-5
15	模块 zym0208	2.5.3 程序段 2-9	55	模块 zym0506	5.2.2 程序段 5-6
16	模块 zym0301	3.1 程序段 3-1	56	模块 zym0507	5.2.3 程序段 5-7
17	模块 zym0302	3.1 程序段 3-2	57	模块 zym0508	5.2.4 程序段 5-8
18	模块 zym0303	3.2.1 程序段 3-3	58	模块 zym0509	5.2.4 程序段 5-9
19	模块 zym0304	3.2.2 程序段 3-4	59	模块 zym0510	5.2.4 程序段 5-10
20	模块 zym0305	3.2.2 程序段 3-5	60	模块 zym0511	5.2.4 程序段 5-11
21	模块 zym0306	3.2.2 程序段 3-6	61	模块 zym0512	5.3 程序段 5-12
22	模块 zym0307	3.3.1 程序段 3-7	62	模块 zym0513	5.3 程序段 5-13
23	模块 zym0308	3.3.1 程序段 3-8	63	模块 zym0514	5.3 程序段 5-14
24	模块 zym0309	3.3.1 程序段 3-9	64	模块 zym0515	5.3 程序段 5-15
25	模块 zym0310	3.3.1 程序段 3-10	65	模块 zym0516	5.3 程序段 5-16
26	模块 zym0311	3.3.2 程序段 3-11	66	模块 zym0517	5.3 程序段 5-17
27	模块 zym0312	3.3.2 程序段 3-12	67	模块 zym 0518～0521	5.5 程序段 5-18
28	模块 zym0313	3.4 程序段 3-13	68	模块 zym0522	5.5 程序段 5-22
29	模块 zym0314	3.4 程序段 3-14	69	模块 zym0523	5.5 程序段 5-23
30	模块 zym0315	3.4 程序段 3-15	70	模块 zym0601	6.1 程序段 6-1
31	模块 zym0316	3.4 程序段 3-16	71	模块 zym0602	6.2.1 程序段 6-2
32	模块 zym0401	4.1.1 程序段 4-1	72	模块 zym0603	6.2.2 程序段 6-3
33	模块 zym0402	4.1.1 程序段 4-2	73	模块 zym0604	6.2.3 程序段 6-4
34	模块 zym0403	4.1.2 程序段 4-3	74	模块 zym0605	6.2.3 程序段 6-5
35	模块 zym0404	4.1.2 程序段 4-4	75	模块 zym0606	6.2.4 程序段 6-6
36	模块 zym0405	4.1.2 程序段 4-5	76	模块 zym0607	6.3 程序段 6-7
37	模块 zym0406	4.1.3 程序段 4-6	77	模块 zym0608	6.3 程序段 6-8
38	模块 zym0407	4.1.4 程序段 4-7	78	模块 zym0609	6.3 程序段 6-9
39	模块 zym0408	4.1.4 程序段 4-8	79	模块 zym0610	6.4 程序段 6-10
40	模块 zym0409	4.2.1 程序段 4-9	80	模块 zym0701	7.1.1 程序段 7-1

续表

序　号	视 频 名 称	书 中 位 置	序　号	视 频 名 称	书 中 位 置
81	模块 zym0702	7.1.1 程序段 7-2	104	模块 zym0817	8.4.13 程序段 8-17
82	模块 zym0703	7.1.2 程序段 7-3	105	模块 zym0818	8.5 程序段 8-18
83	模块 zym0704	7.1.3 程序段 7-4	106	模块 zym0819	8.6 程序段 8-19
84	模块 zym0705	7.1.3 程序段 7-5	107	模块 zym0901	9.1.1 程序段 9-1
85	模块 zym0706	7.2.1 程序段 7-6	108	模块 zym0902	9.1.2 程序段 9-2
86	模块 zym0707	7.2.2 程序段 7-7	109	模块 zym0903	9.1.3 程序段 9-3
87	模块 zym0708	7.2.3 程序段 7-8	110	模块 zym0904	9.1.4 程序段 9-4
88	模块 zym0801	8.1 程序段 8-1	111	模块 zym0905	9.2.1 程序段 9-5
89	模块 zym0802	8.1 程序段 8-2	112	模块 zym0906	9.2.2 程序段 9-6
90	模块 zym0803	8.2 程序段 8-3	113	模块 zym0907	9.2.3 程序段 9-7
91	模块 zym0804	8.3 程序段 8-4	114	模块 zym0908	9.2.4 程序段 9-8
92	模块 zym0805	8.4.1 程序段 8-5	115	模块 zym0909	9.2.5 程序段 9-9
93	模块 zym0806	8.4.2 程序段 8-6	116	模块 zym0910	9.2.6 程序段 9-10
94	模块 zym0807	8.4.3 程序段 8-7	117	模块 zym0911	9.3.1 程序段 9-11
95	模块 zym0808	8.4.4 程序段 8-8	118	模块 zym0912	9.3.2 程序段 9-12
96	模块 zym0809	8.4.5 程序段 8-9	119	模块 zym0913	9.3.3 程序段 9-13
97	模块 zym0810	8.4.6 程序段 8-10	120	模块 zym1001	10.1.1 程序段 10-1
98	模块 zym0811	8.4.7 程序段 8-11	121	模块 zym1002	10.1.2 程序段 10-2
99	模块 zym0812	8.4.8 程序段 8-12	122	模块 zym1003	10.2.1 程序段 10-3
100	模块 zym0813	8.4.9 程序段 8-13	123	模块 zym1004	10.2.1 程序段 10-4
101	模块 zym0814	8.4.10 程序段 8-14	124	模块 zym1005	10.2.2 程序段 10-5
102	模块 zym0815	8.4.11 程序段 8-15	125	模块 zym1006	10.3.1 程序段 10-6
103	模块 zym0816	8.4.12 程序段 8-16	126	模块 zym1007	10.3.2 程序段 10-7

目 录
CONTENTS

配套资源

第1章

Python语言入门

计算机由硬件和软件组成，其中，硬件部分包括主机板、中央处理器(CPU)、内部存储器(内存条)、外部存储器(硬盘)、显示适配器(显卡)、显示器和键盘、鼠标等；软件部分包括Windows、macOS、Linux/UNIX等操作系统软件以及Office办公软件、Mathematica科学计算软件、Visual Studio集成开发环境软件、Adobe Acrobat阅读软件、Altium Designer电路设计软件和Microsoft Edge浏览器软件等应用软件。计算机软件是应用计算机硬件解决各种问题的必备"方法"，而计算机语言则是编写各类计算机软件的必备"工具"。Python语言是目前最简捷高效的计算机语言之一，可基于各类操作系统编写应用软件，适合于各个应用领域和年龄段的程序设计人员。本章将介绍Python语言的安装与开发环境，并详细介绍Python程序的框架结构，供读者快速入门。

本章的学习重点：

(1) 了解Python语言及其扩展程序包的安装。

(2) 掌握Python语言程序的基本框架结构。

(3) 学会使用Visual Studio开发环境设计与运行Python程序。

(4) 熟练应用PyCharm集成开发环境设计与运行Python程序。

1.1 Python 语言

计算机可以直接完成的运算称为机器指令，机器指令由操作码和操作数组成，操作码和操作数均为二进制数，操作码指示CPU(中央处理器，由控制器和运算器组成)对操作数施加所需要的运算操作。计算机只能运行由机器指令组成的程序，也称为机器语言程序。早期的计算机科学家使用机器语言进行程序设计。

在现代计算机上进行机器语言程序设计的难度是无法想象的。表1-1中的这段"数码"是运行于STC89C52单片机上的完整机器语言程序，该程序仅实现了3加5的操作。

表1-1　单片机STC89C52上的机器语言代码实例

地址(十六进制数)	机器指令(二进制数)	地址(十六进制数)	机器指令(二进制数)
0000	00000010	0002	00000000
0001	00000001	0003~00FF	11111111

续表

地址(十六进制数)	机器指令(二进制数)	地址(十六进制数)	机器指令(二进制数)
0100	01110100	0103	00000101
0101	00000011	0104	00100001
0102	00100100	0105	00000100

在表 1-1 中,地址一栏中的"0003～00FF"表示地址 0003H 至 00FFH 的存储空间,这部分空间的存储字节中均为数码"11111111",这里的"H"表示十六进制数后缀。注意:地址空间"0003～00FF"中为无效代码。借助"编程下载器"将表 1-1 中的机器代码下载到 STC89C52 单片机中,将完成 3 加 5 的操作,运算结果保存在累加器 A 中。

计算机语言发展历程中的重大进步是汇编语言的出现,它将机器语言指令用助记符表示,称为汇编指令。计算机科学家用汇编语言编写计算机程序,然后,借助"编译器"将汇编语言"翻译"为机器语言指令,再存储到计算机存储器中供 CPU 读取和执行。表 1-1 中的机器指令对应的汇编语言指令如程序段 1-1 所示。

程序段 1-1　单片机 STC89C52 的汇编语言指令实例

```
1       ORG         0
2       LJMP        100H
3       ORG         100H
4       MAIN:
5       MOV         A, #3H
6       ADD         A, #5H
7       AJMP        $
8       END
```

程序段 1-1 中的汇编程序是一个完整的汇编语言程序,可以在 Keil C51 版本 9.60a 及其最新版本上编译通过,并可下载到 STC89C52 单片机内运行。程序段 1-1 的含义为:定位到存储器的 0 地址处(第 1 行);写入指令"LJMP　100H"(第 2 行);定位到存储器的 100H 处(第 3 行);为第 100H 的地址指定一个标号 MAIN(第 4 行);在 100H 开始的地址处依次写入指令"MOV　A, #3H""ADD　A, #5H""AJMP　$"(第 5～7 行);第 8 行的 END 表示汇编语言结束符。

程序段 1-1 的执行过程为:单片机上电后,程序指针指向地址 0 处,该处为一个跳转指令(第 2 行),跳转到第 100H 地址处(第 5 行),将立即数 3 存入累加器 A 中(第 5 行),然后将 A 与立即数 5 相加,其和保存在 A 中(第 6 行),第 7 行表示程序指针循环跳转到当前地址处,等待新的(中断)任务。

从表 1-1 和程序段 1-1 可以感受到,汇编指令与机器语言指令几乎是一一对应的,汇编语言是公认的编译和执行效率最高的计算机语言。但是汇编语言也仅限于计算机科学家使用。

计算机语言发展史上具有变革性意义的事件是 C 语言的诞生。C 语言是一种接近于自然语言且具有地址访问能力的计算机语言,C 语言对计算机的发展做出了其他语言无法比拟的贡献。例如,C 语言可以开发各类操作系统软件,使计算机的软件变得易用且界面友好;C 语言使计算机编程大众化,快速催生了内容丰富和形式多样的海量应用软件。

下面的程序段 1-2 展示了实现两个整数相加的 C 语言程序。

程序段 1-2　实现两个整数相加的 C 语言程序实例

```
1      # include < stdio. h >
2      int main()
3      {
4          int a = 3, b = 5;
5          int c;
6          c = a + b;
7          printf(" % d  +  % d  =  % d\n", a, b, c);
8          return 0;
9      }
```

程序段 1-2 可在集成开发环境 Embarcadero Dev C++6.3 上编译运行,得到的可执行文件的大小超过 350KB,输出结果为:

```
3 + 5 = 8
```

程序段 1-2 中,第 1 行包括了 C 语言库文件 stdio. h(也称头文件),第 7 行的 printf 函数的声明位于该库文件中;第 2 行定义了函数 main,C 语言程序的入口为 main 函数;第 3 行和第 9 行的花括号相匹配,表示第 4~8 行的语句均属于 main 函数;第 4 行定义整数变量 a 和 b,并给这两个变量分别赋了初值 3 和 5;第 5 行定义整型变量 c;第 6 行执行 a 加 b 的操作,将结果赋给变量 c;第 7 行调用 printf 函数输出结果"3 + 5 = 8",这里的"%d"为格式化输出控制符,表示输出整型数,第 7 行的三个"%d"按从左向右的顺序依次配对后面的变量 a、b 和 c。

C 语言的出现使得计算机语言的发展进入了高速发展时期。为了借助计算机实现更加安全和更加快速的程序设计,面向对象的计算机语言诞生了,例如,C++ 语言、C♯ 语言和 Java 语言等。为了基于 C++ 语言方便地设计图形用户界面,Embarcadero 公司推出了 RAD Studio 集成开发环境和 C++ Builder;为了快速设计具有复杂图形界面的多功能网络程序,微软公司推出了 Visual Studio 集成开发环境和基于 C♯ 语言的 WPF(Windows Presentation Foundation)框架技术等。

众多计算机语言的涌现使得计算机使用者开始考虑学习和掌握哪种计算机语言。可能考虑的因素包括:①该计算机语言是否简单易学,语法是否简洁优美;②该计算机语言是否功能强大,能否满足所学专业和所从事工作的需要;③该计算机语言是否具有巨大的用户群和强大的生态圈,以促进资源分享、学习和交流;④该计算机语言是否具有优秀的可移植性,能否应用于各类计算机平台上;⑤该计算机语言是否具有强大的生命力,是否可持续发展等。本书将向读者显示,Python 语言具备了上述全部问题的肯定回答。

现在,登录 Python 官网下载 Python 语言最新版本,本书截稿时的最新版本为 3.10.4。如果是 64 位的 Windows 系统计算机,需要下载安装程序 python-3.10.4-amd64.exe。按照安装说明安装好 Python 语言后,在 Windows"开始"菜单中将出现菜单 Python 3.10,其下具有三个子菜单项 IDLE (Python 3.10 64-bit)、Python 3.10 64-bit 和 Python 3.10 Module Docs (64-bit),依次表示启动 Python 语言程序壳(可用来编写和执行 Python 程序)、Python 语言内核和 Python 程序包(可在其中查看 Python 语言的模块和程序包及其用法)。

安装好 Python 后,启动"命令提示符"窗口,输入 python,如果得到如图 1-1 所示信息,说明 Python 软件安装成功。

接着,通过 Windows"开始"菜单启动 IDLE (Python 3.10 64-bit),将弹出如图 1-2 所示界面。

视频讲解

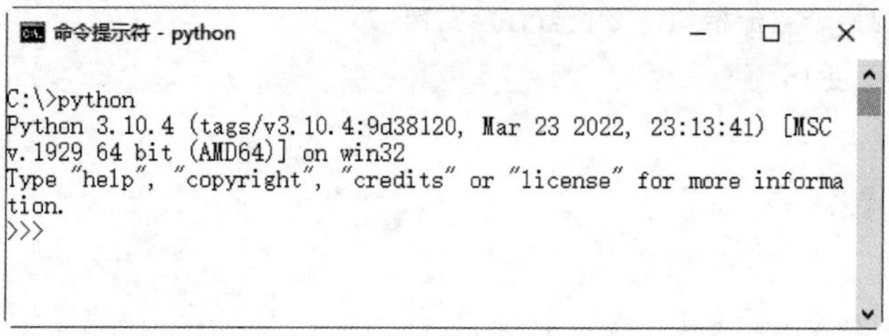

图 1-1   在"命令提示符"窗口中显示 Python 软件版本信息

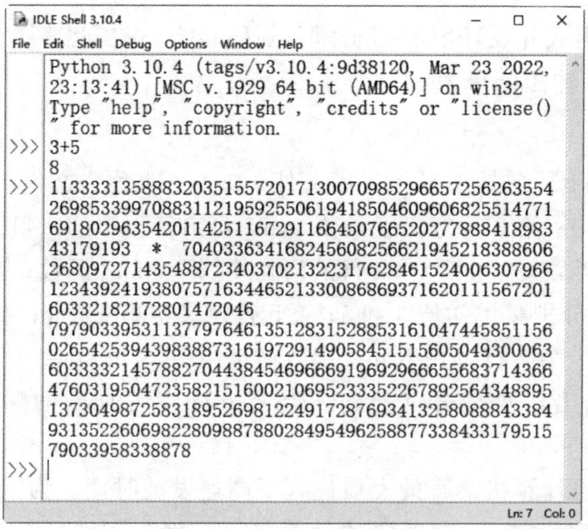

图 1-2   IDLE 界面

在图 1-2 中,直接输入"3+5",按 Enter 键后得到计算结果"8"。可以将 IDLE 视为一个超级计算器,图 1-2 中还实现了两个 512 比特的整数的乘法运算。Python 支持无限精度的整数四则运算,这为研究公钥密码学提供了方便。

Python 作为一种计算机语言,可以像 C 语言等一样编写计算机程序。在图 1-2 中,选择菜单 File│New File,会弹出如图 1-3 所示界面。

在图 1-3 中,输入两行代码,分别为"print(3+5)"和"print(f'{3}+{5}={3+5}')",保存在目录"E:\ZYPythonPrj\ZYPrj01"下,命名为"main. py"。注意:Python 程序文件的扩展名为".py"。

运行 Python 程序的方法有多种。这里先介绍两种:其一,在图 1-3 中,选择菜单 Run│Run Module F5,将在 IDLE 中显示执行结果;其二,打开"命令提示符"窗口,工作目录设为"E:\ZYPythonPrj\ZYPrj01",然后,输入"python main. py",将得到运行结果,如图 1-4 所示。

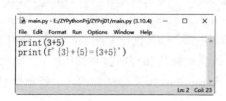

图 1-3   IDLE 编辑 Python 程序界面

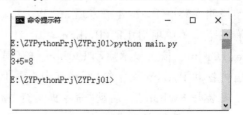

图 1-4   "命令提示符"窗口下运行 Python 程序

比较上述机器语言、汇编语言、C语言和Python语言完成同一个运算的程序代码，可以直观地感受到，Python语言程序是精简至无法再精简的地步。事实上，正是这个特色才吸引了众多的程序设计员。在图1-3中，只需要使用函数print即可输出两个整数的和（"print（3＋5）"），或者使用格式化的输出语句"print(f'{3}＋{5}＝{3＋5}')"即可输出完整的加法表达式和结果，这里print参数"f'{3}＋{5}＝{3＋5}'"中花括号括住的部分可计算。Python语言没有C语言那些必备的控制符号和变量声明语句。

图1-4表明了Python语言程序的执行离不开Python内核，其执行方式可视为"翻译"执行方式。Windows系统用户可能更希望Python语言程序可以编译链接为一个可执行文件。Python语言程序的这种"翻译"执行方式不是它的缺点。事实上，在Windows系统环境下，大部分计算机语言程序都采用这种类似的运行方式，例如，Java语言程序需要借助Java虚拟机"翻译"执行；C++语言程序或C♯语言程序在Visual Studio下编译链接成一个"可执行"文件，这个"可执行"文件也只是中间目标代码文件，需要借助微软公共语言运行时（CLR）"翻译"后才能执行。这样做的目的，是增强程序的可移植性。只要计算机系统中安装了Python语言，所有的Python程序均可以移植到该计算机系统上执行。

需要说明的是，Embarcadero公司的RAD Studio下，可以将C++程序直接编译为可执行文件。这种可执行文件的效率比Python语言程序和Visual Studio下编译的C++/C♯语言中间目标程序的执行效率高很多。

借助Python语言输出"Hello world!"的程序如图1-5所示。

在图1-5中，只有一条语句，即"print（'Hello world!'）"，将该文件保存在目录"E:\ZYPythonPrj\ZYPrj01"下，文件名设为"hello.py"。在图1-6中，执行"python hello.py"将输出"Hello world!"。函数print默认状态下自带一个回车换行符。

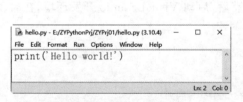

图1-5 Python语言输出"Hello world!"的代码

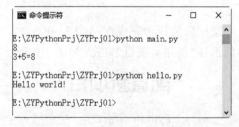

图1-6 运行"python hello.py"程序

程序员很少使用IDLE编辑器编写Python程序，这是因为Visual Studio和PyCharm等提供了更先进、更易用的编辑、翻译、测试和运行集成开发环境。下节将介绍这两个优秀的集成开发环境。

1.2 Python语言开发环境

任意编辑软件均可用于编写Python语言程序，但是，那些集成了Python语言语法智能感知技术且能实现Python语言程序的调试与执行的集成开发环境，才是首选的Python语言程序开发环境。这里推荐两个最有名的Python语言程序集成开发环境，即Visual Studio和PyCharm。这两个集成开发环境均具有Python语言语法智能感知技术，即输入

Python 语言函数后,将自动提示参数个数与用法等信息,并可自动调整程序代码的格式。

1.2.1 Visual Studio 集成开发环境

登录网站 https://visualstudio.microsoft.com/zh-hans/,下载 Visual Studio 集成开发环境的在线安装器 Visual Studio Installer,建议安装 Visual Studio Community 2022 版,最新版本号为 17.2。启动在线安装器 Visual Studio Installer 后,如图 1-7 所示,选中"Python 开发"组件,同时建议选中".NET 桌面开发""使用 C++的桌面开发""通用 Windows 平台开发",后三者使 Visual Studio 可以编写 C++/C♯应用程序。

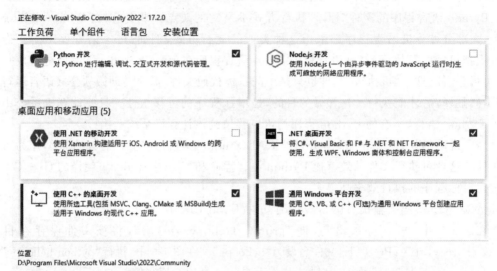

图 1-7　Visual Studio 安装

视频讲解

按照安装提示完成 Visual Studio 2022 的安装后,启动 Visual Studio 开发环境,在启动界面选择"创建新项目",进入如图 1-8 所示界面。

图 1-8　配置新项目窗口

在图 1-8 中,"项目名称"处输入 ZYPrj02;"位置"处选择目录"E:\ZYPythonPrj",本书的全部工程均位于该目录下。然后,单击"创建"按钮,进入如图 1-9 所示界面。默认的源代码文件名为"ZYPrj02.py"。Python 程序文件的扩展名为"py"。

输入如图 1-9 所示的代码,按下快捷键"Shift+Alt+F5"将启动 Python"交互式窗口",即图 1-9 中的左下方窗口,并在其中显示程序"ZYPrj02.py"的执行结果;或者,按下快捷键"Ctrl+F5"启动"命令提示符"窗口,并在其中显示程序运行结果。

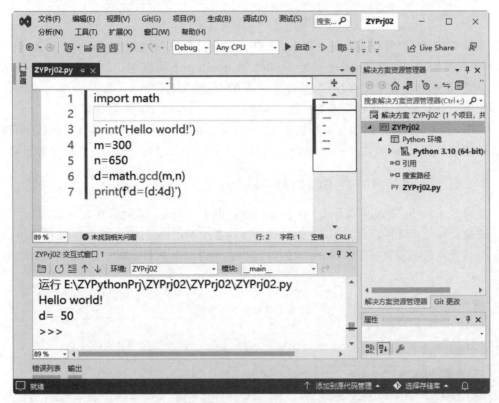

图 1-9　Visual Studio 开发 Python 应用程序界面

在图 1-9 中,"ZYPrj02.py"显示了 Python 程序的基本结构。第 1 行的"import math"用于装载 math 模块,在 Python 语言中,文件称为模块。装载 math 模块后,可以应用 math 模块中的函数,例如,第 6 行的语句"d=math.gcd(m,n)"调用 math 模块中的 gcd 函数求得 m 和 n 的最大公约数,并将其赋给 d。第 3 行的语句"print('Hello world!')"输出字符串"Hello world!"。第 4 行的语句"m=300"设定 m 为 300。第 5 行的语句"n=650"设定 n 为 650。第 7 行的语句"print(f'd={d:4d}')"使用格式化输出方式输出结果"d=　50",这里的"f"是"format"的缩写,表示格式化输出,"{d:4d}"中冒号前的 d 表示第 6 行的符号 d,可以称为变量 d,冒号后的 4d 表示显示长度为 4,而 d 表示输出整型量。

在图 1-9 中,第 1 行的 import math 语句不是必需的,但是一般的 Python 程序都需要装载大量的模块。可以将装载的模块命名为更易记的别名,例如:

```
import numpy as np
```

这里将模块 numpy 装载,同时将其命名为 np。

Python 语言具有大量内置程序包,如图 1-9 中的 math 等;也有大量的扩展包,如numpy 等。扩展包需要单独安装,如图 1-10 所示。

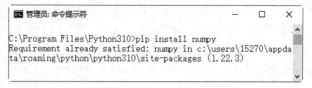

图 1-10　安装 numpy 程序包

在图 1-10 中,以管理员身份运行"命令提示符"窗口,在其中输入 pip install numpy 将安装 numpy 程序包。此外,还应安装 pandas 和 matplotlib 程序包。这三个程序包依次为数学计算、数据分析和绘图程序包,是经常使用的重要扩展程序包。图 1-10 中显示的信息表示使用的计算机系统中已安装有 numpy,并显示 numpy 的安装位置和版本号。

在图 1-9 中,字符串使用单引号括起来。Python 语言中,可以使用双引号包括字符串,也可以使用单引号,例如,"print('Hello world!')"和"print("Hello world!")"含义相同。

1.2.2　PyCharm 集成开发环境

登录 PyCharm 官方网站下载 PyCharm 软件,其 Community 最新版本为 2022.1。

注意:本书后续内容的 Python 语言程序全部基于 PyCharm 集成开发环境调试通过。

按照安装说明安装好 PyCharm 软件后,启动 PyCharm 软件,在欢迎界面中选择"新建项目",进入图 1-11 所示界面。

视频讲解

图 1-11　PyCharm 新建项目窗口

在图 1-11 中的"位置"处输入"E:\ZYPythonPrj\ZYPrj03\venv",选中"创建 main. py欢迎脚本",然后,单击"创建"按钮进入如图 1-12 所示界面。

在图 1-12 中选择菜单"文件|设置",在其弹出的窗口中找到"插件",并安装"Chinese(Simplified) Language Pack / 中文语言包",安装完成后,其界面语言以中文显示,即得到

如图 1-11 和图 1-12 所示的情况。

图 1-12 项目 ZYPrj03 工作窗口

回到图 1-12 中,仍然选择菜单"文件|设置",在弹出的窗口中找到"Python 解释器",如图 1-13 所示。

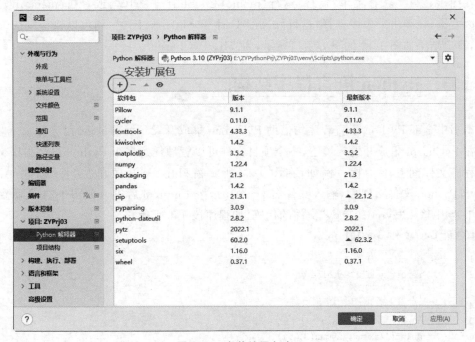

图 1-13 安装扩展包窗口

在图 1-13 中单击"＋"号,在弹出的窗口中搜索并安装所需要的扩展包,这里至少应安装 numpy、pandas 和 matplotlib。

回到图 1-12,项目 ZYPrj03 自动创建了程序文件"main. py",在文件"main. py"中以"＃"开头的行为注释,是不执行的。因此,"main. py"中的可执行语句如程序段 1-3 所示(注意:重新编排了行号)。

程序段 1-3　程序文件 main. py

```
1    def print_hi(name):
2        print(f'Hi, {name}')
3
4    if __name__ == '__main__':
5        print_hi('PyCharm')
```

Python 语言程序按照缩进关系确定语句组。在程序段 1-3 中,第 1、2 行为一组,第 4、5 行为一组。这里第 1 行的语句"def print_hi(name):"表示定义函数 print_hi,其具有一个形式参数 name;其下缩进的所有语句均属于该函数,直到遇到与语句"def print_hi(name):"处于相同缩进位置的语句为止,即遇到第 4 行的语句"if __name__ == '__main__':"为止,后者不属于前者。第 2 行的语句"print(f'Hi, {name}')"使用格式输出方式输出"Hi,"和 name 参数的值。

第 4、5 行为一组。第 4 行的"__name__"为 Python 语言的一个全局标号(或称全局变量),在其所在的模块(即文件)中,其值固定为"__main__"。注意:这里的 main 与文件名"main. py"中的 main 毫无关系。因此,当执行"main. py"文件时,第 4 行的 if 语句为真,第 5 行的语句"print_hi('PyCharm')"将被执行,其调用自定义的"print_hi"函数输出"Hi, PyCharm"。

在图 1-12 中,选择菜单"运行|运行'main'(U) Shift ＋ F10",或者在"main. py"文件代码区右击,在弹出菜单中选择"运行'main' Ctrl ＋ Shift ＋ F10",均可以执行"main. py"文件,输出结果如图 1-12 的下方窗口所示,为"Hi, PyCharm"。

▢ 1.3　Python 语言程序结构　◆

本书中全部 Python 语言程序均借助 PyCharm 集成开发环境测试运行。

在 PyCharm 集成开发环境下,一个项目文件可以管理任意多个 Python 语言程序文件,这些程序文件间互不干扰。例如,在图 1-12 所示窗口中,选择菜单"文件|新建 Alt ＋ Insert|Python 文件",然后,输入文件名 zym0101,按 Enter 键后进入如图 1-14 所示窗口。在图 1-14 中输入"zym0101. py"文件的代码(如程序段 1-4 所示)。

程序段 1-4　文件 zym0101. py

视频讲解

```
1    def zymax(x, y):
2        return x if x > y else y
3
4    print(__name__)
5    if __name__ == '__main__':
6        print('max = ', zymax(3, 5))
7        print(__name__)
```

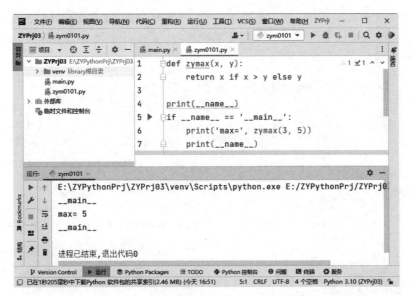

图 1-14　程序文件"zym0101.py"

在程序段 1-14 中,第 1、2 行定义了函数 zymax,该函数具有两个参数 x 和 y,返回二者的较大者。第 4 行的语句"print(__name__)"输出全局符号"__name__"。第 5~7 行为一个 if 语句组,因第 5 行的条件为真,故第 6、7 行的语句被执行:第 6 行的语句"print('max＝',zymax(3,5))"调用库函数 print 和自定义函数 zymax,输出"max＝5";第 7 行输出全局符号"__name__"。

文件"zym0101.py"的执行结果如图 1-14 下方窗口所示。这里,第 4 行和第 7 行输出的"__name__"均为"__main__"。

在图 1-14 中向项目 ZYPrj03 中添加一个新的 Python 文件"zym0102.py",其代码如程序段 1-5 所示。

程序段 1-5　文件 zym0102.py

```
1    import zym0101
2
3    print(12 + 15)
4    if __name__ == '__main__':
5        print('max = ',zym0101.zymax(7,9))
```

视频讲解

这里,第 1 行的语句"import zym0101"装载模块 zym0101,Python 语言中文件也称为模块。第 3 行的语句输出 12 与 15 的和。第 4、5 行为一个 if 语句组,执行"zym0102.py"时,第 4 行的条件为真,则第 5 行调用库函数 print 和模块 zym0101 中的自定义函数 zymax 输出"max＝9"。

文件"zym0102.py"的执行结果如图 1-15 下方窗口所示。

在图 1-15 中,文件"zym0102.py"的第 1 句"import zym0101",将执行文件"zym0101.py"中除"if __name__ == '__main__':"语句组外的全部语句,即执行程序段 1-4 中的第 1~4 行,其中第 1、2 行为函数定义(仅加载不执行),第 3 行为空行,第 4 行为可执行语句,则执行第 4 行语句"print(__name__)",输出"zym0101"。可见,"__name__"所在的文件(或模块)被执行时,其为"__main__",而当该模块在被其他模块调用时,该模块中的"__name__"为模块名(无扩展名的文件名)。因此,当一个模块被另一个模块加载(或称调用)时,被加载的模块中的"if __name__ == '__main__':"语句组不被执行,这是因为这里的条件"__name__ == '__main__'"为假。

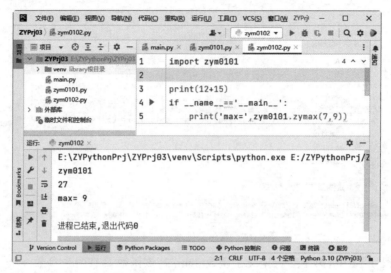

图 1-15　文件 zym0102.py 及其执行结果

回到图 1-15 中的文件"zym0102.py",接着执行第 3 行的语句"print(12+15)",输出 27;再执行 if 语句组,由于条件"__name__ == '__main__'"为真,第 5 行的语句"print('max=', zym0101.zymax(7,9))"调用库函数 print 和模块 zym0101 的自定义函数 zymax,输出结果"max= 9"。

由图 1-15 和上述的项目 ZYPrj03 可知,一般的 Python 语言程序的结构满足以下规则。

(1) 借助 import 装载程序模块。import 语句可位于程序中任意位置,一般将 import 语句放在程序开头。如果不需要装载其他程序模块,则不需要 import 语句。

(2) 将可执行的语句放在 if 语句组中,if 语句组的头部(即条件判断部分)的语句固定为"if __name__=='__main__':"。这样,if 语句组中的全部语句只有当其所在的文件被执行时,才被执行到。可以在这个 if 语句组中放置测试代码,用于测试该程序文件中的类和函数的正确性。一般将这个 if 语句组放置在程序文件的末尾,这部分称为文件(或模块)的可直接执行部分。

(3) 程序文件中可以包含任意多的类和函数,建议将这些类和函数放置于 import 语句的后面,但位于"if __name__=='__main__':"语句组的前面。

按照上述规则,在图 1-15 中向项目 ZYPrj03 中添加一个新的 Python 文件"zym0103.py",如图 1-16 所示,其代码如程序段 1-6 所示。

程序段 1-6　文件 zym0103.py

```
1    import math
2    import os
3    import time
4    import random
5
6    class Complex:
7        def __init__(self,x = 0,y = 0):
```

```
8            self.a = x
9            self.b = y
10       def getA(self):
11            return self.a
12       def getB(self):
13            return self.b
14       def __add__(self,c):
15            re = self.a + c.a
16            im = self.b + c.b
17            return Complex(re,im)
18
19   def zyMul(x,y):
20       re = x.a * y.a - x.b * y.b
21       im = x.a * y.b + x.b * y.a
22       return Complex(re,im)
23
24   if __name__ == '__main__':
25       time1 = time.time()
26
27       u = Complex(3,5)
28       v = Complex(6,7)
29       t1 = u + v
30       print(f'({t1.getA()},{t1.getB()})')
31       t2 = zyMul(u,v)
32       print(f'({t2.getA()},{t2.getB()})')
33
34       print(os.getcwd())
35
36       random.seed(299792458)
37       print(random.randint(1,10))
38
39       print(math.sin(math.pi/4))
40
41       time.sleep(0.2)
42       time2 = time.time()
43       dtime = time2 - time1
44       print(f'time elapsed:{dtime}s')
```

由程序段 1-6 可知，文件“zym0103.py”可分为三部分：

第一部分第 1～4 行为 import 部分，装载程序中用到的模块（或称文件），这里装载了 Python 语言内置模块 math、os、time 和 random，分别为数学、操作系统、时间和随机数发生器模块。

第二部分第 6～22 行为类定义和函数定义部分。这部分内容在学完本书后才能完全理解，这里不作解释。

第三部分第 24～44 行为当前文件（或模块）的测试程序，用于测试本文件（或称模块）中类和函数的正确性。这部分内容称为可直接执行部分，但当该模块被其他模块调用时，这部分内容对于其他模块不可见。

程序段 1-6 是典型的 Python 语言程序结构。这里简单介绍第三部分内容，即第 24～44 行语句的含义，读者阅读完全书后会更深刻地理解这部分代码。

第 25 行、第 41～44 行组成一个功能单元，用于测试程序的运行时间（这和 C 语言有点

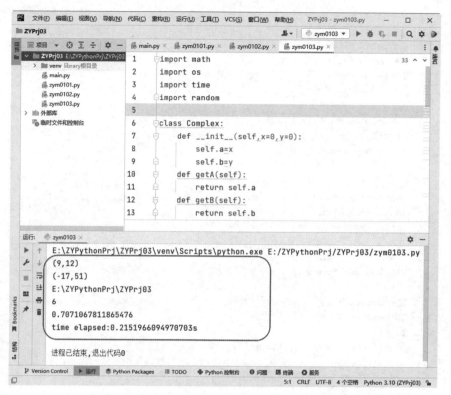

图 1-16　文件"zym0103.py"及其运行结果

类似)。第 25 行的语句"time1＝time. time()"调用 time 模块的函数 time 记录系统当前的时间,形象地称为时间戳;第 41 行的语句"time. sleep(0. 2)"调用 time 模块的函数 sleep 延时等待 0.2 秒;第 42 行的语句"time2＝time. time()"再次将当前的时间戳赋给 time2;第 43 行的语句"dtime＝time2-time1"得到两个时间戳的差,单位为秒;第 44 行输出的 dtime 即为第 25 ～ 42 行间的代码的运行时间,如图 1-16 下方窗口中的"time elapsed:0.2151966094970703s"所示。

第 27～32 行的代码用到了自定义的类 Complex,表示复数类,这些代码待读者阅读完全书后就会理解。

第 34 行的语句"print(os. getcwd())"输出当前工程所在的目录,即"E:\ZYPathonPrj\ZYPrj03",如图 1-16 下方窗口所示。

第 36 行的语句"random. seed(299792458)"调用模块 random 的 seed 函数设置伪随机数发生器的"种子"为 299792458(光速的值),这样,第 37 行的语句"print(random. randint(1,10))"将以该种子为初始迭代值,生成一个 1～10(含 10)的伪随机数。设置"种子"的好处在于,后续的伪随机数发生器将生成固定的伪随机序列,这里是 6,如图 1-16 下方窗口所示;否则,若没有第 36 行,每次执行第 37 行都将得到一个不同的伪随机数。建议在第 37 行后再调用一次"random. seed()"(无参数)以恢复默认的伪随机数发生器。

第 39 行的语句"print(math. sin(math. pi/4))"调用 math 模块的 sin 函数计算 π/4 的正弦值。这里的"math. pi"为圆周率 π。

第 24～44 行为一个 if 语句组。第 25～44 行的语句均处于同一等级的缩进层次,这些语句均为 if 语句的语句体,当第 24 行的条件为真时,这些语句将顺序执行;若第 24 行的 if 条件为假,这些语句将不被执行。

1.4　本章小结

　　本章重点介绍了 Python 语言的特色和 Python 语言程序的集成开发环境,Python 语言程序设计秉承极致精简的原则,借助 Python“翻译”器(或称解释器)执行,具有极强的跨平台移植能力。Python 语言程序依靠其代码间的位置缩进关系确定代码间的依赖关系,一般可将 Python 程序分成三部分,即 import 部分、类与函数定义部分和模块内部可执行部分(或称测试部分)。在本书的学习过程中,建议读者从 Python 官网下载 Python 编程手册(对于 Python 3.10.4 为“python-3.10.4-docs-pdf-a4.zip”),其中的 Python 语言用法是最权威的资料,需要经常浏览阅读;或者从 IDLE (Python 3.10 64-bit)环境(见图 1-2)中选择菜单 Help | Python Docs F1,在弹出的“Python 3.10.4 documentation”帮助文档中浏览学习,该帮助文档的内容与“python-3.10.4-docs-pdf-a4.zip”内容一致。

　　本书后续章节的全部 Python 程序均基于 PyCharm 集成开发环境,该开发环境在 macOS 系统(macOS 版本)的计算机上的编程与实现情况与在 Windows 系统(Windows 版本)的计算机上完全相同。

习题

　　1. 编写 Python 语言程序,输出一行字符串“I love Python language.”

　　2. 借助 IDLE 环境,计算 $\sqrt{3^2+4^2}$ 。提示,借助“import math”装入 math 程序包,然后,输入“math.sqrt()”函数计算题目中的表达式。

　　3. 将第 2 题的程序指令保存为一个 Python 语言程序文件,借助“命令提示符”窗口运行该程序文件。

　　4. 长度单位 mil 和 mm 的换算关系为:1mil = 0.0254mm。编写 Python 程序,输入以 mm 为单位的长度值,输出以 mil 为单位的长度值(借助集成开发环境 Visual Studio 实现)。

　　5. 物体受到合外力 F 的作用,沿直线移动了位移 s,力 F 与位移 s 间的夹角为 θ,编写 Python 程序输入合外力的大小、位移的大小和夹角的大小,计算该力对物体所做的功(借助集成开发环境 PyCharm 实现,计算做功量的公式为 $W = Fs\cos(\theta)$)。

第 2 章

Python编程基础

对于计算机而言,键盘(和鼠标)为标准的输入设备,显示器为标准的输出设备,这些硬件可统称为计算机外设。操作系统(例如 Windows 系统和 macOS 系统等)直接管理键盘的输入和显示器的输出。可以这样理解,操作系统软件(借助这些外设的驱动程序)将键盘和显示器"抽象"为"文件"或内存空间,即抽象为可以被其他应用程序访问的"资源"。而计算机语言(如 Python 和 C 等)必须借助操作系统软件才能读取键盘的输入,并将计算结果输出到显示器。

控制台应用程序(如图 1-1 所示的"命令提示符"窗口)是 Windows 操作系统管理的最简单的输入和输出窗口软件,这种情况下,键盘的输入均为字符形式,显示器的输出也是字符形式。Python 语言针对控制台应用程序的输入函数为 input,输出函数为 print。

借助图形用户界面(像 Windows 视窗那样)进行程序的输入和输出,需要为程序添加图形用户界面,本书将在第 8 章介绍这种程序设计方法。可以这样理解,图形用户界面程序仅是在控制台应用程序的基础上添加了美观的用户交互界面,为实现相同的数据处理功能,两者实现的数据处理算法相同。

诚然,学习 Python 语言的语法和数据处理,甚至学习 Python 语言的内置函数和扩展包的应用,均可以借助控制台实现数据(这里为字符串)的输入和输出。在 PyCharm 集成开发环境中,Windows 系统的控制台已被其集成到主界面中,如第 1 章图 1-16 中下方窗口所示。本书中除第 8 章外的章节内的程序均使用控制台作为输入和输出窗口。

任意计算机程序都应有零个或多个输入,且至少应有一个输出。一般地,计算机程序按照指令位置的先后顺序执行;当遇到分支指令和循环指令时,程序将有条件地跳转到相应指令处执行。本章介绍按顺序执行的简单 Python 语言程序,并借助这类程序讨论 Python 语言的数据表示方法和基本运算符,然后详细讨论最常用的数据结构——列表和字符串,第3 章将介绍分支和循环程序设计方法。

本章的学习重点:

(1) 了解 Python 语言的基本数据类型。

(2) 掌握 Python 语言控制台应用程序的输入和输出操作。

(3) 掌握 Python 语言的运算符及其优先级。

(4) 熟练应用列表存储和处理数据。

(5) 掌握常用字符串处理方法及格式化字符串方法。

2.1 Python 语言输入与输出

在控制台应用程序工作模式下，Python 语言的输入函数为 input，输出函数为 print。函数 input 的用法为：

s = input() 或 s = input('提示信息')

在 Python 语言中，函数名后需跟一对圆括号，s 符号可理解为变量，指代输入的内容（即字符串）。这里的 s 可取任意合法的标识符，即标识符应由字母、数字和下画线组成，且以字母或下画线开头。函数 input 可带有一个字符串参数，一般地，该参数为提示输入信息的字符串。

函数 print 的用法为："print()"或"print(待输出的一个或多个对象)"或"print(待输出的一个或多个对象, sep=' ', end='\n', file=sys. stdout)"。

其中，"print()"输出一个空行（即输出回车换行）。print 函数更常用的形式为："print(待输出的一个或多个对象)"，表示输出一个或多个对象，各个对象间用"空格"分隔，最后一个对象输出完毕后，自动添加一个回车换行符。在形式"print(待输出的一个或多个对象, sep=' ', end='\n', file=sys. stdout)"中，"sep=' '"这类参数称为关键字参数，这个参数带有默认值（即一个"空格"），表示对象间的分隔符默认为一个"空格"，可以设置任意字符串作为分符串；"end='\n'"参数默认值为"\n"，表示 print 输出最后一个对象之后默认输出一个回车换行符，可以设置任意字符串作为 print 函数的结束符；"file=sys. stdout"参数默认值为 sys. stdout（表示显示器），即 print 函数将输出"打印"在显示屏上。这三个关键字参数可以全部省略，也可以部分省略，并且它们出现的位置也无前后之分，故关键字参数也称为位置参数。

下面借助程序实例详细说明 input 和 print 函数的用法，程序名为"zym0201. py"，如图 2-1 所示，其内容如程序段 2-1 所示。

程序段 2-1 Python 语言输入函数 input 和输出函数 print 的用法实例

```
1    name = input('Please input your name:')
2    print(type(name))
3    print(isinstance(name, str))
4    print(name)
5
6    age = input('Please input your age:')
7    n1 = int(age)
8    n2 = int(age, 10)
9    print(type(n2))
10   s1 = str(n2)
11   s2 = hex(n2)
12   print('My age:' + str(n1), n2, s1, s2, sep = ', ', end = '.\n')
13
14   fd = open('zy0201.txt', mode = 'w')
15   print(n1, n2, s1, s2, sep = ', ', end = '.\n', file = fd)
16   fd.close()
```

视频讲解

在程序段 2-1 中，第 1 行"name = input('Please input your name：')"调用 Python 内置函数 input 将键盘输入的字符串给 name，input 函数具有提示信息"Please input your

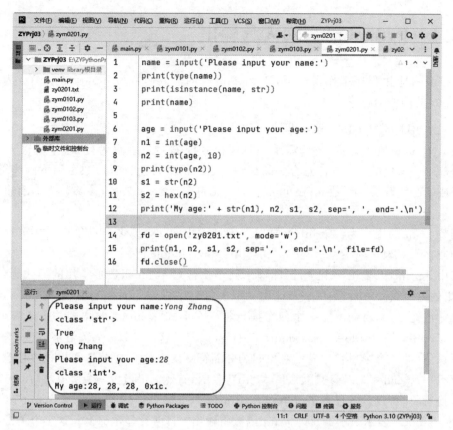

图 2-1　文件 zym0201.py 及其运行结果

name:",执行时如图 2-1 下方窗口所示。这里输入了"Yong Zhang",如果直接按 Enter 键,将输入空字符(''',注意,不是"空格",len('')将返回其长度 0)。

　　第 2 行"print(type(name))"调用 Python 内置函数 type 得到 name 的类型,然后,调用 print 函数输出这个类型,将得到"< class　'str'>",表示输入的信息为字符串。在 Python 语言中,字符串类型 str 是一种类。

　　第 3 行 print(isinstance(name,str))调用内置函数 isinstance 判断 name 是否为 str 字符串类型,如果是,则返回真;否则返回假。然后,调用内置输出函数 print 输出这个逻辑值,这里得到"True"。

　　第 4 行"print(name)"调用 print 函数输出 name。在图 2-1 中,输入了"Yong Zhang",这里将输出"Yong Zhang",可见输入以回车作为结束符(而不是空格)。

　　第 6 行"age = input('Please input your age:')"调用 input 函数将键盘输入的字符串赋给 age,input 函数的参数"Please input your age:"为提示信息。在图 2-1 下方窗口中输入"28"给 age。

　　第 7 行"n1 = int(age)"调用内置函数 int 将字符串 age 转化为整数,赋给 n1。

　　第 8 行"n2 = int(age,10)"展示了完整的 int 函数的调用形式,这里将以十进制数形式表示的字符串转化为整数,赋给 n2。这里的参数 10 表示 age 为十进制数组成的字符串。

　　第 9 行"print(type(n2))"输出 n2 的类型,将得到"< class　'int'>",表示 n2 为整型 int,整型 int 在 Python 语言中也是一个类。

第 10 行"s1 = str(n2)"调用内置函数 str 将 n2 转化为字符串,赋给 s1。

第 11 行"s2 = hex(n2)"调用内置函数 hex 将 n2 转化为十六进制数(字符串形式),赋给 s2。

第 12 行"print('My age: ' + str(n1), n2, s1, s2, sep=', ', end='. \n')"调用 print 函数输出结果"My age: 28, 28, 28, 0x1c."。这里"'My age: ' + str(n1)"中的"+"号表示连接两个字符串;print 函数可以输出字符串和整数等各种类型的数据;"sep=', '"表示输出的两个对象间用逗号分开;"end='. \n'"表示输出最后一个对象后,将输出一个回车换行。

第 14 行"fd = open('zy0201. txt', mode='w')"在当前工程所在目录下创建一个文件"zy0201. txt","mode='w'"表示打开方式为"写入"类型,打开的文件对象设为 fd。当文件对象 fd 不再使用时,应执行第 16 行"fd. close()"关闭它。

第 15 行"print(n1, n2, s1, s2, sep=', ', end='. \n', file=fd)"使用关键字参数"file=fd"将文件对象作为输出设备,即向文件对象 fd 中写入信息"28, 28, 28, 0x1c."。

程序段 2-1 详细介绍了输入函数 input 和输出函数 print 的用法。由程序段 2-1 可知,Python 语言程序设计的一些规则如下所述。

(1) Python 语言中没有"变量"这种概念,无法像其 C 语言那样定义一个变量再给变量赋值,因此也没有变量类型的说法。需要为一些量指定名称时,直接将那些量赋给一些合法的标识符就行,这些标识符的用法类似于"变量"的用法,但含义上有本质的区别,Python 中这些标识符并不指代具体的"变量"内存空间。本书中大部分情况下都尽量避免"变量"这种说法。例如,在程序段 2-1 的第 7 行中,直接将"int(age)"赋给 n1,n1 可视为"int(age)"的结果的"标签"或"名字",而不应将 n1 视为变量(不是 C 语言意义上的变量)。

(2) Python 中所有数据类型均为类,因此,所有的数据均为对象。所以,Python 是完整意义上的面向对象语言(相对于 C++ 这种"半"面向对象的语言而言)。例如,程序段 2-1 中第 2 行语句中的"type(name)"将返回"< class 'str'>",即为类型 str。为了通俗易懂,本书中除了介绍类时使用"对象"这种说法外,其余情况下,不使用"对象"这种提法。

(3) 虽然 Python 语言中没有变量和变量类型的说法,但是,Python 语言具有明确的数据类型。

其中,基本数据类型包括:整数(int)、浮点数(float)和复数(complex)等数值类型;布尔型(bool)(或称逻辑类型,只有两个值:True 或 False);字符串类型(str)(字符和字符串都属于字符串类型);字节串类型(bytes)(以 b 开头的字节串,例如,b'Hello',每个字符以字节存储,访问各个字符时,将得到字符的 ASCII 码值);空类型(NoneType,Python V3. 10 新添加的类型,只有一个值 None,例如:type(None)返回空类型,而正则表达式匹配不成功时将返回 None)。

注意:在 Python 语言中,整数类型为无限精度,float 浮点数占 8 字节(IEEE-754 存储格式)。

组合数据类型包括:列表(list)、元组(tuple)、字典(dict)和集合(set)等。初学者在学习 Python 时应熟练掌握列表类型,该类型具有 C 语言中数组、结构体和结构体数组等类型所具有的全部功能,而且列表的访问操作更加灵活方便。

在程序段 2-1 中,已经初步接触了字符串和整型类型数据。字符串为由单引号括起来的一串符号,也可以用双引号替换单引号,但必须均为英文模式下的引号,且配对出现(不能用单引号与双引号配对。特殊用法如:在输出字符串中的单引号时,可以使用双引号括住字符串;在输出字符串中的双引号时,可以使用单引号括住字符串)。

(4) Python 语言使用缩进表示语句间的关系。在程序段 2-1 中,所有的语句都处于同一缩进位置,即这些语句是平等的关系(互相之间没有从属关系),因此,这些语句将按顺序执行。对于缩进的理解,在第 3 章中将更加明确。

程序段 2-1 中的语句主要有三种形式。

(1) "赋值"语句。赋值号为单个"=",将"="右边的数据赋给左边的"标签",或者说用"="左边的标识符"标定"其右边的数据。只有出现数据后,才能给数据定义一个"标签"。当一个"标签"被用于"标定"多个数据时,"标签"仅能"记住"最后一个数据。

(2) 函数调用语句。调用内置函数或自定义函数完成特定的功能,例如,程序段 2-1 的第 12 行,调用 print 语句执行输出功能;第 16 行调用对象 fd 的方法 close(类(定义的对象)中的函数常称为方法)关闭文件对象 fd。

(3) 嵌套调用语句。例如程序段 2-1 的第 2 行依次调用 type 和 print 函数;第 6 行依次调用 input 函数和"赋值"操作。

还有一种语句形式——控制语句,将在第 3 章讨论,用于规划程序语句的执行跳转。

其他一些规则如下。

(1) 注释使用"#"号。任一行中,"#"及其后续的内容均为注释,不会执行。选中多行语句时,按下快捷键"Ctrl + /"可以将选中的语句注释掉。

(2) Python 语言具有优秀的内存清理机制,程序中不再使用的内存空间,将被自动释放掉。这是所有计算机语言都极力追求的内存管理机制。

(3) Python 中文件称为模块,本书中混用了"文件"和"模块"这两个概念,比模块更大的概念称为"包",可以理解为包含了多个文件的目录;比模块更小的概念称为类和函数,类和函数是文件中定义的类型。借助 import 可以在当前模块中包含其他的模块,从而实现代码的复用。Python 语言的内置模块无须 import,可以直接使用这些内置模块及其中的函数。Python 语言是实现团队协作编程的最佳选择。

编程的方式因人而异,但是当程序稍大后,往往需要借助"调试"功能发现程序的错误。PyCharm 提供了优秀的调试功能。在图 2-1 中,单击程序行号所在处,可以为该行语句设置断点,如图 2-2 所示。然后,选择菜单"运行|调试 zym0201(D) Shift + F9"可进入如图 2-2 所示界面。

在图 2-2 下方窗口中具有"调试器"和"控制台"选项,选择"控制台"可以查看程序运行结果,选择"调试器",如图 2-2 所示,将出现调式窗口,显示各个语句的执行结果,并可单步执行各条语句(快捷键为"Alt+Shift+F7")。图 2-2 中展示单步运行至第 11 行语句时,其上各条语句的执行结果。在图 2-2 的程序代码窗口中,也将显示各个"标签"符号的值,如"n1"为 28(因为在"控制台"页面输入了 28)。

现在,回到图 2-1 和程序段 2-1 所示的文件"zym0201. py",关注第 6、7 行的代码,第 6 行"age = input('Please input your age: ')"将输入的字符串赋给 age,第 7 行"n1 = int(age)"将字符串 age 转化为整数,如果 age 字符串中包含有小数点或者除 0~9 外的字符,则 int 函数将报错,使程序因输入 age 异常而退出。这里对文件"zym0201. py"做一些完

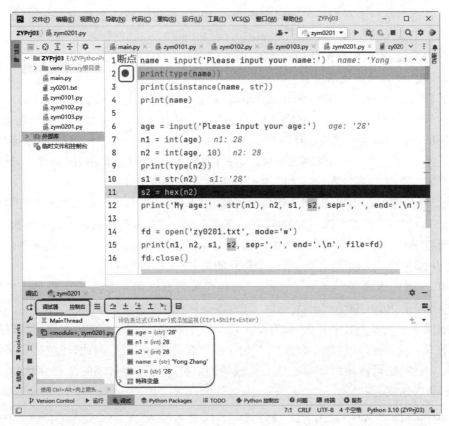

图 2-2　程序"zym0201.py"调试工作窗口

善性的工作,修改后的模块如程序段 2-2 所示。

程序段 2-2　改进后的文件 zym0201.py

视频讲解

```
1    import re
2
3    if __name__ == '__main__':
4        name = input('Please input your name:')
5        print(type(name))
6        print(isinstance(name, str))
7        print(name)
8
9        age = input('Please input your age:')
10       if re.match('^[1-9]\d * $ ', age) != None:
11           n1 = int(age)
12           n2 = int(age, 10)
13           print(type(n2))
14           s1 = str(n2)
15           s2 = hex(n2)
16           print('My age:' + str(n1), n2, s1, s2, sep = ', ', end = '.\n')
17
18           fd = open('zy0201.txt', mode = 'w')
19           print(n1, n2, s1, s2, sep = ', ', end = '.\n', file = fd)
20           fd.close()
```

对比程序段 2-1,这里第 1 行使用 import 装载了 re 模块,re 模块为正则表达式模块,正则表达式是指与字符串匹配相关的规则表达式,第 10 行将介绍一个正则表达式,附录 A 将全面介绍正则表达式。第 3 行"if __name__=='__main__':"使得第 4~20 行均为本模块内可执行的语句,当本模块被其他模块调用时,这些语句不被执行。此时,选中第 4~20 行,按下"Tab"键,将自动完成缩进。

第 9 行"age = input('Please input your age:')"将键盘输入的字符串赋给 age。

第 10 行的语句"if re.match('^[1-9]\d * $', age) != None;"使用了正则表达式判断 age 字符串中是否只含有数字,且不以数字 0 开头。这里"re.match"表示调用模块 re 的 match 函数,如果它的第一个参数(正则表达式)和第二个参数(字符串)匹配成功,则返回匹配的字符串;否则,返回 None。这里的正则表达式"^[1-9]\d * $"表示从字符串的头部(用^表示)开始匹配,一直匹配到字符串的尾部(用 $ 表示),"[1-9]"表示匹配字符串中的一个数字 1~9 的字符,"\d"可以匹配数字 0~9 的字符,"*"表示重复匹配 0 次或多次,"\d * "表示匹配数字 0~9 的字符 0 次或多次。因此正则表达式"^[1~9]\d * $"表示匹配的字符串应为"以数字 1~9 的字符开头,后续字符只能为 0~9 的数字字符"。

再如,正则表达式"^\d * \.?\d * $"可以匹配带有一个小数点的由数字构成的字符串,在 Python 中,float('0001.23')将返回 1.23,即前导 0 将被忽略。这里的"^\d * \.?\d * $"表示匹配以 0 个或多个数字开头、带有 0 个或 1 个小数点且以 0 个或多个数字结尾的字符串。由于 float 不能将只包含小数点"."的字符串转化为浮点数,因此,还应确保字符串不为"."。当然,也可以使用两个正则表达式检测字符串是否为有效的浮点数形式,设字符串为 str,则表达式为:

```
re.match('^[1-9]\d * (\d|\.)?[0-9] * $', str) != None or re.match('^\d?\.?\d + $', str)!
= None
```

表示 str 匹配由数字 1~9 中的一个字符开头、包含至多一个小数点且小数点后有 0 个或多个数字的字符串,或者 str 匹配由一个数字(0~9)开头或者以小数点开头且至少含有一个数字的字符串。

如果第 10 行的 if 语句条件为真,即字符串 age 中仅包含有效的数字字符,则执行第 11~20 行。这样文件"zym0201.py"执行过程中不会出现错误和异常。为了这个目的,文件"zym0201.py"不得不使用 if 分支控制语句和正则表达式,这两部分内容请分别参考第 3 章和附录 A。

▊ 2.2 Python 基本数据类型 ◆

Python 语言的基本数据类型包括整数、浮点数和复数等数值类型、布尔类型、字符串类型、字节串类型和空类型等。字符串类型将在 2.5 节介绍,空类型只有一个值 None,字节串类型为形如"b'Hello'"(Hello 可替换为任意 ASCII 字符或任意 8 位表示的字符(扩展 ASCII 集中的字符))的字符串,布尔类型只有 True 和 False 两个值。这里重点介绍数值类型的数据类型。

在 Python 语言中,数值类型的规则如下所述。

(1) 整数是指十进制整数,为不带小数点的数值,具有无限精度(严格上讲,整数的大小受计算机内存的大小限制)。而二进制、八进制和十六制的整数通常以字符串的形式表示。

例如，3、5、100、-8等均为整数，将这些数作为type函数的参数，将返回"< class　'int'>"

（2）浮点数占8字节，由于Python语言是用C语言实现的，所以Python中的浮点数就是C语言中的double类型，存储格式为IEEE-754标准。浮点数是指带有小数点的数，或者是带有指数部分的数，例如，3.、.12、5.3、4e1、2e0等都是浮点数，将这些数作为type函数的参数，将返回"< class　'float'>"。

（3）复数的实部和虚部一定都是浮点数，即使向实部或虚部赋了整数，也会自动转化为浮点数。例如，"a=complex(3,5)"得到复数a，其实部为"a. real"，虚部分为"a. imag"，此时，"type(a)"将返回"< class　'complex'>"，而"type(a. real)"和"type(a. imag)"都将返回"< class　'float'>"。

定义一个复数的方法形如"a=complex(3,5)"，这将得到复数a，其值为"3+5i"，Python语言中表示为"(3+5j)"，注意，这里实部和虚部均为浮点数。因此，"a=complex(3,5)"和"a=(3+4j)"是相同的含义（注意："a=(3+4j)"中的括号可省），均得到值为"3+5i"复数a。但是，"1+j"是错误的输入，必须写为"1+1j"。

常规的算术运算符可以施加于上述的数值类型，2.3节将介绍这些运算符。这里针对复数类型，介绍一些复数的常规运算。

（1）求模运算。借助内置函数abs可以计算一个复数的模，也可以计算一个整数或浮点数的绝对值。abs函数作用于复数和浮点数时返回浮点数，而作用于整数时，返回整数。

（2）求辐角。需要装载cmath包（import cmath），然后，执行"cmath. phase(a)"返回复数a的辐角，当a为正数时，返回"0.0"；当a为"1j"（注意：1不可省略）时返回"1.570…"（即$\pi/2$）。

2.3　Python 运算符

Python语言中数据的基本处理借助运算符实现。引用早期的汇编语言的说法，运算符称为操作符，数据称为操作数。当一个运算符只有一个操作数时，称为单目运算符；若一个运算符有两个操作数，称为双目运算符；若有三个操作数，称为三目运算符。严格意义上，Python语言只有单目运算符和双目运算符。运算符具有优先级和结合性（指运算顺序）等属性，在一个（表达式）语句中，先计算优先级高的运算符（及其直接相关的操作数）；再计算优先级较低的运算符；同级别优先级的运算符，按约定的结合性（运算顺序）进行运算，一般为自左向右运算（赋值运算符从右向左）。

2.3.1　算术运算符

Python语言的算术运算符如表2-1所示。

表2-1　算术运算符

序　号	运　算　符	含　　义	用　法　举　例
1	+	加法	5+3得到8
2	-	减法	5-3得到2
3	*	乘法	3*4得到12
4	/	除法	5/2得到2.5

续表

序　号	运　算　符	含　　义	用　法　举　例
5	**	乘方	4 ** 2 得到 16
6	％	求余(不适用复数)	7％3 得到 1(可用于浮点数)
7	//	整除(向下取整,不适用复数)	6.5//3.1＝2.0
8	＋(正)	＋x,表示正数	＋5 得到 5,＋(－5)得到－5
9	－(负)	－x,表示负数	－5 得到－5,－(－5)得到 5
10	abs(x)	求 x 的绝对值(或复数的模)	abs(3＋4j)得到 5.0
11	pow(x,y)	求 x^y,即 x ** y	pow(4,2)得到 16(整型),pow(4.,2)得到 16.0(浮点型)
12	complex(x,y)	x＋yj	complex(3,5)得到(3＋5j)
13	c. conjugate()	求复数 c 的共轭复数	3＋5j. conjugate()得到(3－5j)
14	int(str)	将 str 转化为整数	int('3')得到 3,int(5.2)得到 5
15	float(str)	将 str 转化为浮点数	float('4.3')得到 4.3,float(5)得到 5.0

在表 2-1 中,运算符"＋"、"－"、"＊"、"/"和"＊＊"均可以用于复数,特别注意:除法"/"运算的两个操作数为整数时,将得到真实的结果(这点和 C 语言不同)。

运算符"％"支持浮点数,但不支持复数,不建议用浮点数作求余运算,因为结果有误差。

整除运算"//"支持浮点数和整数,但不支持复数,整除运算一定得到一个向下取整的数,如果两个参与运算的操作数均为整数,其结果为整数;否则,其结果为小数部分是 0 的浮点数(这类浮点数借助谓词函数 is_integer 将返回真,例如:"5.0. is_integer()"返回"True")。

在表 2-1 中,还列举了常用的几个函数 abs、pow、int、float、complex 和 conjugate,建议把这些函数视为运算符。例如,math 包的函数 floor 将浮点数转化为整数,"math. floor(3.52)"将得到整数 3,这和"int(3.52)得到整数 3"完全等价,此时,建议使用后者。

2.3.2　位运算符

Python 语言中位运算符仅适用于整数,建议只针对非负整数使用位运算符。位运算符如表 2-2 所示。

表 2-2　位运算符

序　号	运　算　符	含　　义	用　法　举　例
1	&	按位与	0b110101 & 0b011101 得到 21
2	|	按位或	0b0110101 | 0b011101 得到 61
3	~	按位取反	~0b110101 得到－54
4	^	按位异或	0b110101 ^ 0b011101 得到 40
5	<<	按位左移	0b110101 << 2 得到 212
6	>>	按位右移	0b110101 >> 2 得到 13

表 2-2 中,各类操作均针对整数的补码形式,需要说明的是"按位取反"操作,例如表 2-2 中的"~0b110101",这里先将操作数视为正数(原始的数称为原码),正数的补码与其原码相同,记为"0110101"(前面补的 0 表示该数为正数),取反后得到"1001010"(开始的 1 为符号位,表示负数,这是一个补码形式),将其转化为原码(即符号位不变的情况下其余位取反

加 1)后得到"1110110"(即−54)。严格意义上讲,这个取反操作是不妥的。

在此,补充一下计算机数码的概念。计算机中只有"数码"或称"码"的概念,没有"数"的概念。下面以 8 位机(计算机的字长为 8 位)为例,介绍一下计算机中数的表示(即数码)的含义。

计算机中使用补码表示数。使用补码的好处:①将数的加法与减法运算统一为加法运算;②+0 和−0 统一用 0b0000 0000 表示。

在 8 位计算机中,用 8bit 表示一个数,且首位(最高位)作为符号位,为 0 时表示正数,为 1 时表示负数。二进制数、十进制数和十六进制数的转化方法请参考文献[1]。

例如,"0010 0001"为一个正数,对应于十进制数 33;而"1000 1101"为一个负数,对应于十进制数−13。二进制数"$SA_6A_5A_4A_3A_2A_1A_0$"等于十进制数$(-1)^S(A_6\times 2^6 + A_5\times 2^5 + A_4\times 2^4 + A_3\times 2^3 + A_2\times 2^2 + A_1\times 2^1 + A_0\times 2^0)$,此时的二进制数表示称为"原码"。

正数(S=0 时)的原码、反码和补码均相同。

负数(S=1 时)的反码是其符号位 S 不变,其余各位取反。负数的补码是其反码加 1。

例如,整数 34 的原码、反码和补码均为 0010 0010。在 Python 语言中,使用指令 bin(34) 可求得这个数码。整数−34 的原码为 1010 0010,反码为 1101 1101,补码为 1101 1110。将 34 和−34 的补码相加,将得到 0000 0000(在第 8 位的进位自动丢弃,由电子电路实现),即得到 0 的补码。

浮点数在计算机中以 IEEE754 形式存储,请参考 IEEE754 协议规范(或参考文献[1])。

2.3.3 关系运算符

Python 语言中关系运算符如表 2-3 所示。

表 2-3 关系运算符

序 号	运 算 符	含 义	用法举例
1	==	等于	3==5 得到 False
2	!=	不等于	3!=5 得到 True
3	>	大于	5>3 得到 True
4	>=	大于或等于	5>=3 得到 True
5	<	小于	5<3 得到 False
6	<=	小于或等于	5<=3 得到 False

在 Python 语言中,关系运算符可以直接组合在一起使用,例如,"3<=5>4"在 Python 语言中返回 True(在 C 语言中是错误的,在 C 语言将返回 0);"5>3<8>4"将返回真;"10>7>5>3"也将返回 True。应尽量避免这种组合使用。关系运算符连接成的表达式称为关系表达式,关系表达式的结果为逻辑值 True 或 False。

2.3.4 逻辑运算符

Python 语言中逻辑运算符如表 2-4 所示。

表 2-4　逻辑运算符(x 和 y 为逻辑值)

序　　号	运　算　符	含　　义	用　法　举　例
1	and	x and y	True and False 得到 False
2	or	x or y	True or False 得到 True
3	not	not x	not True 得到 False

注意：在 Python 语言中，逻辑运算符可以对整数和浮点数进行操作，将 0 视为假，非 0 视为真，并且可返回数值。例如，"3.1 and 3.5"将返回 3.5；"0 or 2.8"将返回 2.8。这里 x and y 的运算规则为：如果 x 为非 0，则返回 y；否则返回 x。x or y 的运算规则为：如果 x 为非 0，则返回 x；否则返回 y。尽管如此，建议初学者尽可能使逻辑运算符仅作用于逻辑值 True 或 False 上。

2.3.5　赋值运算符

Python 语言中没有变量的概念，与变量对立的概念(即常量)被称为字面量，例如，3、5.7、'Hello world! '等称为常量或字面量，本书中一般仍然称为常量。严格意义上，在 Python 语言中没有"赋值"操作，因为没有"变量"的概念，常量无法被赋值。这里仍将常量或表达式的计算结果"赋"给一个符号(或称贴上名字"标签")，称为赋值。2.3.6 节"高级运算符"中将进一步介绍 Python 语言中"标签"名不宜称为"变量"的原因。

Python 语言中的"赋值"运算符如表 2-5 所示。

表 2-5　"赋值"运算符

序　号	运　算　符	含　　义	用　法　举　例
1	=	将"="右边的结果赋给其左边	y＝10 得到 y 为 10 的名字标签
2	+=	y+＝x 等价于 y＝y + x	y+＝3 得到 y 为 13(初始 y 为 10)
3	-=	y-＝x 等价于 y＝y - x	y-＝3 得到 y 为 7(初始 y 为 10)
4	*=	y * ＝x 等价于 y＝y * x	y * ＝3 得到 y 为 30(初始 y 为 10)
5	/=	y/＝x 等价于 y＝y / x	y/＝2 得到 y 为 5.0(初始 y 为 10)
6	%=	y%＝x 等价于 y＝y % x	y%＝3 得到 y 为 1(初始 y 为 10)
7	**=	y ** ＝x 等价于 y＝y ** x	y ** ＝2 得到 y 为 100(初始 y 为 10)
8	//=	y//＝x 等价于 y＝y // x	y//＝3 得到 y 为 3(初始 y 为 10)

在 Python 语言中，不支持"＋＋"和"－－"运算符(但 C 语言支持)，使用 y＋＝1 表示 y 累加 1 的操作，使用 y－＝1 表示 y 自减 1 的操作。

2.3.6　高级运算符

Python 语言中高级运算符如表 2-6 所示，其中，is 和 is not 称为身份运算符；in 和 not in 称为成员运算符。

id 本身不属于运算符，是 Python 语言的内置函数，但是 id 函数用于返回其参数的内存地址，没有其他特别的意义，所以本书将 id 视为运算符(类似于 C 语言将 sizeof 视为运算符一样)。

表 2-6　高级运算符

序　号	运 算 符	含　义	用 法 举 例
1	is	两个对象相同时返回 True,不同时返回 False	x＝y＝10 x is y 得到 True
2	is not	两个对象不同时返回 True,相同时返回 False	x＝y＝10 x＝5 x is not y 得到 True
3	in	当对象位于序列中时返回 True,否则返回 False	1 in [1,2,3] 返回 True
4	not in	当对象不在序列中时返回 True,否则返回 False	2 not in [3,5,5,6] 返回 True
5	id	id(x) 返回 x 的内存地址	x＝10 hex(id(x)) 返回 0x29bd2e00210 (此值因计算机而异)

在表 2-6 中,"序列"是一种统称,指列表、元组和字典等数据类型,这些内容将在 2.4 节和第 4 章介绍。表 2-6 中的 hex 函数返回十六进制数表示的数值(以字符串形式)。

下面,用 id 函数借助程序段 2-3 说明 Python 语言没有"变量"这一概念的原因。

程序段 2-3　Python 语言 id 函数用法实例(文件名:zym0202.py)

视频讲解

```
1    if __name__ == '__main__':
2        a = 10
3        print("a'address:",hex(id(a)))
4        a += 1
5        print("a'address:",hex(id(a)))
6        a = a + 10
7        print("a'address:",hex(id(a)))
8        a = 100
9        print("a'address:",hex(id(a)))
10       b = 100
11       print("b'address:",hex(id(b)))
12       c = 100
13       print("c'address:",hex(id(c)))
```

在程序段 2-3 中,第 2 行"a＝10"将 10 赋给 a。

第 3 行"print("a'address:",hex(id(a)))"调用 id 函数得到 a 的地址,再调用 hex 函数得到地址的十六进制形式(习惯上,一般用十六进制数表示地址)。

第 4 行"a＋＝1"将 a 累加 1;第 5 行"print("a'address:",hex(id(a)))"输出 a 的内存地址。

第 6 行"a＝a＋10"将 a 与 10 相加后赋给 a;第 7 行"print("a'address:",hex(id(a)))"输出 a 的地址。

第 8 行"a＝100"将 100 赋给 a;第 9 行"print("a'address:",hex(id(a)))"输出 a 的地址。

第 10 行"b＝100"将 100 赋给 b;第 11 行"print("b'address:",hex(id(b)))"输出 b 的地址。

第 12 行"c＝100"将 100 赋给 c;第 13 行"print("c'address:",hex(id(c)))"输出 c 的

地址。

　　程序段 2-3 的执行结果因计算机而异,所以介绍程序的功能时没有介绍程序的执行结果。但是,无论在哪个计算机上执行,各个地址间的关系是类似的。在使用的计算机上,程序段 2-3 的执行结果如图 2-3 所示。

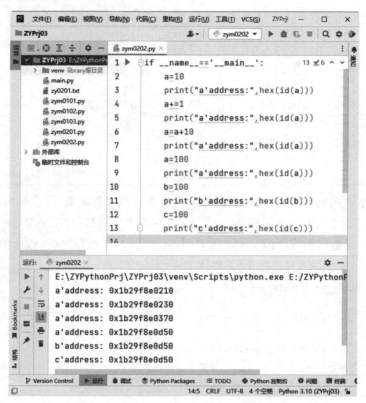

图 2-3　文件 zym0202 执行结果

　　在 C 语言中,程序段 2-3 和图 2-3 中第 2、4、6、8 行的 a 是同一个变量,占有相同的地址空间;而第 10 行的变量 b 和第 12 行的变量 c 与变量 a 不同,且变量 b 和变量 c 也不同,因此,这三个变量 a、b 和 c 具有不同的内存地址。

　　然而,在 Python 语言中,第 2 行的 a 的地址为"0x1b29f8e0210",第 4 行的 a 的地址为"0x1b29f8e0230",可见,a 累加 1 后,其内存地址都变了,即后者不再是前者。同样地,这两个 a 和第 6 行的 a 以及第 8 行的 a,均不相同。这说明,a 不是"变量",变量是指地址不变但其值可以改变的量。这里的 a 的每次赋值都会改变地址。

　　下面还有更神奇的地方,第 10 行的 b 和第 8 的 a 具有相同的值,Python 语言下,b 和这个 a 具有相同的地址,使用"b is a"将返回 True。然后,第 12 行的 c 也赋了值 100,在 Python 语言下,c 也具有与 b(和第 8 行的 a)相同的内存地址,即这里的 c 就是 b。也就是说相同的值的"标签"是相同的。

　　因此,Python 语言中没有"变量"这个概念,所有具有相同值的"量"都具有相同的内存地址,然而可以用不同的"标签"表示。本书中尽可能避免使用"变量"这种说法,而是直接使用"标签"的名称。此外,"常数"或"常量"在 Python 语言中称为字面量,这种说法与 Swift 语言相同,但是,"常量"这种说法不会引起歧义,因此本书中常把"常量"和"字面量"混用。

2.3.7 Python 运算符优先级

Python 运算符的优先级排序如表 2-7 所示。

表 2-7 Python 运算符的优先级排序

优 先 级	运 算 符	含 义
1(最高)	**	乘方
2	+(正号)、-(负号)、~(按位求反)	正号、负号、按位求反
3	*、/、%、//	乘、除、求余、整除
4	+、-	加、减
5	>>、<<	右移、左移
6	&	按位与
7	^、|	按位异或、按位或
8	<、<=、>、>=	小于、小于或等于、大于、大于或等于
9	==、!=	等于、不等于
10	is、is not	身份运算符
11	in、not in	成员运算符
12	and、or、not	逻辑运算符
13(最低)	=、+=、-=、*=、/=、%=、**=、//=	"赋值"运算符

在表 2-7 中,"不等于"和"等于"的优先级低于"大于""小于""大于或等于"和"小于或等于",但是,像"2!=2<3"这类不是先计算"2<3"得到 True,再用 True 和 2 比较得到 True,这是 C 语言的方法;在 Python 语言中应该这样处理:先计算"2<3"得到 True,然后计算"2!=2"得到 False,再两者求与得到正确答案 False。也就是说,Python 语言支持多个关系运算符的组合运算。在 Python 语言中,"2!=2<3"相当于"2!=2 and 2<3"。

2.4 列表

列表是 Python 语言中最重要的数据结构。列表也是另一种计算机语言——Wolfram 语言中最重要的数据结构。在 Python 语言中,用方括号括起来的字面量和"标签"(变量)均为列表,列表中可以嵌套新的子列表,列表中的元素可为任意数据类型。

2.4.1 创建列表

Python 语言中列表是由方括号括起来的以逗号为分隔符的一串数据组成,列表中的元素可以为任意类型。创建列表的常用方法有以下三种。

(1)直接输入列表元素。

例如:如下语句

```
t1 = [1,3,5,'a','b','c','Hello',8.7,4+5j]
```

将创建一个列表 t1,具有整数、字符串、浮点数和复数。在 Python 语言中,单个字符也视为字符串。

(2)使用 list 函数生成列表。

例如:以下语句

```
t2 = list(range(1,10 + 1))
```

将由 range 函数生成一个列表 t2,t2 为[1, 2, 3, 4, 5, 6, 7, 8, 9, 10]。range 函数生成一个整型的等差数列,默认首项为 0 且步长为 1,这里的 range(1,10+1)生成首项为 1、步长为 1 且尾项为 10 的整数等差数列。range 的参数只接受整数。

下面的语句

```
t3 = list((3,5,7,7,['a','b'],9.8))
```

将生成一个列表 t3,t3 为[3, 5, 7, 7, ['a', 'b'], 9.8],这个列表 t3 中包含了子列表。

list 函数可将字符串转化为字符列表,例如:

```
st = list('Hello')
```

将得到列表 st,st 为['H', 'e', 'l', 'l', 'o']。

(3) 借助 append 和 extend 函数生成列表。

例如:以下语句

```
t4 = list()              #创建一个空列表 t4
t4.append(10)            #向 t4 中添加元素 10
t4.append('a')           #向 t4 中添加元素'a'
t4.append([11,12])       #向 t4 中添加子列表[11,12]
print(t4)
```

将得到一个列表 t4,t4 为[10, 'a', [11, 12]]。append 函数向列表中添加元素,即 append 函数的参数被作为列表的元素。

下面的语句使用 extend 创建列表

```
t5 = []                  #创建一个空列表 t5
t5.extend([3,9,13])      #向 t5 中添加列表元素"3,9,13"
t5.extend([[8,8,7,5]])   #向 t5 中添加列表元素"[8,8,7,5]"
print(t5)
```

将得到一个列表 t5,t5 为[3, 9, 13, [8, 8, 7, 5]]。extend 函数的参数为一个列表,将其中的元素合并到调用 extend 函数的列表中。

2.4.2　列表元素访问方法

列表中元素的索引号从左向右为从 0 开始且按步长 1 累加,从右向左为从−1 开始按步长 1 减少,例如,列表 t1=[10,11,12,13,14,15,16],则 t1 中各个元素的索引号从左向右依次为 0、1、2、3、4、5、6;从右向左依次为−1、−2、−3、−4、−5、−6、−7。

可按列表元素的索引号访问列表元素,对于上面的列表 t1,则 t1[0]和 t[−7]均返回元素 10;t1[1]和 t1[−6]均返回元素 11;以此类推,t1[6]和 t1[−1]均返回元素 16。

列表元素除了借助索引号单独访问外,还可以使用于索引号的范围集体访问,索引号的范围表示方法为"首索引号:尾索引号:步长",默认首索引号为 0,默认尾索引号为最后一个元素的下一个位置(尾索引号不包含在有效索引范围内),默认步长为 1。

对上面的 t1,下面的集体访问方式将返回列表形式:

```
t1[3:4]          #返回包含第 3 个元素的列表[13]
t1[3:5]          #返回包含第 3、4 个元素的列表[13,14]
t1[ - 5: - 3]    #返回包含第 - 5 至 - 4 个元素的列表[12,13]
```

```
t1[-3:-5:-1]        #这里步长-1不可少,返回包含第-3至-4个元素的列表[14,13]
t1[0:-1:2]          #这里步长为2,返回列表[10,12,14](不含索引号为-1的元素)
t1[0::2]            #这里步长为2,返回列表[10,12,14,16]
t1[-1:0:-2]         #这里步长为-2,返回列表[16,14,12](不含索引号为0的元素)
t1[-1::-2]          #这里步长为-2,返回列表[16,14,12,10]
```

t1[::]、t1[:]和 t1 含义相同,均返回整个列表。

将上述内容作为文件"zym0203.py",如程序段 2-4 所示。

程序段 2-4　文件 zym0203.py

视频讲解

```
1     if __name__ == '__main__':
2         t1 = [10, 11, 12, 13, 14, 15, 16]
3         print(t1[3:4])
4         print(t1[3:5])
5         print(t1[-5:-3])
6         print(t1[-3:-5:-1])
7         print(t1[0:-1:2])
8         print(t1[0::2])
9         print(t1[-1:0:-2])
10        print(t1[-1::-2])
11        print(t1[::])
12        print(t1[:])
13        print(t1)
```

在程序段 2-4 中,使用 print 函数输出各个列表的集体访问结果,执行结果如图 2-4 所示。

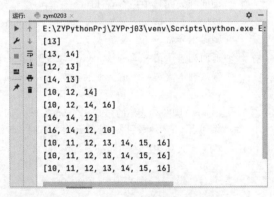

图 2-4　程序段 2-4 的执行结果

图 2-4 中的执行结果与程序段第 3~13 行按位置一一对应。

列表元素可以借助索引号单个修改,针对程序段 2-4 中的 t1,例如,

```
t1[0] = t1[3] = t1[5] = 20
print(t1)
```

将得到列表 t1 为[20,11,12,20,14,20,16]。

列表也可以借助索引号的范围集体修改,此时需要注意,由于列表借助索引号的范围返回的结果是列表的形式,所以必须以列表的形式赋值,且要求赋值的列表的元素个数与被赋值的列表的索引范围的长度相同,如下所示:

```
t1[0] = t1[3] = t1[5] = 20
print(t1)              #得到列表 t1 为[20, 11, 12, 20, 14, 20, 16]
```

```
t1[0:1] = [31]          #将列表 t1 的第 0 个元素赋为 31
print(t1)               #得到列表 t1 为[31, 11, 12, 20, 14, 20, 16]
t1[1:5:2] = [5,6]       #将列表 t1 的第 1、3 个元素依次赋为 5 和 6
print(t1)               #得到列表 t1 为[31, 5, 12, 6, 14, 20, 16]
```

当列表中嵌套了子列表时,子列表元素的访问方法如下:

```
t2 = [1,2,3,[4,5,6],[7,[8,9],10]]
print(t2[3][1])                    #得到 5
print(t2[4][1][0])                 #得到 8
print(t2[4][1][0:])                #得到列表[8,9]
```

2.4.3 常用列表处理方法

列表常用处理方法如表 2-8 所示,print(dir(list))可以显示专属于列表的方法。表 2-8 中设列表 t=[1,2,3,4,4,5,6]。

表 2-8　列表常用处理方法

序　号	方　　法	用 法 示 例
1	len(列表)	返回列表长度,len(t)得到 6,被嵌套的列表算 1 个元素
2	min(列表)	返回列表中的最小值,min(t)得到 1
3	max(列表)	返回列表中的最大值,max(t)得到 6
4	sum(列表)	返回列表元素的和,sum(t)得到 25
5	all(列表)	询问列表元素是否全为 True
6	any(列表)	询问列表元素中是否有 True
7	index(x)	返回列表中值为 x 的第一个索引号,t.index(3)得到 2;若 x 不存在,则抛出异常
8	count(x)	返回列表中值 x 的个数,t.count(4)得到 2;若 x 不存在,返回 0
9	remove(x)	删除列表中第一个值为 x 的元素,t.remove(3)后得到的 t 为[1,2,4,4,5,6]
10	pop(索引号)	t.pop()删除列表 t 的最后一个元素 6,返回该值; t.pop(索引号)删除列表 t 的第"索引号"处的元素,并返回该元素
11	insert(索引号,x)	将 x 插入列表的索引号处,t.insert(1,10)在列表 t 的第 1 个位置插入元素 10
12	reverse()	t.reverse()将列表 t 的元素颠倒顺序
13	sort(key = None, reverse=False)	sort 可按关键字 key 指定排序规则,reverse 为 False 时按升序排列。t.sort(reverse=True)得到[6,5,4,4,3,2,1]
14	x in 列表	询问 x 是否在列表中,在列表中返回 True;否则,返回 False。1 in t 返回 True
15	x not in 列表	询问 x 是否不在列表中,如果不在,返回 True;否则,返回 False。10 not in t 返回 True

用表 2-8 中的几个函数实现的一个简单的程序"zym0204.py"如程序段 2-5 所示。

程序段 2-5　文件 zym0204.py

```
1    if __name__ == '__main__':
2        stu = [['1001', 'Zhang Fei',95.5],
3            ['1002', 'Guan Yu',97.5],
4            ['1003', 'Liu Bei',99]]
5        s = list((stu[0][2],stu[1][2],stu[2][2]))
```

```
6        av = sum(s)/len(s)
7        m1 = max(s)
8        m2 = min(s)
9        n1 = len(stu)
10       print(f'no. = {n1}, min = {m2}, average = {av:.2f}, max = {m1}')
```

在程序段 2-5 中,第 2～4 行创建了一个列表 stu,包括三个子列表,每个子列表有三个元素,依次表示学生的学号(字符串类型)、姓名(字符串类型)和成绩(浮点数或整数)。第 5 行将列表 stu 中三个子列表的成绩元素合并为一个新的列表 s。

第 6 行"av＝sum(s)/len(s)"调用 sum 函数计算 s 列表中全部元素的和,然后,再除以列表的长度(len(s)),得到三个学生的平均成绩,赋给 av。

第 7 行"m1＝max(s)"调用 max 函数求得列表 s 的最大值,赋给 m1。

第 8 行"m2＝min(s)"调用 min 函数求得列表 s 的最小值,赋给 m2。

第 9 行"n1＝len(stu)"调用 len 函数求得列表 stu 的长度,即学生的个数,赋给 n1。

第 10 行"print(f'no. ＝{n1}, min＝{m2}, average＝{av:.2f}, max＝{m1}')"输出学生的个数 n1、最低成绩、平均成绩和最高成绩。

程序段 2-5 的执行结果如图 2-5 所示。

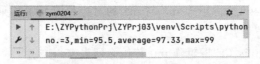

图 2-5　模块 zym0204 执行结果

程序段 2-5 表明,Python 语言中的列表比 C 语言中的数组和结构体等联合的功能还要强大。在一定意义上,掌握了 Python 语言的列表,就能够表示绝大多数情况下的程序设计中的数据了。

下面使用二级嵌套的数据列表表示矩阵,借助循环控制可以实现矩阵乘法。这里,借助模块 numpy 实现矩阵乘法,如程序段 2-6 所示。程序段 2-6 需要使用模块 numpy,文件名为"zym0205.py"。

程序段 2-6　文件 zym0205.py

视频讲解

```
1        import numpy as np
2        if __name__ == '__main__':
3            t1 = [[1,2],[3,4],[5,6]]
4            t2 = [[4,5,6],[7,8,9]]
5            m1 = np.array(t1)
6            m2 = np.array(t2)
7            m3 = np.dot(m1,m2)
8            t3 = m3.tolist()
9            print(t3)
10           m4 = 3 * m1
11           t4 = m4.tolist()
12           print(t4)
13           m5 = m1.reshape((2,3))
14           m6 = m5 * m2
15           t5 = m6.tolist()
16           print(t5)
```

在程序段 2-6 中,第 1 行"import numpy as np"装载模块 numpy,并赋为别名 np。

第 3 行"t1＝[[1,2],[3,4],[5,6]]"创建二级嵌套的列表 t1,相当于一个 3 行 2 列的矩阵。

第 4 行"t2＝[[4,5,6],[7,8,9]]"创建二级嵌套的列表 t2,相当于一个 2 行 3 列的矩阵。

第 5 行"m1＝np.array(t1)"调用 np 模块的 array 函数将列表 t1 转化为 3 行 2 列的矩阵 m1。

第 6 行"m2＝np.array(t2)"调用 np 模块的 array 函数将列表 t2 转化为 2 行 3 列的矩阵 m2。

第 7 行"m3＝np.dot(m1,m2)"调用 np 模块的 dot 函数实现矩阵 m1 和 m2 的乘积,得到一个 3 行 3 列的矩阵 m3。

第 8 行"t3＝m3.tolist()"将 m3 转化为列表 t3。

第 9 行"print(t3)"输出列表 t3。

第 10 行"m4＝3 * m1"矩阵 m1 的每个元素均乘以 3 后赋给 m4。

第 11 行"t4＝m4.tolist()"将矩阵 m4 转化为列表 t4。

第 12 行"print(t4)"输出列表 t4。

第 13 行"m5＝m1.reshape((2,3))"将矩阵 m1 转化为 2 行 3 列的矩阵,赋给 m5。

第 14 行"m6＝m5 * m2"将矩阵 m5 与 m2 的对应位置元素相乘,得到一个 2 行 3 列的矩阵,赋给 m6。

第 15 行"t5＝m6.tolist()"将矩阵 m6 转化为列表 t5。

第 16 行"print(t5)"输出列表 t5。

程序段 2-6 的执行结果如图 2-6 所示。

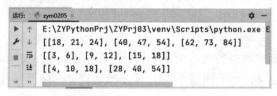

图 2-6　模块 zym0205 执行结果

在图 2-6 中,程序段 2-6 第 9 行输出的列表 t3 为"[[18, 21, 24], [40, 47, 54], [62, 73, 84]]";程序段 2-6 第 12 行输出的列表 t4 为"[[3, 6], [9, 12], [15, 18]]";程序段 2-6 第 16 行输出的列表 t5 为"[[4, 10, 18], [28, 40, 54]]"。

2.5　字符串

在各种计算机语言中,字符串是主要的交互信息承载媒体,具有特殊重要的地位。在 C 语言中,字符串以字符数组的形式表示;在 C++语言中,字符串以类的形式表示,C++语言以标准模板库的形式增强了字符串的功能。

在 Python 语言中,字符串可视为一种特殊的"列表"。例如:

```
str = 'abcdefgh'
print(str[0],str[1],str[2],str[-1],sep = ', ')    # 得到"a, b, c, h"
print(str[2:5])                                     # 得到"cde"
print(str[2:-1:2])                                  # 得到"ceg"
```

上述语句表明,可以借助列表元素的访问方法,访问字符串中的字符。例如,str[0]访问字符串 str 中第 0 个字符;str[−1]访问字符串 str 中的最后一个字符;str[2：5]访问字符串 str 中的第 2 至 4 个字符;str[2：−1：2]访问 str 中第 2 至倒数第 2 个字符,步长为 2。

注意:字符串只能视为一种只读的"列表",不能对字符串的各个索引位置赋值(这是因为字符串是个字面量(即常量))。

在 Python 中,字符和字符串均以 utf-8 编码形式存储,utf-8 编码是一种可变长度编码方式,以 1~4 字节对数据进行编程存储,例如,utf-8 规定,ASCII 码以 1 字节存储,汉字以 3 字节存储等。Python 语言完全支持中文。

2.5.1　字符串表示

在 Python 语言中,字符串字面量用单引号或双引号引起来,下面以英文和中文字符为例,介绍字符串的表示方法,如程序段 2-7 所示。

程序段 2-7　文件 zym0206.py

```
1    if __name__ == '__main__':
2        print('信息安全与智能系统')
3        print(type('信息安全与智能系统'))
4        print(len('信息安全与智能系统'))
5        print('A red apple. ')
6        print(len('A red apple. '))
7        print('A red apple. ' * 2)
8        str = '蝴蝶落在 apple tree'
9        print(str)
10       print(len(str))
```

视频讲解

程序段 2-7 中,第 2 行"print('信息安全与智能系统')"输出字符串字面量"信息安全与智能系统";第 3 行"print(type('信息安全与智能系统'))"输出这个中文字符串的类型,得到"< class 'str'>",说明这是一个 str 类定义的对象类型。第 4 行"print(len('信息安全与智能系统'))"输出这个中文字符串的长度,得到 9,即每个汉字视为一个符号。

第 5 行"print('A red apple. ')"输出英文字符串"A red apple. ";第 6 行"print(len('A red apple. '))"输出这个英文字符串的长度,得到 12,注意:空格也算符号;第 7 行"print('A red apple. ' * 2)"输出这个字符串两次,字符串可视为"列表","* 2"视为重复 2 次。

第 8 行"str = '蝴蝶落在 apple tree'"将包含有汉字和英文字符的字符串赋给 str;第 9 行"print(str)"输出这个字符串 str;第 10 行"print(len(str))"输出字符串 str 的长度,得到 14,即每个汉字和每个英文字符均视为一个符号。

程序段 2-7 的执行结果如图 2-7 所示。

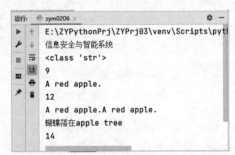

图 2-7　模块 zym0206 执行结果

2.5.2　字符串常用方法

一般地,字符串的常用处理借助正则表达式更加灵活方便,正则表达式的内容请参考附录 A。字符串本身也有一些方法比较实用,这些方法列于表 2-9 中。表 2-9 中,设"str1 =

'A red apple. '""str2='39' ""str3='39. 66'"。

表 2-9　字符串常用方法

序　号	方　法	含　义
1	islower	字符串中(的英文字母)只包含小写字母时,返回真;否则,返回假。例如:str1. islower()返回 False
2	lower	将字符串中(的英文字母)转为小写字母。例如:str1. lower()得到"a red apple."
3	isupper	字符串中(的英文字母)只包含大写字母时,返回真;否则,返回假。例如:str1. isupper ()返回 False
4	upper	将字符串中(的英文字母)转为大写字母。例如:str1. upper()得到"A RED APPLE."
5	+	合并字符串。例如:str1+str2 得到一个新的字符串"A red apple. 39"
6	join	合并字符串。例如:''. join([str1,str2,str3])将 str1、str2 和 str3 合并为一个字符串,得到"A red apple. 3939. 66"。使用 join 连接字符串时,可以指定分隔符,例如:"'---'. join([str1,str2,str3])"得到"A red apple. ---39---39. 66"
7	split	分隔字符串,与 join 功能相反。分隔字符串后得到一个字符串列表。例如:str1. split()得到['A', 'red', 'apple. ']。可以指定字符串的分隔符,例如:str1. split(sep='red')得到['A ', ' apple. ']
8	find	查找字符串中的子串。例如:str1. find('red')得到 2,即子串"red"(的首字符)在 str1 中出现的位置。可以指定搜索的索引位置范围,例如:str1. find('e',4,−1)得到 10,这里的"4"表示搜索的起始索引位置,"−1"表示搜索的最终索引位置(不含),索引号从 0 开始。如果查找不到,则返回−1
9	rfind	与 find 类似,从右边查找字符串中的子串
10	index	与 find 类似,但是查找不到时,抛出异常
11	rindex	与 index 类似,但是从右边查找
12	strip	删除字符串左右两边的空格或指定的字符。例如:str1. strip('. ')得到"A red apple"
13	lstrip	删除字符串左边的空格或指定的字符
14	rstrip	删除字符串右边的空格或指定的字符
15	partition	将字符串分隔为三个子串。例如:str1. partition('red')得到"('A ', 'red', ' apple. ')"(这是一个元组,在第 4 章介绍);如果 partition 的参数不是字符串的子串,则返回原始字符串和两个空字符,例如:str1. partition('rede')得到"('A red apple. ', '', '')"
16	rpartition	与 partition 类似,但是从右边开始匹配函数的参数字符串
17	startswith	询问字符串是否以给定的子串开始,如果是,返回 True;否则,返回 False。例如,str1. startswith('A')返回 True
18	endswith	询问字符串是否以给定的子串结尾,如果是,返回 True;否则,返回 False。例如,str1. endswith('ple. ')返回 True
19	isalpha	询问字符串是否仅包含字母(指 A 至 Z 和 a 至 z 的字母),如果是,则返回 True;否则,返回 False。例如,str1. isalpha()得到 False
20	isalnum	询问字符串是否仅包含字母和数字(指 0 至 9 的数字),如果是,则返回 True;否则,返回 False。例如,str3. isalnum()得到 False

续表

序　号	方　法	含　义
21	isdecimal	询问字符串是否仅包含数字(指 0 至 9 的数字),如果是,则返回 True;否则,返回 False。例如,str2. isdecimal()得到 True;str3. isdecimal()得到 False
22	isdigit	包含了 isdecimal 的功能,还支持字节串类型数据,例如,str2. isdigit()得到 True;b'123'. isdigit()返回 True
23	isnumeric	一般地,可认为等同于 isdecimal,均不支持小数点
24	isspace	询问字符串(至少有一个字符)是否全由空白字符构成,如果是,则返回 True;否则,返回 False
25	istitle	询问字符串中的每个单词是否以大写字母开头(其余均为小写),如果是,则返回 True;否则,返回 False。例如,'A Red Apple'. istitle()返回 True
26	title	将字符串中的单词的首字母大写(其他字母小写)。例如:'A RED aPPle'. title()得到 A Red Apple
27	count	统计作为参数的子串在字符串中出现的次数,例如:str1.count('e')得到 2。可以指定搜索的范围,例如:str1.count('e',4,-1)统计字符串 str1 从第 4 个索引位置到倒数第 2 个索引位置中出现字符"e"的次数,这里的"4"为搜索的起始位置,"-1"为搜索的最终位置(不含),"-1"省略时将搜索至最后一个字符
28	replace	替换字符串中的子串。例如:str1.replace('red','green')得到的 str1 为"A green apple."
29	maketrans	专为 translate 服务的替换规则,例如:tab=str1.maketrans('red','big'),该规则要求用 big 替换 red,且两个子串的长度要相同。注意:是对应位置字符替换。因此,可以实现子串的整体替换,也可以是对应位置的部分子串或字符替换
30	translate	使用 maketrans 制定的规则完成替换,例如:str1.translate(tab)得到的 str1 为"A big apple."

Python 是一种不断进化的语言,从表 2-9 中可知,Python 语言不能识别带小数点的数值类型的字符串,但是,可以借助正则表达式识别。

下面针对表 2-9 中比较难理解的几个函数,例如 partition、split、join、replace、translate 等,在程序段 2-8 中进一步阐述它们的用法。

程序段 2-8　文件 zym0207.py

```
1    if __name__ == '__main__':
2        str1 = 'A bird perches in an apple tree.'
3        print(str1)
4        str2 = str1.split()
5        print(str2)
6        str3 = '～～～'.join(str2)
7        print(str3)
8        str4 = str3.replace('～～～',' - ')
9        print(str4)
```

视频讲解

```
10        str5 = str4.replace('e','y')
11        print(str5)
12        rule = str5.maketrans('-y','e')
13        str6 = str5.translate(rule)
14        print(str6)
```

程序段 2-8 的运行结果如图 2-8 所示。

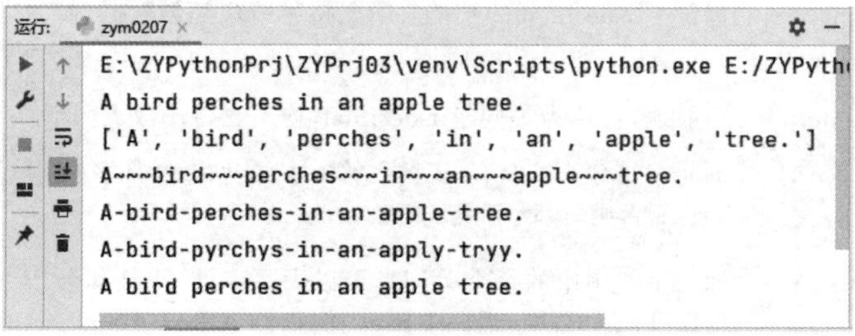

图 2-8　模块 zym0207 执行结果

结合图 2-8,由程序段 2-8 可知,第 2 行"str1 = 'A bird perches in an apple tree.'"将字符串字面量"A bird perches in an apple tree."赋给 str1;第 3 行"print(str1)"输出 str1。

第 4 行"str2 = str1.split()"以空格为分隔符,将 str1 分成单词列表,赋给 str2。第 5 行"print(str2)"输出 str2 列表,得到"['A', 'bird', 'perches', 'in', 'an', 'apple', 'tree.']"。

第 6 行"str3 = '～～～'.join(str2)"将 str2 列表中的各个字符串合并为一个字符串,插入分隔符"～～～"。第 7 行"print(str3)"输出字符串 str3,得到"A～～～bird～～～perches～～～in～～～an～～～apple～～～tree."。

第 8 行"str4 = str3.replace('～～～','-')"将 str3 字符串中的"～～～"替换为"-",赋给字符串 str4。第 9 行"print(str4)"输出 str4,得到"A-bird-perches-in-an-apple-tree."。

第 10 行"str5 = str4.replace('e','y')"将 str4 字符串中的"e"替换为"y",赋给字符串 str5。第 11 行"print(str5)"输出 str5,得到"A-bird-pyrchys-in-an-apply-tryy."。

第 12 行"rule = str5.maketrans('-y','e')"创建替换规则 rule 为"-"替换为空格" ","y"替换为"e"。第 13 行"str6 = str5.translate(rule)"按替换规则 rule 将 str5 转换为 str6,即将 str5 中的"-"替换为空格" ","y"替换为"e"。第 14 行"print(str6)"输出 str6,得到"A bird perches in an apple tree."。

2.5.3　格式化字符串

将数值型数据等类型转化为字符串时,需要对这些数据类型进行格式调整,俗称"格式化",这样得到的字符串,称为"格式化字符串"。格式化字符串最主要目的是用作输出结果,不仅可用于 print 函数中,也可用于图形用户界面中。

一个格式化字符串的典型例子为输出浮点数的计算结果。虽然浮点数的计算结果包含较多小数位,但往往仅需显示有限的小数位,例如,仅需显示 3.14159 的 3 位小数形式,则可以使用语句"print(f'{3.14159:.3f}')"输出"3.142",注意,这里使用四舍五入法。

在 Python 语言中,常用的格式化字符串的方法有三种。

1) 使用"f'{}'"形式格式化字符串

这是目前最常用的格式化方法,最常用的几种形式如表 2-10 所示。

表 2-10　"f'{}'"形式格式化字符串典型用法

序　号	典　型　用　法	实　　例
1	f'{val：m.nf}',其中,"m.nf"表示显示浮点数、显示数据长度为 m、保留 n 位小数。如果 m 小于实际数据长度,则 m 的值无效	f'{3.14159：7.3f}得到"3.142"
2	f'{val：md}',其中,"md"表示显示整数、显示数据长度为 m。如果 m 小于实际数据长度,则 m 的值无效。这里 val 必须为整数	f'{1000：7d}'得到"1000"
3	f'{val：m.ne}',与"f'{val：m.nf}"相似,只是以科学记数法显示。注意:"e"换为"E"时,结果中也将以 E 表示指数	f'{299792458:10.3e}'得到"2.998e+08"
4	f'{val：mX},其中,"mX"将整数 val 以十六进制数显示,显示长度为 m。如果"X"换为"x"时,显示中的十六进制的字母将以小写显示	f'{1000：5X}'得到"3E8"
5	f'{val：m.n%}',其中,"m.n%"表示将 val 以百分数显示,显示长度为 m,保留 n 位小数	f'{0.735：7.2%}'得到"73.50%"

2) 使用 format 方法格式化字符串

format 方法可视为"f'{}'"方法的完整版本,两者的格式化控制符是通用的,本书中的输出结果大部分都使用了"f'{}'"方法。下面的程序段 2-9 列举了 format 方法的几种典型用法。

程序段 2-9　文件 zym0208.py

视频讲解

```
1    if __name__ == '__main__':
2        a = 3
3        b = 5
4        print('{0} + {1} = {2},{0} * {1} = {3}'.format(a,b,a + b,a * b))
5        print('{x} + {y} = {z},{x} * {y} = {u}'.format(x = a,y = b,z = a + b,u = a * b))
6        print('{0:< 8.2f},{0:^8.2f},{1:> 8.2f}'.format(3.1415,2.7182))
7        print('{0} have {1[0]} {1[1]}.'.format('We',[3,'apples']))
```

程序段 2-9 的执行结果如图 2-9 所示。

结合图 2-9 理解程序段 2-9 的诸条语句。在程序段 2-9 中,第 2 行"a＝3"将 3 赋给 a。第 3 行"b＝5"将 5 赋给 b。

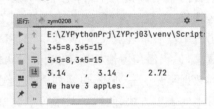

图 2-9　模块 zym0208 执行结果

第 4 行"print('{0}＋{1}＝{2},{0} * {1}＝{3}'.format(a,b,a＋b,a * b))"中,"{0}""{1}""{2}"和"{3}"分别表示 format 函数的第 0 个、第 1 个、第 2 个和第 3 个参数,即这里的"{0}"为 a、"{1}"为 b、"{2}"为 a＋b、"{3}"为 a * b,按位置关系对应。因此,第 4 行将输出"3＋5＝8,3 * 5＝15"。

第 5 行"print('{x}＋{y}＝{z},{x} * {y}＝{u}'.format(x＝a,y＝b,z＝a＋b,u＝a * b))"和第 4 行的作用相同,输出也相同。但是第 5 行中使用了"关键字"表示位置,而不是数字(若使用数字,必须以{0}、{1}、{2}、……按位置对应关系依次表示各个参数),使用"关键字"表示方法时,在 format 函数的参数中必须指定"关键字",例如"x＝a,y＝b,z＝a＋b,u＝a * b"表示 x 对应 a、y 对应 b、z 对应 a＋b 和 u 对应 a * b。

format方法中格式化控制符与"f'{}'"方法相同。第6行"print('{0：<8.2f}，{0：^8.2f}，{1：>8.2f}'. format(3.1415,2.7182))"中"："后面的为格式化控制符，这里的"<""^"和">"依次表示左对齐、居中和右对齐。第6行输出结果为"3.14，3.14，2.72"。

第7行"print('{0} have {1[0]} {1[1]}. '. format('We',[3,'apples']))"中，"{0}"对应着format函数的参数"'We'"；"{1}"对应着参数"[3,'apples']"，"{1[0]}"对于列表"[3, 'apples']"中的"3"。第7行输出"We have 3 apples. "。

3）使用"%"方法格式化

这种格式化方法可称为"类似C语言"的格式化方法，这种方法在本书后续内容中极少使用。表2-11中列出了一些常用的"%"格式化方法。

表2-11　常用的"%"格式化方法

序　号	典 型 用 法	实　　例
1	%m. nf，表示输出浮点数，总宽度为m，有n位小数	'%−7.2f,%7.2f'%(3.1415,3.1415)得到"3.14，3.14"，这里的"−"号表示左对齐
2	%md，表示输出整数，总宽度为m	'%4d + %4d = %4d'%(3,5,3+5)得到"3 +5 = 8"
3	%X，表示输出十六进制数，其中的字母A至F大写，只限于整数。%x与%X含义相同，但其中的字母a至f小写	'%d = %XH'%(1000,1000)得到"1000 = 3E8H"
4	%s，将数值转化为字符串	'%s is a number. '%(50.05)得到"50.05 is an number. "
5	%e和%E，以指数(e或E)形式表示数据	'%10.2E'%299792458 得到"3.00E+08"

2.6　本章小结

本章首先基于控制台详细介绍了Python语言的输入和输出函数，然后，介绍了Python语言的基本数据类型，讨论了Python语言的运算符及其优先级，其中包括算术运算符、位运算符、关系运算符、逻辑运算符、赋值运算符和高级运算符。借助id函数讨论了Python语言中没有常规意义下的"变量"的概念，并且"赋值"的说法也不准确，本书中使用"标签"的概念，但仍沿用习惯使用了"赋值"给"标签"的说法。接着，重点讨论了Python语言最重要的数据类型——列表，包括列表的创建、元素访问和修改。最后，介绍了Python语言中字符串的表示方法，阐述了与字符串对象相关的内置函数，并讨论了格式化字符串的方法，建议使用"f'{}'"方法格式化字符串。

习题

1. 编写Python程序，输入一个正整数，输出它的十六进制形式。
2. 编写Python程序，从键盘输出两个数值，输出它们的乘积。
3. 编写Python程序，计算两个复数 5+9j 和 11−3j 的乘积。
4. 创建一个列表，包括1～100的整数序列，并求这些整数的和。
5. 创建一个列表，包括1～100的整数序列，显示能被3和5整除的数。

6. 创建两个列表[7,9,10]和[13,11,4],将这两个列表合并为一个列表。

7. 创建一个列表[8,10,3,6,7,12,5,13,1,9],按升序排列该列表。

8. 创建两个二级嵌套列表[[8,10,11],[3,7,4]]和[[4,6],[2,5],[-3,-1]],计算这两个矩阵的乘积。

9. 凯撒密码将一个字符加密为其后的第3个字符,例如,A 被加密为 D,B 被加密 E,最后的三个字符 X、Y 和 Z 用循环后的三个字符 A、B 和 C 加密。现在,有一个明文字符串为"An apple tree.",试将其加密为密文(小数点不加密)。

第3章
CHAPTER 3

程 序 控 制

借助计算机的显示屏,计算机软件能以图形图像的方式输出计算结果,这些结果只是计算机存储器(严格意义上是显示存储器)中字节的映射效果。同样,借助计算机软件计算机可以播放视频图像,可以进行三维图形设计,可以制作电路板等。所有这些软件都是由计算机的基本运算实现的。

计算机运算器能够直接处理的基本运算只有二进制数码的加法(和乘法)、移位以及数码的读取和存储操作。计算机能够直接处理的数据类型为二进制数码(注:不是数值),计算机没有数的概念。而计算机控制器控制机器代码程序执行的方式只有两种,即顺序执行和跳转执行(当程序计数器指针 PC 不是指向下一个程序地址时)。对应于机器语言程序的两种执行方式,Python 语言程序具有三种程序结构,即顺序结构、分支结构和循环结构。当Python 语言程序被"翻译"为机器语言程序时,其分支和循环程序结构将被"翻译"为跳转执行,而顺序程序结构被"翻译"为顺序执行。

高级语言程序只有顺序、分支和循环三种程序结构,这些结构可以实现所有的计算机算法(参考图灵机,1937 年)。作为一种高级语言,Python 的程序控制具有极致精简的特点,每行代码为一条执行语句,处于同一缩进位置的所有语句按位置构成顺序结构;由 if 语句或 match 语句及其下一级缩进的语句构成分支结构;由 while 语句或 for 语句及其下一级缩进的语句构成循环结构。本节将详细介绍 Python 语言程序的控制结构。

本章的学习重点:

(1) 了解 Python 语言程序控制结构。

(2) 掌握 match 分支结构。

(3) 熟练掌握 if 结构、while 结构和 for 结构。

(4) 熟练应用 while 结构实现排序算法。

3.1 顺序结构

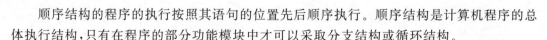

顺序结构的程序的执行按照其语句的位置先后顺序执行。顺序结构是计算机程序的总体执行结构,只有在程序的部分功能模块中才可以采取分支结构或循环结构。

下面的程序段 3-1 为一段顺序结构程序的典型实例。要求输入平面上两个点的坐标,输出这两个点之间的距离。

程序段 3-1　文件 zym0301

```
1    import math
2    x1 = input('Please input x of Point A:')
3    y1 = input('Please input y of Point A:')
4    x2 = input('Please input x of Point B:')
5    y2 = input('Please input y of Point B:')
6    x1 = float(x1)
7    y1 = float(y1)
8    x2 = float(x2)
9    y2 = float(y2)
10   d = math. sqrt((x2 − x1) ** 2 + (y2 − y1) ** 2)
11   print(f'Distance of A({x1},{y1}) and B({x2},{y2}) is: {d}.')
```

在程序段 3-1 中,第 1 行装载 math 模块,第 10 行使用了 math 模块中的 sqrt 函数(开平方函数)。

第 2 行"x1＝input('Please input x of Point A：')"调用 input 函数读取键盘的输入字符串,作为点 A 的 x 坐标,第 6 行"x1＝float(x1)"将 x1 转换为浮点数,仍使用标签 x1。

同理,第 3 行读取键盘的输入字符串,作为点 A 的 y 坐标,第 7 行将 y1 转化为浮点数,仍使用标签 y1。第 4 行读取键盘的输入字符串,作为点 B 的 x 坐标,第 8 行将 x2 转化为浮点数,仍使用标签 x2。第 5 行读取键盘的输入字符串,作为点 B 的 y 坐标,第 9 行将 y2 转化为浮点数,仍使用标签 y2。

第 10 行"d＝math. sqrt((x2−x1) ** 2＋(y2−y1) ** 2)"调用 math 模块的 sqrt 函数计算两点间的距离。

第 11 行"print(f'Distance of A({x1},{y1}) and B({x2},{y2}) is：{d}.')"输出两个点 A 和 B 以及它们的欧氏距离 d。

程序段 3-1 的执行结果如图 3-1 所示。

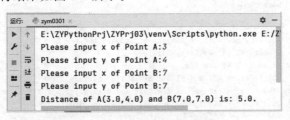

图 3-1　模块 zym0301 执行结果

在程序段 3-1 中使用两个 input 语句输入一个点的两个坐标,这是因为此处 input 函数从键盘获取一个字符串。可借助字符串的 split 函数将输入的单个字符串分隔为两个或多个字符串实现 input 的多输入处理。参考程序段 2-8 可知,字符串借助 split 函数分隔后将得到一个包含字符串子串的列表。

下面的程序段 3-2 实现了与程序段 3-1 相同的功能,但是使用 input 一次性输入一个点的两个坐标或两个点的全部坐标值。

程序段 3-2　文件 zym0302

```
1    import math
2    import re
3    [x1,y1] = input('Input "x1,y1" as A(x1,y1):').split(',')
4    [x2,y2] = input('Input "x2,y2" as A(x2,y2):').split(',')
```

```
5        x1 = float(x1)
6        y1 = float(y1)
7        x2 = float(x2)
8        y2 = float(y2)
9        d = math.sqrt((x2 - x1) ** 2 + (y2 - y1) ** 2)
10       print(f'Distance of A({x1},{y1}) and B({x2},{y2}) is: {d}.')
11
12       [x1,y1,x2,y2] = re.split('[, ] + ',input('Input "x1 y1,x2 y2" as A(x1,y1) and B(x2,y2):'))
13       x1 = float(x1)
14       y1 = float(y1)
15       x2 = float(x2)
16       y2 = float(y2)
17       d = math.sqrt((x2 - x1) ** 2 + (y2 - y1) ** 2)
18       print(f'Distance of A({x1},{y1}) and B({x2},{y2}) is: {d}.')
```

在程序段 3-2 中,使用了两种方法实现多输入处理。第 3、4 行使用字符串的 split 方法,将输入字符串以逗号","作为分隔符,得到一个包含两个子串的列表,并将这两个子串分别赋给点的两个坐标。

第 12 行使用了正则表达式。第 2 行"import re"装载正则表达式模块。第 12 行"[x1, y1,x2,y2]=re.split('[,]+',input('Input "x1 y1,x2 y2" as A(x1,y1) and B(x2,y2): '))"表示字符串的分隔符为逗号或空格,这里的"[,]+"(方括号中有一个逗号和一个空格)表示方括号中的逗号或空格将作为分隔符,"+"号表示一个以上连续的逗号或空格也将作为分隔符。这样,将输入的字符串分成四个子串依次赋给 x1、y1、x2 和 y2。这里的赋值方式,本质上是一个列表"赋给"另一个列表。

程序段 3-2 中的第 13~16 行可以用列表赋值的形式写作一行,即

[x1,y1,x2,y2] = [float(x1),float(y1),float(x2),float(y2)]

程序段 3-2 的执行结果如图 3-2 所示。

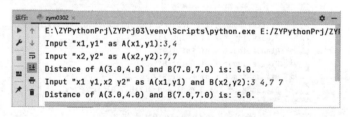

图 3-2　模块 zym0302 执行结果

在 Python 语言程序中,具有顺序执行结构的语句必须具有相同的缩进位置。一般地,使用 Tab 键控制缩进量,在 PyCharm 中,Tab 键默认为 4 个空格(这只是为了代码显示美观,其值可调整)。在程序段 3-2 中,各个语句的缩进量均为 0,Python 要求第一级程序代码的缩进量必须为 0,但是第二级或后续级别的代码的缩进量可以为任意数值,只需要保证同级别的(顺序执行的)语句具有相同的缩进量即可。

3.2　分支结构

程序的分支结构用于实现有条件地选择特定语句执行。Python 语言中使用缩进表示同一分支结构中的语句。例如:

```
if 条件表达式:
    语句 1
    语句 2
    语句 3
else:
        语句 4
        语句 5
        语句 6
```

上面的"if"和"else"必须位于相同的缩进位置,这两者地位相同,表示"条件表达式"为真时执行"语句 1"至"语句 3","条件表达式"为假时执行"语句 4"至"语句 6"。"语句 1"至"语句 3"的缩进位置必须相同,表示这三条语句属于"if"部分,即"条件表达式"为真时执行的部分。而"语句 4"至"语句 6"的缩进位置必须相同,表示这三条语句属于"else"部分,即"条件表达式"为假时执行的部分。如果"if"和"else"属于第一级缩进,那么"语句 1"至"语句 3"属于第二级缩进;"语句 4"至"语句 6"也属于第二级缩进。但是,"语句 1"至"语句 3"不需要与"语句 4"至"语句 6"处于相同的缩进位置。

同样,Python 语言中缩进也用于表示循环结构中的归属关系。

对缩进格式而言,一条语句(一般为控制语句)下的具有相同缩进量的所有语句均属于该语句的控制部分。只是为了程序代码美观,每级缩进均使用相同的缩进量。

分支结构也称选择结构,Python 语言中使用 if 或 match 关键字实现分支控制,下面通过分支结构的介绍进一步体会缩进格式的用法以及 Python 语言的简洁之美。

3.2.1 if 语句

if 语句具有四种常用结构。

(1) 单个 if 结构。

```
if 条件表达式:
    语句 1
    ......
    语句 n
```

上述结构为单个 if 结构,即当"条件表达式"为真时,执行"语句 1"至"语句 n"。

(2) 标准 if-else 结构。

```
if 条件表达式:
    语句 1
    ......
    语句 m
else:
    语句 m + 1
    ......
    语句 n
```

上述结构为标准的 if-else 结构,即当"条件表达式"为真时,执行"语句 1"至"语句 m";否则,执行"语句 m+1"至"语句 n"。如果 if 部分没有语句,用"pass"语句表示。

(3) if-elif-else 结构。

```
if 条件表达式 1:
    语句 1
```

```
        ......
        语句 k
    elif 条件表达式 2:
        语句 k + 1
        ......
        语句 m
    elif 条件表达式 3:
        语句 m + 1
        ......
        语句 p
    ......  #其他的 elif 语句
    else:
        语句 t
        ......
        语句 n
```

上述结构是典型的多分支结构,即如果"条件表达式 1"为真时,执行"语句 1"至"语句 k";否则,如果"条件表达式 2"为真时,执行"语句 k+1"至"语句 m";否则,如果"条件表达式 3"为真时,执行"语句 m+1"至"语句 p";否则,当上述所有"条件表达式"均为假时,执行"else"部分的"语句 t"至"语句 n"。

(4) if 语句的嵌套结构。

if 结构中的 if 部分、else 部分和 elif 部分中均可再嵌入 if 结构,此时要注意各个部分的缩进关系,以保证 if 部分与其相应的 elif 或 else 部分相一致,不至于出现"张冠李戴"的问题。

下面借助以下几个问题展示一下 if 结构的几种结构。

问题 1:求两个数 a 和 b 的较大者。

问题 2:求一个年份 year 是否为闰年。如果 year 可以整除以 4 但不能整除以 100(称为普通闰年),或者 year 可以整除以 400(称为世纪闰年),则 year 为闰年。

问题 3:输入一数值 x,计算分段函数 $f(x)$ 的值。

$$f(x) = \begin{cases} x+1, & x > 1 \\ 3x-1, & 0 < x \leqslant 1 \\ -x^2-1, & -1 < x \leqslant 0 \\ 2x^3, & x \leqslant -1 \end{cases} \tag{3-1}$$

程序段 3-3 解决了上述三个问题。

程序段 3-3　文件 zym0303

```
1      if __name__ == '__main__':
2          [a,b] = input('Please input two numbers a,b:').split(',')
3          [a,b] = [float(a),float(b)]
4          m1 = a
5          if m1 < b:
6              m1 = b
7          print(f'Bigger of {a} and {b} is: {m1}')
8
9          if a > b:
10             m2 = a
11         else:
12             m2 = b
```

视频讲解

```
13          print(f'Bigger of {a} and {b} is: {m2}')
14
15          m3 = a
16          if m3 > b:
17              pass
18          else:
19              m3 = b
20          print(f'Bigger of {a} and {b} is: {m3}')
21
22          year = input('Please input a year:')
23          year = int(year)
24          leap = False
25          if year % 4 == 0:
26              if year % 100 != 0:
27                  leap = True
28              elif year % 400 == 0:
29                  leap = True
30              else:
31                  leap = False
32          else:
33              leap = False
34          if leap:
35              print(f'{year} is a leap year.')
36          else:
37              print(f'{year} is a nonleap year.')
38
39          x = input('Please input a number:')
40          x = float(x)
41          y = 0
42          if x > 1:
43              y = x + 1
44          elif 0 < x <= 1:
45              y = 3 * x - 1
46          elif -1 < x <= 0:
47              y = -x ** 2 - 1
48          else:
49              y = 2 * x ** 3
50          print(f'{x} produces {y:.2f}')
```

程序段 3-3 的执行结果如图 3-3 所示。

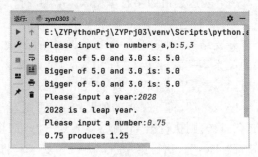

图 3-3　模块 zym0303 执行结果

在程序段 3-3 中,第 1 行"if __name__ == '__main__':"在执行模块 zym0303 时该条件表达式为真,则将执行第 2～50 行的语句。

第 2 行"[a,b]=input('Please input two numbers a,b: ').split(',')"输入两个数值形式的字符串,用逗号分隔。第 3 行"[a,b]=[float(a),float(b)]"将输入的 a 和 b 转化为浮点数。

第 4~7 行为一个功能模块,求解上述的"问题 1"。第 4 行"m1=a"将 a 赋给 m1。第 5 行"if m1<b:"判断如果 m1 小于 b,则执行第 6 行"m1=b"将 b 赋给 m1。第 7 行"print(f'Bigger of {a} and {b} is: {m1}')"输出 a、b 和它们的较大者 m1。这里的第 5、6 行为一个 if 结构。

第 9~13 行为一个功能模块,实现的功能也是求得 a 和 b 的较大者。这里的第 9~12 行为一个 if-else 结构。第 9 行"if a>b:"判断如果 a 大于 b,则执行第 10 行"m2=a"将 a 赋给 m2;否则(第 11 行"else:"),执行第 12 行"m2=b"将 b 赋给 m2。此时,m2 为 a 和 b 的较大者。第 13 行输出 a、b 和它们的较大者 m2。

第 15~20 行为一个功能模块,仍然是求 a 和 b 的较大者。注意,第 17 行"pass",表示不执行任何功能。

第 22~37 行为一个功能模块,求解上述的"问题 2"。第 22 行"year=input('Please input a year: ')"输入一个表示年份的字符串赋给 year。第 23 行"year=int(year)"将 year 转化为整型,仍然用 year 作为标签。第 24 行"leap=False"将 False 赋给 leap(第 24 行可省略)。

第 25~33 行为一个嵌套的 if-else 结构。第 25 行"if year % 4==0:"判断如果 year 能被 4 整除,则执行第 26~31 行。如果第 26 行"if year % 100!=0:"中 year 不能被 100 整除,则第 27 行"leap=True"将 True 赋给 leap;否则如果第 28 行"elif year % 400==0:"中 year 被 400 整除,则第 29 行"leap=True"将 True 赋给 leap;否则(第 30 行"else:")执行第 31 行"leap=False"将 False 赋给 leap。

按照缩进位置关系可知,第 32 行的"else:"语句与第 25 行的"if"对应,表示如果 year 不能被 4 整除时,执行第 33 行"leap=False"将 False 赋给 leap。

第 34~37 行为一个 if-else 结构,如果第 34 行"if leap:"中的 leap 为 True,则执行第 35 行"print(f'{year} is a leap year.')"在屏幕打印 year 是一个闰年;否则,执行第 37 行"print(f'{year} is a nonleap year.')"在屏幕打印 year 是一个平年。

第 39~50 行为一个功能模块,求解上述的"问题 3"。第 39 行"x=input('Please input a number: ')"从键盘输入一个表达数值的字符串给 x。第 40 行"x=float(x)"将 x 转化为浮点数,仍用 x 作为标签。第 41 行"y=0"将 0 赋给 y。

第 42~49 行为一个多分支结构,对应于式(3-1)的四种情况,注意在 Python 语言中,支持这种"0<x<=1"级联的关系不等式。第 42 行"if x>1:"如果 x 大于 1,则执行第 43 行"y=x+1"将 x 与 1 的和赋给 y;否则,如果第 44 行"elif 0<x<=1:"中 x 大于 0 且小于或等于 1,则执行第 45 行"y=3*x-1",将 3x-1 的值赋给 y;否则,若第 46 行"elif -1<x<=0:"中 x 大于-1 且小于或等于 0,则执行第 47 行"y=-x**2-1"将 $-x^2-1$ 赋给 y;在上述情况都不成立时(第 48 行"else:"),执行第 49 行"y=2*x**3"将 $2x^3$ 赋给 y。

第 50 行"print(f'{x} produces {y:.2f}')"输出 x 和 y 的值。

现在,反复阅读程序段 3-3,思考一下:还有没有可能进一步简化 if 结构的表达形式?好像除了条件表达式后面的":",已经简化到极致了。目前在 Python 3 中,这个冒号":"仍不可少。

if 结构可以写成一条语句,形如:

y = 表达式 1 if 条件 else 表达式 2

表示当"条件"为真时,将"表达式 1"的值赋给 y,否则将"表达式 2"的值赋给 y。这里的"表达式 2"还可以嵌入新的 if 结构。例如:程序段 3-3 中第 41～49 行可以用如下的一条语句表示:

y = x + 1 if x > 1 else 3 * x - 1 if 0 < x <= 1 else - x ** 2 - 1 if - 1 < x <= 0 else 2 * x ** 3

上述语句实现了式(3-1)所示的分段函数。

3.2.2 match 语句

match 多分支控制语句是 Python 3.10 新添加的控制语句,其基本语法形式如下。

```
match 表达式:
    case 表达式 1:
        语句 1
        ……
        语句 k
    case 表达式 2:
        语句 k + 1
        ……
        语句 p
    ……  #其他的 case 情况
    case _:
        语句 m
        ……
        语句 n
```

上述 match 分支的功能非常强大,表现在这里的"表达式"可以为字符串、数值、逻辑值、列表、元组和字典(见第 4 章)等,每个 case 部分可以添加条件限制,用"if 表达式"表示。当 match 后面的"表达式"与某个 case 后面的表达式匹配后,则执行该 case 部分的语句。例如,当 match 后面的"表达式"为"表达式 1"时,执行"语句 1"至"语句 k";当 match 后面的"表达式"为"表达式 2"时,执行"语句 k+1"至"语句 p";而当 match 后面的"表达式"与所有 case 后的表达式均不匹配时,则执行"case _:"部分中的"语句 m"至"语句 n"。

程序段 3-4 为 match 结构的简单用法实例。当输入 0 或 1 或 2 时,输出"低分";当输入 3 或 4 时,输出"中分";当输入 5 时,输出"高分";当输入小于 0 或大于 5 的数时,提示输入有误。

程序 3-4 文件 zym0304

```
1    if __name__ == '__main__':
2        x = int(input('Input a number:'))
3        match x:
4            case 0 | 1 | 2:
5                print('Low mark.')
6            case 3 | 4:
7                print('Medium mark.')
8            case 5:
9                print('High mark.')
```

视频讲解

```
10          case _ if x > 5:
11              print('Input is too big.')
12          case _ if x < 0:
13              print('Input is too small.')
```

程序段 3-4 中,第 2 行"x=int(input('Input a number:'))"从键盘读取一个整数,赋给 x。第 3~13 行为 match 结构,第 3 行"match x:"为 match 结构的头部,x 为 match 结构的表达式;第 4 行"case 0 | 1 | 2:"表示当 x 的值为 0 或 1 或 2 时,执行第 5 行语句"print('Low mark.')",输出"Low mark."。这里的"|"表示"或"(注意,不能使用 or)。

第 6 行"case 3 | 4:"表示 x 的值为 3 或 4 时,执行第 7 行"print('Medium mark.')",输出"Medium mark."。

第 8 行"case 5:"表示 x 的值为 5 时,执行第 9 行"print('High mark.')",输出"High mark."。

第 10 行"case _ if x>5:"表示当 x 的值不满足前面的各种 case 情况(也可理解为当 x 值为任意值时)且满足限定条件 x 大于 5(这里使用 if 设定限定条件,限定条件可以应用于任何 case 语句中)时,执行第 11 行"print('Input is too big.')",输出"Input is too big."。

第 12 行"case _ if x<0:"表示当 x 的值不满足前面的各种 case 情况且满足限定条件 x 小于 0 时,执行第 13 行"print('Input is too small.')",输出"Input is too small."。

程序段 3-4 的典型执行结果如图 3-4 所示。

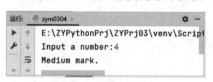

图 3-4　模块 zym0304 执行结果

程序段 3-5 展示了 match 结构使用字符串作为表达式进行分支程序控制的情况。在程序段 3-5 中,输入一个字符串 str,若 str 为"ok",则输出"Finished";如果 str 长度为 1(只包含一个字符)且为小写字母时,将其转化为大写字母输出;如果 str 中包含了数字 0~9、小写字母 a~f 或大写字母 A~F,则提取其中的这部分内容,添加上"0x"前缀输出。

程序段 3-5　文件 zym0305

```
1    import re
2    if __name__ == '__main__':
3        str = input('Input a string:')
4        match str:
5            case 'ok':
6                print('Finished.')
7            case _ if len(str) == 1 and 'a' < str < 'z':
8                print(str.upper())
9            case _ if re.search('[0 - 9a - fA - F] + ',str)!= None:
10               m = re.search('[0 - 9a - fA - F] + ',str).group()
11               print('0x' + m)
12           case _:
13               print(str)
```

视频讲解

在程序段 3-5 中,第 1 行"import re"装载 re 模块,为第 9、10 行的正则表达式服务。第 3 行"str=input('Input a string:')"从键盘输入一个字符串,赋给 str。

第 4~13 行为一个 match 结构,第 4 行"match str:"根据字符串 str 的值进行选择处理,当 str 为"ok"时(第 5 行"case 'ok':"成立),则执行第 6 行"print('Finished.')",输出

"Finished."；如果 str 长度为 1 且为小写字母（第 7 行"case _ if len(str)＝＝1 and 'a'＜str＜'z':"成立）时，则执行第 8 行"print(str. upper())"，输出 str 对应的大写字母；当 str 中包含数字 0～9、字母 a～f 或 A～F（第 9 行"case _ if re. search('[0-9a-fA-F]＋',str)!＝None;"成立）时，则执行第 10、11 行，第 10 行"m＝re. search('[0-9a-fA-F]＋',str). group()"读取 str 中匹配了数字 0～9、字母 a～f 或 A～F 的部分（第一次匹配成功的部分），赋给 m，第 11 行"print('0x'＋m)"为字符串 m 添加前缀"0x"后输出。这里的正则表达式"'[0-9a-fA-F]＋'"表示由数字 0～9、字母 a～f 或 A～F 组成的字符串（方括号表示其中的字符为匹配用的字符，而"＋"号表示至少包含一个上述字符）。

第 12 行"case _:"表示上述所有 case 均不成立时，执行第 13 行"print(str)"，输出 str 字符串。注意："case _:"必须放在所有 case 的最后。

程序段 3-5 的执行结果如图 3-5 所示。

在 match 结构中，表达式为列表或元组等时，其匹配的情况分为两种：完全匹配和部分匹配。完全匹配是指 match 的表达式与 case 的情况完全相同；部分匹配是指 match 的表达式可以仅匹配 case 的部分值，而 case 中的其余"标签"视为匹配任意值。程序段 3-6 为 match 结构中的表达式为列表的实例。

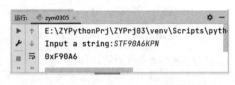

图 3-5　模块 zym0305 执行结果

程序段 3-6　match 结构中的表达式为列表的情况

```
1    if __name__ == '__main__':
2        match [3,5,7]:
3            case [3,x,y]:
4                print(x)
5                print(y)
6                print(3 + x + y)
7            case _:
8                print('Any')
```

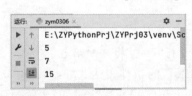

图 3-6　模块 zym0306 执行结果

在程序段 3-6 中，第 2 行"match [3,5,7]:"表明 match 的表达式为列表"[3,5,7]"，此时将与第 3 行的"case [3,x,y]:"相匹配，这里的 x 和 y 表示可匹配任意值的标签，匹配成功后，x 将为 5，y 将为 7，因此，第 4～6 行被执行，得到如图 3-6 所示结果。

在 match 结构中，列表、元组、字典等的匹配，有些类似于形式上的匹配，这使得 match 结构的功能异常强大，事实上，match 结构可以实现任何 if 结构实现的功能。学过 Mathematica(Wolfram 语言)的读者，可以感受到 Python 语言的 match 结构受到 Wolfram 语言的模式匹配的影响。Python 语言正集成众多语言的优点不断进化。

视频讲解

3.3　循环结构

Python 语言中，只有两个循环控制方式，即 while 结构和 for 结构。while 结构有时称为"当型"循环，即当 while 后的表达式为真时，执行 while 结构中的语句；如果 while 后的表达式为假,则跳过 while 结构执行其后的语句。

Python 语言中的 while 结构与 C 语言中的 while 结构类似。但是 Python 语言中的 for 结构却与 C 语言中的 for 结构完全不同,而是类似于 C♯语言中的 foreach 结构。

Python 语言中的 for 结构仅适用于可数型的对象(即可统计对象中成员的个数),在面向对象技术的计算机语言中,将这类对象称为"可迭代"对象。例如,列表就是一个可迭代对象,因为列表的元素可数;字符串也是一个可迭代对象,因为字符串中的字符是可数的。在 Python 语言中,大部分数据类型定义的对象为"可迭代"对象。

下面依次介绍 while 结构和 for 结构。

3.3.1　while 结构

while 结构有两种基本形式,即标准的 while 循环结构和 while-else 结构。

(1) while 循环结构。

while 循环结构的语法形式如下。

```
while 条件表达式:
    语句 1
    ……
    语句 n
```

在 while 循环结构中,每次循环均需判断"条件表达式"的值,如果为真,则执行"语句 1"至"语句 n"。如果"条件表达式"的值为假,则跳出循环。

例如:计算 $1+2+\cdots+100$ 的值,其 Python 程序如程序段 3-7 所示。

程序段 3-7　文件 zym0307

视频讲解

```
1    if __name__ == '__main__':
2        sum = 0
3        i = 0
4        while i <= 100:
5            sum += i
6            i += 1
7        print(f'1 + 2 + … + 100 = {sum}')
```

在程序段 3-7 中,第 2 行"sum=0"将 0 赋给 sum。第 3 行"i=0"将 0 赋给 i。

第 4~6 行为 while 循环结构,当第 4 行"while i≤=100:"的条件表达式"i≤=100"为真时,循环执行第 5、6 行。第 5 行"sum+=i"将 i 累加到 sum 中;第 6 行"i+=1"表示循环变量 i 累加 1。

程序段 3-7 将输出结果"1+2+…+100=5050"。

(2) while-else 结构。

while-else 结构的语法形式如下。

```
while 条件表达式:
    语句 1
    ……
    语句 m
else:
    语句 m + 1
    ……
    语句 n
```

上述结构表示如果 while 后面的"条件表达式"为真,则循环执行"语句 1"至"语句 m";如果"条件表达式"为假,则执行"else:"后的"语句 m+1"至"语句 n"。

表面上看"else:"部分是多余的,因为其总会被执行。通常在 while 结构中,当其后的"条件表达式"为假时,会跳出 while 结构,执行其后的语句,所以即使没有"else:","语句 m+1"至"语句 n"也会被执行。但是有一个例外,这个例外和 break 语句有关。

break 语句可以用于 while 结构(和 for 结构)中,用于跳出 while 结构(和 for 结构)。对于 while-else 结构而言,break 语句将跳出整个 while-else 结构,因此,如果在 while 部分执行时遇到了 break 语句,将跳出整个 while-else 结构,即 else 部分的语句将不被执行。如程序段 3-8 所示。

程序段 3-8　文件 zym0308

```
1    if __name__ == '__main__':
2        sum = 0
3        i = 0
4        while i <= 100:
5            sum += i
6            i += 1
7            if i == 51:
8                break
9        else:
10           print('Not executed.')
11       print(f'1 + 2 + ··· + {i-1} = {sum}')
```

视频讲解

程序段 3-8 在程序段 3-7 的基础上,添加了第 7~10 行。第 7 行"if i==51:"如果 i 等于 51,则执行第 8 行"break"跳出 while-else 结构,去执行第 11 行"print(f'1+2+···+{i-1}={sum}')",输出结果"1+2+···+50=1275"。这里的第 9、10 行没有被执行。

由程序段 3-9 可知,break 语句用于跳出其所在的 while 结构或 while-else 结构(或 for 结构或 for-else 结构),执行这些结构后面的语句。另一个循环控制语句称为 continue,continue 语句用于循环体中时,当执行到 continue 时,将跳过其后的(循环体中的)语句,回到循环体的头部(即 while 条件表达式)继续下一次循环。如程序段 3-9 所示。程序段 3-9 实现了 100 以内的奇数的相加。

程序段 3-9　文件 zym0309

```
1    if __name__ == '__main__':
2        sum = 0
3        i = 0
4        while i < 100:
5            i += 1
6            if i % 2 == 0:
7                continue
8            sum += i
9        else:
10           print('Be executed.')
11       print(f'1 + 3 + ··· + {i-1} = {sum}')
```

视频讲解

在程序段 3-9 中,第 4~10 行为一个 while-else 结构。第 4 行"while i<100:"判断当 i 小于 100 时,执行第 5~8 行:第 5 行"i+=1"循环变量 i 累加 1;第 6、7 行为一个 if 结构,第 6 行"if i % 2==0:"判断 i 为偶数时,执行第 7 行"continue",跳过第 8 行返回到第 4 行

执行。当 i 累加到 100 时,第 4 行的条件表达式为假,将执行第 9、10 行,输出"Be executed."。然后,跳出 while-else 结构,执行第 11 行,输出"1+3+…+99=2500"。

break 语句和 continue 语句也可以应用于 for 结构或 for-else 结构中(见 3.3.2 节)。break 语句还常用在无限循环体中,用于跳出无限循环体,如程序段 3-10 所示。

视频讲解

程序段 3-10　文件 zym0310

```
1    if __name__ == '__main__':
2        while True:
3            x = input('Please input the first number:')
4            y = input('Please input the second number:')
5            x = float(x)
6            y = float(y)
7            z = x + y
8            print(f'{x} + {y} = {z}.')
9            s = input('Do you want to calculate again?')
10           if s == 'y':
11               pass
12           else:
13               print('Over')
14               break
```

程序段 3-10 的执行结果如图 3-7 所示。

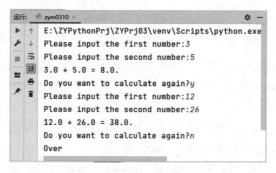

图 3-7　模块 zym0310 执行结果

在程序段 3-7 中,第 2~14 行为一个 while 结构,由于第 2 行"while True:"条件表达式始终为真,故该 while 结构为一个无限循环。第 3 行"x = input('Please input the first number:')"从键盘输入一个字符串 x;第 4 行"y=input('Please input the second number:')"从键盘输入一个字符串 y;第 5 行"x=float(x)"将字符串 x 转化为浮点数 x;第 6 行"y=float(y)"将字符串 y 转化为浮点数 y。

第 7 行"z=x+y"将 x 与 y 取和赋给 z。第 8 行"print(f'{x} + {y} = {z}.')"输出 x 加上 y 等于 z 的加法等式。

第 9 行"s=input('Do you want to calculate again?')"输入一个字符串 s。第 10~14 行为一个 if 结构,如果第 10 行"if s == 'y':"为真,即输入的字符串 s 为单个字符"y",则执行第 11 行"pass"无操作,回到第 2 行循环执行;否则(第 12 行"else:"),执行第 13、14 行:第 13 行"print('Over')"输出"Over",第 14 行"break"跳出 while 无限循环结构,程序结束。

3.3.2　for 结构

while 结构几乎可以处理所有的循环操作,既然这样,那还有没有必要再编写一种循环结构？Python 语言中除了 while 结构外，还有一种循环结构，称为 for 结构。在某些情况下 for 结构是否比 while 结构更具优势？答案是肯定的。

for 结构的语法有两种形式。

（1）基本 for 结构。

```
for 元素 in 可迭代对象:
    语句 1
    ......
    语句 n
```

上述 for 结构表示：在"元素"遍历"可迭代对象"中的全部元素的过程中，对于每一个"元素"，执行"语句 1"至"语句 n"。

（2）for-else 结构。

```
for 元素 in 可迭代对象:
    语句 1
    ......
    语句 m
else:
    语句 m+1
    ......
    语句 n
```

上述 for-else 结构表示：在"元素"遍历"可迭代对象"中的全部元素的过程中，对于每一个"元素"，执行"语句 1"至"语句 m"。当"可迭代对象"中的全部元素遍历完成后，执行"else:"部分的"语句 m+1"至"语句 n"。

表面上，有无"else:"，"语句 m+1"至"语句 n"都将在 for 部分的循环语句执行完后被执行。但是，有一个例外，即当 for 部分中含有 break 语句时，如果执行到 break 语句，将跳出整个 for-else 结构，执行 else 部分后面的语句。这种情况和 while-else 结构中遇到 break 语句的情况类似。

回到本节的开头问题：在某些情况下 for 结构是否比 while 结构更具优势？现在有一个列表，求列表中全部元素的和，在程序段 3-11 中，既可以使用 while 结构实现，也可以使用 for 结构实现。

程序段 3-11　文件 zym0311

视频讲解

```
1    if __name__ == '__main__':
2        a = [1,3,5,7,9]
3        s1 = 0
4        for e in a:
5            s1 += e
6        print(f'Sum of list "a" is: {s1}.')
7        s2 = 0
8        i = 0
9        while i < len(a):
10           s2 += a[i]
11           i += 1
12       print(f'Sum of list "a" is: {s2}.')
```

程序段 3-11 的执行结果如图 3-8 所示。

在程序段 3-11 中，第 2 行"a=[1,3,5,7,9]"定义列表 a。

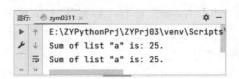

图 3-8   模块 zym0311 执行结果

第 3 行"s1＝0"将 0 赋给 s1。第 4、5 行为一个 for 结构,对于列表 a 中的每个元素 e(第 4 行"for e in a:"),将元素 e 加到 s1 中(第 5 行"s1＋＝e")。第 6 行"print(f'Sum of list "a" is:{s1}.')"输出图 3-8 所示的"Sum of list "a" is:25."。

第 7～12 行用 while 结构实现与上述 for 结构相同的功能。这里第 7 行"s2＝0"将 s2 赋为 0;第 8 行"i＝0"将 i 赋为 0,这里的 i 作为列表 a 的索引。第 9 行"while i<len(a):"判断当 i 小于列表的长度时,执行第 10、11 行:第 10 行"s2＋＝a[i]"将 a[i]累加到 s2 中;第 11 行"i＋＝1"列表 a 的索引号 i 自增 1。第 12 行"print(f'Sum of list "a" is:{s2}.')"输出图 3-8 所示的"Sum of list "a" is:25."。

在程序段 3-11 中,比较 for 结构和 while 结构可见,在这种遍历列表等可迭代对象的情况下,for 结构具有明显的优势,即无须事先统计可迭代对象的总数。虽然在 Python 语言中,大部分的 for 循环结构均可以使用 while 结构替换,但 for 结构用于处理可迭代对象的循环操作时,效率明显比 while 结构高;while 结构则被视为一种更通用的循环结构。因此,遇到遍历可迭代对象的循环操作使用 for 结构,其他循环操作使用 while 结构。

下面的程序段 3-12 展示了 for-else 结构与 break、continue 语句的用法,该程序段用于计算 1＋3＋…＋99 的值。

程序段 3-12   文件 zym0312

视频讲解

```
1    if __name__ == '__main__':
2        a = list(range(1,100 + 1))
3        s = 0
4        b = 0
5        for e in a:
6            if e == a[ -1]:
7                b = e - 1
8                break
9            if e % 2 == 0:
10               continue
11           s += e
12       else:
13           print('Not executed.')
14       print(f'1 + 3 + … + {b} = {s}.')
```

在程序段 3-12 中,第 2 行"a＝list(range(1,100＋1))"创建一个列表 a 为[1,2,3,…,100]。这里的 range 函数生成一个对象,再使用 list 函数将 range 生成的对象转化为列表。range(n)生成一个 0 至 n−1 步长为 1 的数列,range(m,n+1)生成一个 m 至 n 步长为 1 的数列,所以,range(1,100＋1)生成数列 1,2,…,100,这个数列本身也可数,故属于可迭代对象,第 5 行的语句"for e in a:"也可以替换为"for e in range(1,100＋1):"。

第 3 行"s＝0"将 s 赋为 0;第 4 行"b＝0"将 b 赋为 0。

第 5～13 行为 for-else 结构。第 5 行"for e in a:"对列表 a 中的每个元素 e(从左向右遍历),执行第6～11行:第6～8行为一个if结构,第6行"if e==a[-1]:"若e为列表a的最后一个元素,则执行第7、8行:第7行"b=e-1"将e-1赋给b;第8行"break"跳出for-else结构,执行第14行。如果第9行"if e % 2==0:"为真,即e为偶数,则执行第10行"continue",直接跳回到第5行执行。在第6～10行的两个if结构均不执行的情况下,才执行第11行"s+=e",将e累加到s中。

这里的第12、13行的else部分不会被执行。由于第6～8行的if部分中的break语句执行时跳出了整个for-else结构。

第14行"print(f'1+3+…+{b} = {s}.')"输出结果"1+3+…+99 = 2500."。

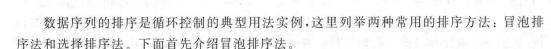
3.4 排序实例

数据序列的排序是循环控制的典型用法实例,这里列举两种常用的排序方法:冒泡排序法和选择排序法。下面首先介绍冒泡排序法。

对于一个列表a,设其具有n个元素(a[0]～a[n-1]),使用冒泡排序法将其中元素从小至大排序的基本原理为:

(1)把最大的数排至末尾。

从列表a的第0个元素开始,从左向右依次比较相邻的两个元素,将小的元素放在前面,大的元素放在后面。请注意:这是有重叠的比较,相邻两次比较有一个位置重叠,例如,第一次比较是比较a[0]与a[1],将两者中小的元素放在a[0]、大的元素放在a[1];第二次比较是比较a[1]与a[2],将两者中小的元素放在a[1]、大的元素放在a[2]。这样处理后,列表a的最后一个元素a[-1]将为列表a中最大的元素。

(2)只考虑列表中未排序的元素,将这些元素中最大的数排至这些元素的末尾。重复这一过程,直到列表中末排序的元素只剩下a[0]。

程序段3-13为典型的冒泡排序算法实现程序。

程序段3-13 冒泡排序法实例

```
1    import random
2    if __name__ == '__main__':
3        random.seed(299792458)
4        a = list(range(1,10 + 1))
5        random.shuffle(a)
6        print(f'The shuffled sequence: {a}')
7        i = len(a)
8        while i > 1:
9            j = 0
10           while j < i - 1:
11               if a[j] > a[j + 1]:
12                   t = a[j]
13                   a[j] = a[j + 1]
14                   a[j + 1] = t
15               j += 1
16           i -= 1
17       print(f'The sorted sequence: {a}')
```

视频讲解

在程序段3-13中,第1行"import random"装载模块random,random为与伪随机数发生器相关的模块。第 3 行"random. seed(299792458)"设置伪随机数发生器的种子为 299792458。一般地,无须设置伪随机数发生器的种子,伪随机数发生器自动使用当前计算机的时钟值作为种子,并从种子值开始迭代生成伪随机数。这里设定伪随机数发生器的种子的原因在于,可保证后续生成的伪随机数序列相同(由于使用相同的种子,读者生成的伪随机数序列与这里的完全相同)。

第 4 行"a=list(range(1,10+1))"生成列表 a 为[1,2,3,4,5,6,7,8,9,10]。第 5 行 "random. shuffle(a)"调用模块 random 的函数 shuffle 随机打乱列表 a 的元素。第 6 行 "print(f'The shuffled sequence:{a}')"输出被打乱次序的列表 a。

第 7 行"i=len(a)"将列表 a 的长度(即元素个数)赋给 i。

第 8~16 行为一个 while 结构,第 8 行"while i>1:"判断如果 i 大于 1,则执行第 9~16 行,进行冒泡法排序。第 9 行"j=0"将 0 赋给 j,第 10~15 行为一个 while 结构,第 10 行 "while j<i−1:"判断当 j 小于 i−1 时,执行第 11~15 行。由于 i 的初始值为序列 a 的长度,当第一次执行第 10~15 行时,j 从 0 开始按步长 1 累加到 i−2(第 15 行"j+=1"),对于 a[j]和 a[j+1]两个相邻元素进行排序,将其中的小数存入 a[j],其中的大数存入 a[j+1],这个操作由第 11~14 行的 if 结构实现。当 j 为 0 时,排序 a[0]和 a[1];当 j 为 1 时,排序 a[1]和 a[2];以此类推,当 j 为 i−2 时,排序 a[i−2]和 a[i−1](a[i−1]为列表 a 的最后一个元素)。因此,第 10~15 行的第一次执行将序列 a 中最大的数保存在 a[i−1]中(此时 i= len(a),表示保存在序列 a 的最后一个元素中)。

对于每两个相邻元素,第 11 行"if a[j]>a[j+1]:"判断如果 a[j]大于 a[j+1],则执行第 12~14 行,第 12 行"t=a[j]"将 a[j]赋给临时的 t;第 13 行"a[j]=a[j+1]"将 a[j+1]赋给 a[j];第 14 行"a[j+1]=t"将 t 赋给 a[j+1]。第 11~14 行的 if 结构的含义为,如果 a[j]大于 a[j+1],则交换这两个元素的值。

第 10~15 行的 while 结构中,第 15 行"j+=1"用于更新循环变量 j 的值。这里的 j 用作列表 a 的索引号。由第 9 行和第 10 行可知,j 在每次循环中,都是从 0 按步长 1(第 15 行)递增至 i−2。这个第 10~15 行的 while 结构可视为内循环,而第 8~16 行的 while 结构可视为外循环。外循环中,i 从 len(a)(即列表 a 的长度)按步长 1 递减(第 16 行)至 2,当 i 为 len(a)时,内循环的操作将列表 a 中的最大值存入列表 a 的最后一个元素 a[i−1]中;当 i 为 len(a)−1 时,内循环的操作将列表 a 中除最后一个元素外的其余全部元素的最大值保存在 a[i−1](即列表 a 的倒数第 2 个元素)中;以此类推,当 i 为 2 时,内循环的操作将 a 中的 a[0]和 a[1]中的最大值保存在 a[1]中。外循环的次数共 len(a)−1 次,内循环的次数依次为 len(a)−1,len(a)−2,…,1,共需要的循环次数为 len(a) * (len(a)−1)/2。这里 len(a) 为 10,所以冒泡法排序的循环次数为 45 次。

程序段 3-13 的流程图如图 3-9 所示。

程序段 3-13 的执行与图 3-9 中的流程图相对应。需要指出的是,标准流程图中的输入和输出部分(由于 Python 语言的文件被称为模块,这里流程图中的输入和输出模块称为输入和输出部分)应使用平行四边形,这里由于流程图的中间部分也有输出部分,故输出部分使用了矩形框。

程序段 3-13 的执行结果如图 3-10 所示。

除了上述的冒泡排序法,另一种常用的排序方法称为选择排序法。仍然设列表名为 a,

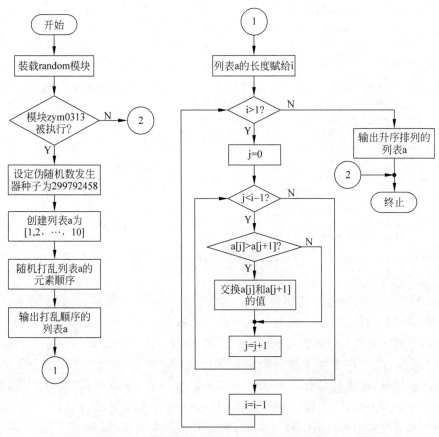

图 3-9 程序段 3-13 的流程图

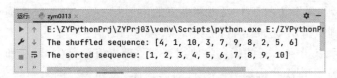

图 3-10 模块 zym0313 执行结果

具有 n 个元素（a[0]至 a[n−1]），使用选择排序法将其中元素从小至大排序的基本原理为：

（1）将列表 a 中最小的元素放在列表的首位置。

遍历列表 a 的元素，找出其中最小的元素，记录其索引号，将该元素与列表 a 的首元素交换位置。

（2）将列表 a 中剩余的元素中的最小者放在剩余的元素组成的新列表的首位置。

遍历列表 a 剩余的元素，找出其中最小的元素，记录其索引号，将该元素与剩余的元素组成的新列表的首元素互换位置。

程序段 3-14 为典型的选择排序法实现程序。

程序段 3-14 选择排序法实例

```
1    import random
2    if __name__ == '__main__':
3        random.seed(299792458)
4        a = list(range(1, 10 + 1))
```

视频讲解

```
5        random.shuffle(a)
6        print(f'The shuffled sequence: {a}')
7        i = 0
8        while i < len(a) - 1:
9            j = i + 1
10           k = i
11           while j < len(a):
12               if a[k] > a[j]:
13                   k = j
14               j += 1
15           if k != i:
16               t = a[k]
17               a[k] = a[i]
18               a[i] = t
19           i += 1
20       print(f'The sorted sequence: {a}')
```

在程序段 3-14 中,第 1～6 行与程序段 3-13 相同,第 5 行"random. shuffle(a)"产生一个被打乱顺序的列表 a。

第 7～19 行为选择排序法的实现代码。第 7 行"i＝0"将 0 赋给 i。第 8～19 行为一个 while 结构。由第 7 行、第 8 行"while i＜len(a)-1:"和第 19 行"i＋＝1"知,i 从 0 按步长 1 递增到 len(a)－2(即列表 a 的倒数第 2 个元素的索引号),共循环 len(a)－1 次。每次循环中,依次执行:第 9 行"j＝i+1"将 i 加 1 赋给 j;第 10 行"k＝i"将 i 赋给 k,k 记录遍历的数据中最小的值的索引号,这里初始化为 i;第 11～14 行为一个 while 结构,由第 9 行、第 11 行"while j＜len(a):"和第 14 行"j＋=1"可知,j 从 i+1 按步长 1 递增到 len(a)－1(即列表 a 的最后一个元素的索引号),对于每个 j,第 12 行"if a[k]＞a[j]:"判断如果 a[k]大于 a[j],则第 13 行"k＝j"将 j 赋给 k,即 k 保存了本轮循环中列表 a 的最小值的索引号。然后,第 15 行"if k!＝i:"判断如果 k 不等于 i,表明最小值的索引号不是 i(i 为没有完成排序的剩余列表的首索引号),则执行第 16～18 行,交换 a[k]和 a[i]的值。

当 i 等于 0 时,第 8～19 行的循环将使列表 a 的最小值保存在 a[0](即 a[i])中;循环执行一次后,i 累加为 1,再次执行第 8～19 行的循环体,使列表 a 的索引号为 1 至 len(a)－2 的元素中的最小值保存在 a[1](即此时的 a[i])中;a 继续累加 1,循环再次执行,每次执行循环,总是从列表 a 的索引号为 i 至 len(a)－2 的元素中找出最小值,然后,将这个最小值存放在 a[i]中;直到 i 为 len(a)－2,此时将 a[len(a)－2]和 a[len(a)－1]两个元素的最小值存放在 a[len(a)－2](即此时的 a[i])中,从而完成排列。

程序段 3-14 的执行结果与程序段 3-13 的执行结果完全相同,参考图 3-10。程序段 3-14 的流程图如图 3-11 所示。

选择排序法与冒泡排序法的循环次数相同,但是选择排序法中的循环体内的执行部分比冒泡法简单,所以,选择排序法的效率比冒泡排序法要高一些。

一般在排序的同时,还将记录排序后的序列的原始索引号,也就是将列表排序的同时,将由列表元素索引号组成的索引号列表同步排列,因此在对列表进行排序时,需要对列表的索引号同时进行处理。在交换列表的某两个元素时,同步交换它们的索引号,如程序段 3-15 所示。

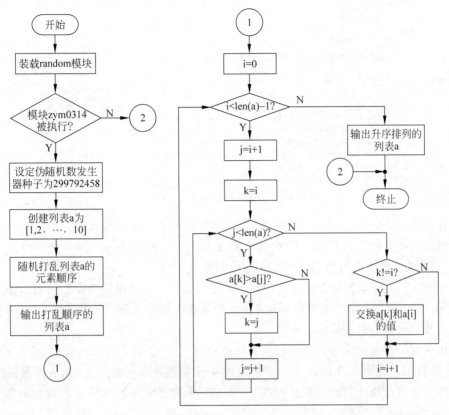

图 3-11　程序段 3-14 的流程图

程序段 3-15　列表元素排序且其索引号同步交换实例

视频讲解

```
1    import random
2    if __name__ == '__main__':
3        random.seed(299792458)
4        a = []
5        for e in range(10):
6            a.append(random.randint(100,200))
7        b = list(range(len(a)))
8        print(f'The list a: {a}')
9        print(f'The original index:{b}')
10       i = 0
11       while i < len(a) - 1:
12           j = i + 1
13           k = i
14           while j < len(a):
15               if a[k] > a[j]:
16                   k = j
17               j += 1
18           if k != i:
19               t = a[k]
20               a[k] = a[i]
21               a[i] = t
22               u = b[k]
23               b[k] = b[i]
```

```
24              b[i] = u
25              i += 1
26          print(f'The sorted list: {a}')
27          print(f'The resultant index:{b}')
```

程序段 3-15 的执行结果如图 3-12 所示。

```
运行: zym0315
  ↑  E:\ZYPythonPrj\ZYPrj03\venv\Scripts\python.exe E:/ZYPythonPrj/ZYPrj03/zym03
  ↓  The list a: [146, 133, 177, 111, 125, 171, 122, 133, 159, 124]
  ↱  The original index:[0, 1, 2, 3, 4, 5, 6, 7, 8, 9]
  ↲  The sorted list: [111, 122, 124, 125, 133, 133, 146, 159, 171, 177]
  ♯  The resultant index:[3, 6, 9, 4, 1, 7, 0, 8, 5, 2]
```

图 3-12　模块 zym0315 执行结果

结合程序段 3-15 和图 3-12 可知,第 4～6 行生成列表 a,a 中的元素为 100～200(含)内的伪随机数;第 7 行生成列表 a 的索引号列表 b,从 0～9(len(a)为 10,range(10)生成 0,1,…,9);第 8 行和第 9 行输出列表 a 和它的索引号列表 b。

第 10～25 行为选择排序法的实现代码。程序段 3-15 与程序段 3-14 相比,添加了第 22～24 行,即交换列表 a 的元素的同时,同步更新其索引号。第 26、27 行输出按升序排列的列表 a 及其相应的索引号值。

上述介绍了常用的冒泡法排序和选择法排序,但是对于列表元素的排序,在 2.4.3 节中(见表 2-8)曾指出列表本身具有 sort 方法可以快速实现排序。事实上,列表内置的 sort 排序法比冒泡法和选择法的效率都高,我们在第 5 章中将介绍一种基于递归调用的快速排序法,与内置的 sort 方法效率相当。

下面使用 for 循环替换 while 循环实现程序段 3-15 的功能,如下面程序段 3-16 所示。

程序段 3-16　用 for 循环替换 while 循环实现与程序段 3-15 相同的功能

视频讲解

```
1   import random
2   if __name__ == '__main__':
3       random.seed(299792458)
4       a = []
5       for e in range(10):
6           a.append(random.randint(100,200))
7       b = list(range(len(a)))
8       print(f'The list a: {a}')
9       print(f'The original index:{b}')
10      for i in range(len(a)):
11          k = i
12          for j in range(i + 1,len(a)):
13              if a[k]> a[j]:
14                  k = j
15          if k!= i:
16              t = a[k]
17              a[k] = a[i]
18              a[i] = t
19              u = b[k]
20              b[k] = b[i]
21              b[i] = u
22      print(f'The sorted list: {a}')
23      print(f'The resultant index:{b}')
```

对比程序段 3-15 可知,程序段 3-16 中的第 10 行替换掉了程序段 3-15 中的第 10、11、25 行;第 12 行替换掉了程序段 3-15 中的第 12、14、17 行,实现了 for 循环替换 while 循环,其他内容相同。这里的第 10 行"for i in range(len(a)):"表示 i 从 0 按步长 1 递增到 len(a)−1,对于每个 i 执行第 11~21 行循环体。第 12 行"for j in range(i+1,len(a)):"表示 j 从 i+1 按步长 1 递增到 len(a)−1,对于每个 j 执行第 13、14 行的循环体。

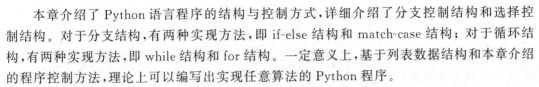

3.5 本章小结

本章介绍了 Python 语言程序的结构与控制方式,详细介绍了分支控制结构和选择控制结构。对于分支结构,有两种实现方法,即 if-else 结构和 match-case 结构;对于循环结构,有两种实现方法,即 while 结构和 for 结构。一定意义上,基于列表数据结构和本章介绍的程序控制方法,理论上可以编写出实现任意算法的 Python 程序。

本书后续内容在这个基础上进一步介绍 Python 语言丰富的数据结构(第 4 章)、将实现特定功能的代码"包装"起来的函数和模块(第 5 章)以及面向现实世界"对象"的程序设计方法(第 6 章),这些内容将简化 Python 语言表达数据的方法并增强 Python 语言实现算法的能力。最后,需要培养的是"包"或"模块"的使用能力以及界面设计的"想象力"。例如,程序段 3-15 中第 4~6 行生成一个长度为 10 元素值为 100~200(含)内的伪随机数列表,可以借助 numpy 包中的 random 模块(import numpy as np),通过一条语句"a = np. random. randint(100,200,size=10)"生成(同样可以使用自定义种子,例如:"np. random. seed (299792458)")。

习题

1. 从键盘输入两个数,求这两个数的和、差、积、商(考虑除数为 0 的特殊情况)。

2. 给定一个一元二次方程式 $ax^2 + bx + c = 0$ 的系数 a、b 和 c,求该方程的根($a \neq 0$)。

3. 生成长度为 300 的列表 a,其每个元素均为 1~10 的伪随机数(由 randint(1,10)生成),求列表 a 中 1~10 各个元素的个数。

4. 设列表 a 为[8,12,5,20,23,21,14,2,11,17],使用冒泡法将 a 按降序排列。

5. 设列表 a 为[8,12,5,20,23,21,14,2,11,17],使用选择法将 a 按降序排列。

6. 设列表 a 为[8,12,5,20,23,21,14,2,11,17],使用选择法将 a 按降序排列,并同时给出排序后的元素的原索引号列表。

7. 输入一个正整数,判断其是否为素数。

8. 求 100~999 范围内的全部素数。

9. 如果一个素数的逆序仍是素数,称这两个素数为互逆序的素数对,例如,1031 和 1301 为互逆序的素数对,编程求得 1000~9999 范围内的所有互逆序的素数对。

10. 用 for 循环替换 while 循环,实现程序段 3-14 的选择法排序。

第4章

CHAPTER 4

数 据 表 示

在 Python 语言中，所有的数据类型均为类类型，即用类表示的类型，例如，整型数的类型为 int。在 2.2 节中，介绍了 Python 的基本数据类型。Python 语言中没有"变量"及"变量类型"的概念，但是数据仍然具有"数据类型"的概念。例如，语句"type(5)"将返回数据"5"的类型为"< class 'int'>"，表示这是一个类 class，类的名称为"int"。或者，由语句"isinstance(5,int)"返回 True(真)，说明数据 5 为整型。

由于在 Python 语言中所有数据的类型均为类，而类定义的实例(或称变量)称为对象，所以数据均是对象。例如，整数 5 就是整型类 int 定义的对象。为了强化这种数据由对象表示的概念，这里对类作一个简单的描述。类对应着一个"物体"，将这个"物体"相关的属性(一般表示为变量)和方法(一般表示为函数)封装在一起。例如，根据一个物体——"圆"定义的类 Circle，将圆的属性(如半径 r)和圆的方法(求圆的周长 p 和面积 s 等)封装在一起。现在定义 Circle 的对象 c，例如，c＝Circle(3.0)表示定义了类圆的对象 c，并赋其半径为3.0，此时调用方法 c.p()将得到圆 c 的周长。

回到整型类 int 上，在 Python 中定义了类 int，将整数的属性和方法，例如加、减、乘和除等都封装到 int 类中。然后，语句 a＝int(5)表示定义一个整型数，并将 5 赋给 a。由于Python 对像整型类这样的内置类作了简化，故语句"a＝int(5)"和"a＝5"等价。整型类 int还定义了一种将只包含数字的字符串转化为整数的方法(这个方法可称为重载的构造方法，将在第 6 章中介绍)，例如，"b＝int('10')"将字符串"'10'"转化整数 10 赋给 b。

如果读者觉得上述内容不易理解，等学完第 6 章后再回来复习，这里只需要记住在Python 语言中，使用对象表示数据，即每个数据都是一个对象，每个对象都有其相关的方法(或称函数，由定义该对象的类中的方法(或函数)决定)。像 2.4 节中介绍的列表，它的完整定义形式形如"a＝list('abc')"(返回列表"['a', 'b', 'c']")和"b＝list((3,5,7,9,11))"(返回列表"[3，5，7，9，11]")，这里的"a"和"b"均为对象，可以用简化的列表定义，如"a＝['a', 'b', 'c']"。

第 2 章介绍了基本数据类型(整型、浮点型、复数型、字符串等)和列表类型等。尽管基本数据类型与列表相组合可以表示任意数据类型，但是 Python 还是将一些特殊形式的数据类型及其相关的方法封装成一些新的类，以方便这些数据类型的操作。这些数据类型包括元组、集合和字典等类型，本章将详细介绍这些新的数据表示类型。

本章的学习重点：

(1) 了解 Python 语言常用数据表示和存储方法。

（2）掌握集合的定义和用法。

（3）熟练掌握元组和字典的定义与用法。

（4）学会应用元组和字典进行数据存储与处理程序设计。

4.1　元组

在平面中，表示点的位置（或称矢量）的坐标(x,y)，是一对有序数对，即(x,y)和(y,x)代表不同的点。同样，在n维空间中，点的坐标$(x_1,x_2,\cdots,x_n)$也是一组有序数列，各个坐标值的位置是固定的。

元组对应着数学上的一组有序数列，例如，包含2个元素x和y的元组表示为(x,y)，这里x和y为元组的元素，且不可改变。可以把元组理解为一个常量数列。

4.1.1　元组定义

元组为由一列有顺序的数据组成的数据类型，元组是只读的。元组的元素间用“,”号分隔，用圆括号作为元组与其他数据的分界符。空元组和只有一个元素的元组没有意义，如果非要表示只含一个元素的元组，使用类似于形式"(3,)"表示，即“,”号不能少。

下面的程序段4-1展示了元组的类型和定义。

程序段 4-1　元组的类型和定义

视频讲解

```
1     if __name__ == '__main__':
2         p1 = (3,5)
3         print(f'p1 = {p1}')
4         p2 = (5,7,9)
5         print(f'p2 = {p2}')
6         print("p2's type is:", type(p2))
7         p3 = tuple((3,1,2))
8         print(f'p3 = {p3}')
9         p4 = 1,3,5,7
10        print(f'p4 = {p4}')
11        u = [9,8,5]
12        p5 = tuple(u)
13        print(f'p5 = {p5}')
14        p6 = (3,)
15        print(f'p6 = {p6}')
16        print("p6's type is:", type(p6))
17        p7 = ()
18        print(f'p7 = {p7}')
19        print("p7's type is:", type(p7))
20        p8 = tuple(range(1,10 + 1))
21        print(f'p8 = {p8}')
```

在程序段 4-1 中，第 3 行"p1=(3,5)"定义元组(3,5)，赋给 p1，p1 可以表示平面上点的坐标，或平面上的一个二维矢量。第 3 行"print(f'p1={p1}')"输出"p1=(3, 5)"，注意，输出元组时，自动添加一对圆括号。

第 4 行"p2=(5,7,9)"将元组(5,7,9)赋给 p2，p2 可表示三维空间中的一个点，或三维空间中的一个矢量。第 5 行"print(f'p2={p2}')"输出"p2=(5, 7, 9)"。第 6 行"print("p2's type is：", type(p2))"输出 p2 的类型,得到"p2's type is：< class 'tuple'>"。

第 7 行"p3＝tuple((3,1,2))"为创建元组的标准方法,这里 tuple 为元组类型的类名,括号中的参数"(3,1,2)"为创建元组对象时设定的元组中各个元素的值,这里表示创建一个包含 3、1、2 三个元素的元组。元组创建后,其元素为只读属性。第 8 行"print(f'p3＝{p3}')"输出元组 p3,得到"p3＝(3, 1, 2)"。

第 9 行"p4＝1,3,5,7"是一种非标准的创建元组的方法,不建议使用。在 Python 语言中将这种形式的输入(即由",",号分隔的一列数据)自动设定为元组。第 10 行"print(f'p4＝{p4}')"输出元组 p4,得到"p4＝(1, 3, 5, 7)"。

第 11 行"u＝[9,8,5]"得到列表 u。第 12 行"p5＝tuple(u)"也是一种标准的创建元组的方法,这里 tuple 为元组的类名,参数 u 为列表,将自动转化为元组的形式,赋给 p5。这种形式实质上是类的构造函数的重载用法,第 6 章将介绍这一用法。第 13 行"print(f'p5＝{p5}')"输出元组 p5,得到"p5＝(9, 8, 5)"。

第 14 行"p6＝(3,)"创建仅包含一个元素的元组,这种元组没有意义。注意,这里的","号不能省略,因为"(3)"表示整数 3,其中的圆括号只是数据间的分界符,将被忽略。第 15 行"print(f'p6＝{p6}')"输出元组 p6,得到"p6＝(3,)"。第 16 行"print("p6's type is：", type(p6))"输出 p6 的类型,得到"p6's type is：< class 'tuple'>",可见 p6 为一个元组。

第 17 行"p7＝()"生成一个空元组,空元组没有意义。第 18 行"print(f'p7＝{p7}')"输出空元组 p7。第 19 行"print("p7's type is：", type(p7))"输出 p7 的类型,得到"p7's type is：< class 'tuple'>"。

第 20 行"p8＝tuple(range(1,10＋1))"由 range 对象生成元组,这里借助类 tuple 的构造方法生成元组 p8,这种方法在学习了第 6 章后会习惯。第 21 行"print(f'p8＝{p8}')"输出元组 p8,得到"p8＝(1, 2, 3, 4, 5, 6, 7, 8, 9, 10)"。

程序 4-1 的执行结果如图 4-1 所示。

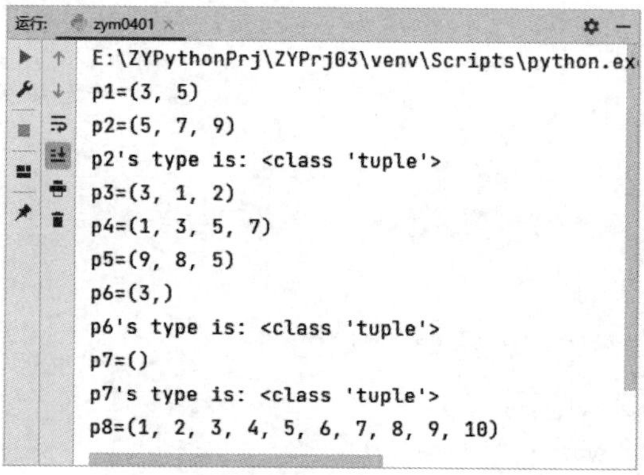

图 4-1　模块 zym0401 执行结果

元组是一种复合数据类型,可以保存任意类型的数据,这一点与列表相似。程序段 4-2 展示了一些包含不同数据类型的元组。需要特别注意的是,元组中可以包含列表,而且其中的列表元素可以修改(尽管元组是只读的),这是因为元组中嵌入的列表(列表是一种复合数据类型,或称构造数据类型)仅是占位符,即元组使用了类似于"指针"(参考 C 语言中的指针概念)或者"标签"的形式"引用"其中嵌入的列表,因此,对元组中列表的操作仍然是对列表的操作,而不是对元组的元素的操作,所以,元组中嵌入的列表中的元素可以修改。

程序段 4-2　文件 zym0402

视频讲解

```
1    if __name__ == '__main__':
2        a = (1,(2,3),[4,5],'Hello World',8,9,3.14,2.71828,1.414)
3        print('a = ',a)
4        print("a's type is:",type(a))
5        a[2][1] = a[2][1] + 3
6        print('a = ', a)
```

在程序段 4-2 中,第 2 行"a=(1,(2,3),[4,5],'Hello World',8,9,3.14,2.71828,1.414)"定义元组 a,其中包含了一个元组(2,3)、一个列表[4,5]、一个字符串"Hello World"、三个整数和三个浮点数。

第 3 行"print('a=',a)"输出元组 a。第 4 行"print("a's type is:",type(a))"输出元组 a 的类型。第 5 行"a[2][1]=a[2][1]+3"修改元组中列表"[4,5]"的第 1 个元素(注:从 0 开始索引),元组元素的访问方法见 4.1.2 节。第 6 行"print('a=', a)"输出元组 a。

程序段 4-2 的执行结果如图 4-2 所示。

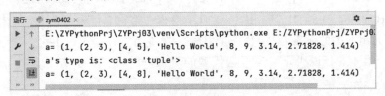

图 4-2　模块 zym0402 执行结果

由图 4-2 可知,程序段 4-2 第 3 行输出的元组 a 为"a=(1,(2,3),[4,5],'Hello World',8,9,3.14,2.71828,1.414)",而第 6 行输出的元组 a 为"a=(1,(2,3),[4,8],'Hello World',8,9,3.14,2.71828,1.414)",即元组 a 中的列表元素被修改了。

可以在程序段 4-2 中的第 3 行和第 6 行处分别插入语句"print(id(a))",用于显示元组 a 的保存首地址,将发现修改元组 a 中的列表元素前后的元组 a 是同一个元组。

程序段 4-2 中关于只读元组中的列表可修改的例子进一步说明,Python 语言中所有的数据名称均为该数据的"标签",Python 语言中没有"变量"的概念,数据的"标签"指向数据在内存中的首地址(类似于 C 语言的指针)。元组是只读的,所以元组中的每个"标签"不能修改,其中的"列表"的标签也不能修改,但是,通过列表的"标签"访问的列表的元素是可以修改的。

事实上,元组的作用在于表达类似于空间中点的坐标(或矢量)之类的有序数据,不宜用于其他用途。适合使用列表类型表示的数据,不应使用元组这种类型表示,因此,元组中嵌套列表不是一种好的数据表示。

4.1.2　元组元素访问方法

元组中的元素访问方法与列表中的元素访问方法相同。元组中元素的索引方式有两种:一种为从左向右,索引号从 0 开始,从左向右递增 1;另一种为从右向左,最后边的元素(或称元组最后的元素)的索引号为-1,从右向左递减 1。可以使用":"号一次性访问元组的多个元素,有时也称元组的"切片"访问。

程序段 4-3 列举了元组元素的访问方法。元组中的元素是只读的。

视频讲解

程序段 4-3　文件 zym0403

```
1    if __name__ == '__main__':
2        a = (19,35,7,12,15,29,24,20,30,16,10,21)
3        print('a = ',end = '')
4        for e in a:
5            print(e,end = ' ')
6        print('\na = ',end = '')
7        for i in range(len(a)):
8            print(a[i],end = ' ')
9        print()
10       print(f'a = {a}')
11       print(f'First:{a[0]}, Last:{a[-1]}.')
12       print(a[2:2])
13       print(f'a[1]~a[1]: {a[1:2]}')
14       print(f'a[3]~a[8]: {a[3:8+1]}')
15       print(f'a[3],a[5],a[7]: {a[3:8+1:2]}')
16       print(f'a[-1]~a[-4]: {a[-1:-4-1:-1]}')
```

在程序段 4-3 中,第 2 行"a＝(19,35,7,12,15,29,24,20,30,16,10,21)"定义元组 a。第 3 行"print('a = ',end='')"输出"a ="且不换行。第 4、5 行为一个 for 结构,第 4 行"for e in a:"遍历元组 a 中的元素,对于每一个元素 e,第 5 行"print(e,end=' ')"输出 e 的值,后加一个空格。第 4、5 行说明元素为可迭代型的对象,可以使用 for 结构逐个访问元组中的元素。

第 6 行"print('\na = ',end='')"先输出换行符,再输出"a ="。

第 7、8 行为一个 for 结构,第 7 行"for i in range(len(a)):"表示 i 从 0 按步长 1 递增到 len(a)−1,此时的每个 i 可作为元组中元素的索引号;对每个 i,执行第 8 行"print(a[i], end=' ')"输出元组 a 中的各个元素。可见,元组中元素的访问可以借助其索引号访问,例如,a[0]为元组 a 的第 0 个元素(即首元素)。

第 9 行"print()"输出一个空白行。

第 10 行"print(f'a = {a}')"输出元组 a,得到"a ＝ (19，35，7，12，15，29，24，20，30，16，10，21)"。

第 11 行"print(f'First：{a[0]}, Last：{a[−1]}.')"输出元组 a 的首元素和尾元素。

第 12 行"print(a[2：2])"输出一个空元组。这是因为"2：2"表示索引号从 2 至 1,故将得到一个空元组。因此,使用":"访问元组将返回一个元组。

第 13 行"print(f'a[1]~a[1]: {a[1：2]}')"输出一个元组,只包含元素 a[1]。

第 14 行"print(f'a[3]~a[8]: {a[3：8+1]}')"输出一个元组,包含元素 a[3]至 a[8]。

第 15 行"print(f'a[3],a[5],a[7]: {a[3：8+1：2]}')"输出一个元组,包括元素 a[3]、a[5]和 a[7]。这里的"3：8+1：2"表示索引号从 3 至 8,步长为 2。

第 16 行"print(f'a[−1]~a[−4]: {a[−1：−4−1：−1]}')"输出一个元组,包含元素 a[−1]至 a[−4]。这里的"−1：−4−1：−1"(即"−1：−5：−1")表示索引号从 −1 至 −4,步长为 −1。

使用":"访问元组的部分内容将返回一个新的元组。"m：n+1：k"表示索引号从 m 递增到 n,步长为 k。如果 k 为 1,可以省略。如果 m 省略,表示索引号从 0 开始;如果 n+1 省略表示索引到元组的最后一个元素。因此,a[:]和 a 的含义相同,均指整个元组 a;而

a[::2]表示得到一个新的元组,只包含原元组中偶数索引号上的元素。

程序段 4-3 的执行结果如图 4-3 所示。

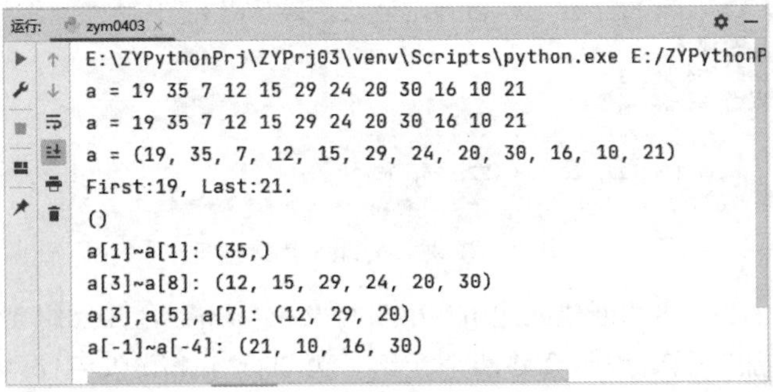

```
运行: zym0403 ×
E:\ZYPythonPrj\ZYPrj03\venv\Scripts\python.exe E:/ZYPythonP
a = 19 35 7 12 15 29 24 20 30 16 10 21
a = 19 35 7 12 15 29 24 20 30 16 10 21
a = (19, 35, 7, 12, 15, 29, 24, 20, 30, 16, 10, 21)
First:19, Last:21.
()
a[1]~a[1]: (35,)
a[3]~a[8]: (12, 15, 29, 24, 20, 30)
a[3],a[5],a[7]: (12, 29, 20)
a[-1]~a[-4]: (21, 10, 16, 30)
```

图 4-3　模块 zym0403 执行结果

元组可用于 match 分支结构中,如程序段 4-4 所示。

程序段 4-4　文件 zym0404

```
1    if __name__ == '__main__':
2        match (3,5,7):
3            case (3,x,y):
4                print(3 + x + y)
5            case _:
6                print('Any.')
```

视频讲解

在程序段 4-4 中,第 2 行中的(3,5,7)元组将与第 3 行中的(3,x,y)匹配,并将 5 赋给 x,7 赋给 y,第 4 行"print(3+x+y)"将输出"15"。

通过指令"print(dir(tuple))"可显示 tuple 类内置的方法,其中大部分方法带有"__"前缀和"__"后缀,这些方法一般是运算符重载的方法(例如,两个元组间的"+"运算,元组使用内置方法"__add__"实现,在执行"加"运算时,直接使用"+",而不是调用内置方法"__add__"。这就是所谓的运算符重载。注意,两个元组相加,是指将两个元组合并)。常用的两个元组的内置方法是 index 和 count,下面的程序段 4-5 介绍了这两个内置方法。

程序段 4-5　元组类的内置方法实例(文件 zym0405)

```
1    if __name__ == '__main__':
2        a = tuple(range(21,30 + 1))
3        print(f'a = {a}')
4        b = (22,26,28)
5        c = a + b
6        print(f'c = {c}')
7        print(c.count(22),c.count(40),sep = ',')
8        if c.count(24)> 0:
9            print(f'24 at:',c.index(24))
10       if 27 in c:
11           print(f'27 at:',c.index(27))
12       print('2 * b = ',2 * b)
13       print('b * 2 = ',b * 2)
```

视频讲解

程序段 4-5 的执行结果如图 4-4 所示。

结合图 4-4 可知,程序段 4-5 中第 2 行"a=tuple(range(21,30+1))"创建元组 a;第 3 行"print(f'a={a}')"输出元组 a,其元素为 21~30,共 10 个整数。

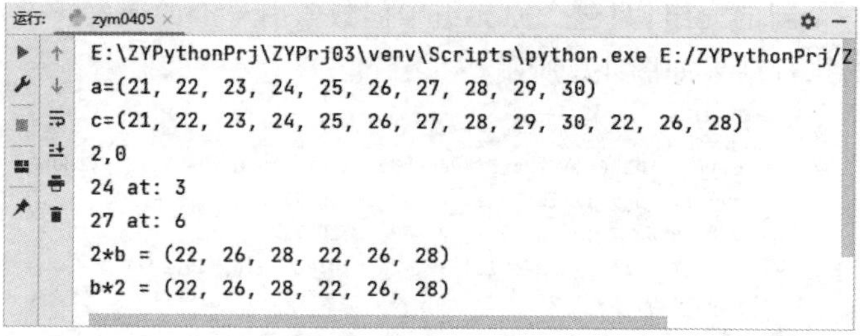

```
运行: zym0405 ×                                              ✿ —
▶ ↑   E:\ZYPythonPrj\ZYPrj03\venv\Scripts\python.exe E:/ZYPythonPrj/Z
  ↓   a=(21, 22, 23, 24, 25, 26, 27, 28, 29, 30)
🔧 ⇥   c=(21, 22, 23, 24, 25, 26, 27, 28, 29, 30, 22, 26, 28)
▦     2,0
   ⇵   24 at: 3
🖵 🖨   27 at: 6
🗙 🗑   2*b = (22, 26, 28, 22, 26, 28)
      b*2 = (22, 26, 28, 22, 26, 28)
```

图 4-4　模块 zym0405 执行结果

第 4 行"b＝(22,26,28)"创建元组 b。第 5 行"c＝a＋b",合并元组 a 和 b 得到一个新的元组,两个元组的"加"运算,表示合并两个元组。第 6 行"print(f'c＝{c}')"输出元组 c,得到"c＝(21,22,23,24,25,26,27,28,29,30,22,26,28)"。

第 7 行"print(c.count(22),c.count(40),sep＝',')"调用元素的 count 方法返回 count 方法的参数出现在元组中的次数,这里的"c.count(22)"将返回 2,表示 22 在元组 c 中出现 2 次;而"c.count(40)"则返回 0。"sep＝','"表示输出结果用","号分隔。

第 8、9 行为一个 if 结构,第 8 行"if c.count(24)＞0:"判断 24 是否在元组 c 中,如果为真,则执行第 9 行"print(f'24 at：',c.index(24))",调用方法 index,输出 index 的参数 24 在元组中的索引号,这里将返回 3,表示 24 在元组中的索引号为 3。如果一个元素不在元组中,用该元素作参数调用 index 将返回异常。

第 10、11 行为一个 if 结构,第 10 行"if 27 in c:"判断 27 是否在元组 c 中,如果为真,则执行第 11 行"print(f'27 at：',c.index(27))",调用方法 index,输出 index 的参数 27 在元组中的索引号,这里将返回 6,表示 27 在元组中的索引号为 6。

第 12 行"print('2 * b ＝',2 * b)"和第 13 行"print('b * 2 ＝',b * 2)"依次为元组 b"左乘 2"和"右乘 2"(这两个乘法对应于元组的内置方法"__mul__"和"__rmul__"),均表示 2 个元组拼接在一起。一个元组 b 乘以一个整数 n,表示 n 个元组 b 拼接在一起,形成一个新的元组。这里第 12 行的输出结果为"2 * b ＝ (22,26,28,22,26,28)"。

4.1.3　元组与内置函数

元组的内置方法或称元组类的内置方法,是指元组类内部定义的公有方法(关于类见第 6 章)。Python 语言的内置函数,可以称为全局函数。下面重点介绍表 4-1 中所示的 Python 全局函数在元组上的用法,这里设元组 a＝(3,5,7,9)。

表 4-1　Python 内置函数应用于元组

序　号	函　数　名	含　义	示　例
1	len	返回元组中的元素个数	len(a)返回 4
2	min	返回元组中最小的元素	min(a)返回 3
3	max	返回元组中最大的元素	max(a)返回 9
4	del	删除整个元组	del(a)删除元组 a
5	tuple	将其他数据类型转化为元组	tuple([3,5,7,9])返回元组 a

程序段 4-6 展示了表 4-1 中各个内置函数的用法。

程序段 4-6　文件 zym0406

```
1    if __name__ == '__main__':
2        a = (3,5,7,9)
3        s = len(a)
4        print(f'Length of a: {s}.')
5        print(f'Min and Max of a: {min(a)},{max(a)}')
6        del(a)
7        a = tuple([3,5,7,9])
8        print(a)
```

视频讲解

第 2 行"a＝(3,5,7,9)"定义元组 a。第 3 行"s＝len(a)"获得元组的长度 4。第 4 行"print(f'Length of a:{s}.')"输出"Length of a:4."。

第 5 行"print(f'Min and Max of a:{min(a)},{max(a)}')"输出元组 a 的最小值和最大值,得到"Min and Max of a:3,9"。

第 6 行"del(a)"删除元组 a。请注意,Python 有"垃圾"回收机制,不使用的内存"空间"将被自动回收。例如,第 2 行定义了元组 a(a 为其"标签"名称),然后,第 7 行再次对"标签"a 赋值,原来的"a"将被自动从内存中清除,因此,一般无须使用 del 函数。

第 7 行"a＝tuple([3,5,7,9])"得到一个新的元组 a。注意,这里的 a 和第 2 行的 a 不是同一个 a,尽管其内容相同。

第 8 行"print(a)"输出元组 a,得到"(3, 5, 7, 9)"。

4.1.4　元组应用实例

元组可以视为其元素是常量的特殊"列表",元组和列表均能"多变量"赋值,例如:

　　[x,y,z] = [1,2,3]　　　　　　　　　　　♯借助于列表实现 x = 1、y = 2 和 z = 3
　　(x,y,z) = (1,2,3) 或 a = (x,y,z) = (1,2,3)　♯借助于元组实现 x = 1、y = 2 和 z = 3

上式可以简写为:

　　x,y,z = 1,2,3　　　♯借助于元组实现 x = 1、y = 2 和 z = 3

上述"多变量"赋值把 x、y 和 z 约束为列表或元组的成员,可以直接使用这些变量,但给这些"变量"赋值实际上创建了一个新的同名"变量"。因此建议创建只读的"标签"时,可以使用上述"多变量"赋值,其他情况不建议使用。

基于元组的"多变量"赋值情况,最常用于把元组作为函数的返回值,此时可以返回多个数据。下面的内容需要在学习了第 5 章后再回来阅读。

程序段 4-7 实现了输入两个正整数,计算这两个整数的最大公约数和最小公倍数。

程序段 4-7　借助元组使函数返回多个值的实例(文件 zym0407)

```
1    def mygcdlcm(a,b):
2        if a > b:
3            a,b = b,a
4        if b == 0:
5            return (b,a)
6        n = a * b
7        while a % b > 0:
8            r = a % b
9            a = b
10           b = r
```

视频讲解

```
11          n = n//b
12          return (b,n)
13   if __name__ == '__main__':
14          c = mygcdlcm(8,22)
15          print(c)
```

在程序段 4-7 中,第 1~12 行为函数 mygcdlcm,具有两个参数 a 和 b,使用关键字"def"定义函数。函数的详细定义方法请参考第 5 章。

第 2、3 行为一个 if 结构,判断如果 a 大于 b,则将 a 与 b 互换。

第 4、5 行为一个 if 结构,判断如果 b 为 0,则输出元组(b,a),此时 b 为最大公约数,a 为最小公倍数。

第 6 行"n=a*b"将 a 与 b 的乘积赋给 n。

第 7~10 行为一个 while 循环,这是求两个整数的最大公约数的 Euclid 算法,此算法依据 Euclid 定理,即 a 与 b 的最大公约数也是 b 与 a % b 的最大公约数。用 gcd 表示求最大公约数的函数,则 gcd(a,b)=gcd(b, a %b)。一般地,将 a 与 b 中的较大者保存在 a 中,a 与 b 中的较小者保存在 b 中,迭代公式(a,b)=(b, a %b)直到得到 b 能整除 a,则 b 为 a 与 b 的最大公约数。这里的"(a,b)=(b, a %b)"表示将 b 赋给 a,同时将 a % b 赋给 b,运算前的 a 与 b 和运算后的 a 与 b 不占有相同的内存空间。

第 11 行"n=n//b"得到的 n 为 a 与 b 的最小公倍数。

第 12 行"return (b,n)"返回元组,包含了 a 与 b 的最大公约数和最小公倍数。

第 14 行"c=mygcdlcm(8,22)"调用函数 mygcdlcm 得到 8 与 22 的最大公约数和最小公倍数,函数返回值以元组的形式,赋给 c。

第 15 行"print(c)"输出 c,得到"(2, 88)"。

下面的程序段 4-8 用元组保存一首古诗,由于元组是只读的,所以常用来保存一些常量。

程序段 4-8   文件 zym0408

视频讲解

```
1    def poemPrint():
2        poem = ('«观沧海»','曹操','东临碣石', '以观沧海', '水何澹澹',
3                '山岛竦峙','树木丛生', '百草丰茂', '秋风萧瑟', '洪波涌起',
4                '日月之行', '若出其中', '星汉灿烂', '若出其里','幸甚至哉',
5                '歌以咏志')
6        for i in range(len(poem)):
7            if i == 0:
8                print(f'\t{poem[i]}')
9            elif i == 1:
10               print(f'\t {poem[i]}')
11           elif i % 2 == 0:
12               print(f'{poem[i]},', end = '')
13           else:
14               print(f'{poem[i]}.')
15
16   if __name__ == '__main__':
17       poemPrint()
```

在程序段 4-8 中,第 1~14 行定义了函数 poemPrint,函数名为 poemPrint,定义函数的关键字为 def。第 2~5 行为一条语句,定义元组 poem,其中,包含了古诗《观沧海》的诗句。

第 6～14 行为一个 for 循环,第 6 行"for i in range(len(poem)):"当循环变量 i 从 0 按步长 1 递增到 len(poem)－1 时,对于每个 i,循环执行第 7～14 行。第 7～14 行为一个 if-elif-else 结构,有四个分支:

(1) 当 i 等于 0 时(第 7 行为真),第 8 行"print(f'\t{poem[i]}')"输出水平制表符和 poem 元组的第 0 个元素,这里的"水平制表符\t"的长度默认为 4 个空格(即按下"Tab"键后前进的空格数,可配置)。

(2) 当 i 等于 1 时(第 9 行为真),第 10 行"print(f'\t　{poem[i]}')"将输出水平制表符和 poem 元组的第 1 个元素,得到"　曹操"。

(3) 当 i 为大于 0 的偶数时(第 11 行为真),第 12 行"print(f'{poem[i]},', end='　')"输出元组 poem 的第 i 个元素,后接逗号和空格,且不换行。

(4) 当 i 为大于 1 的奇数时(第 13 行为真),第 14 行"print(f'{poem[i]}。')"输出元组 poem 的第 i 个元素,后接句号,且换行。

程序段 4-8 的执行结果如图 4-5 所示。

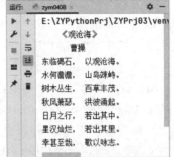

图 4-5　模块 zym0408 执行结果

4.2　集合

Python 语言中可定义集合这类数据类型。这里的"集合"是指数学集合论中的集合,即由一组无重复的无序元素组成的集合。在 Python 语言中,集合由用花括号"{}"括起来且用逗号分隔的一组数据(可为基本类型和元组)表示。集合中可以嵌套元组,但不能嵌套列表和另一个集合,这是因为集合的元素一定是确定的元素(而只有元组可视为确定的"元素",列表和集合都具有"不确定"性,例如,集合{1,2}和{2,1}是同一个集合,列表[1,2,2,4]是合法的列表,但集合中不允许有这种元素)。集合中的元素没有顺序,无法通过索引号访问(但可以转化为列表访问),集合元素的处理需要通过集合(或称集合类)的内置方法实现。

4.2.1　集合定义

集合由一组没有重复的无序元素组成,集合的特点在于其每个元素都是唯一且确定的。集合中的元素可以取基本类型的常量,也可以取为元组,但不能为列表和集合。下面的程序段 4-9 展示了集合的定义方法。

程序段 4-9　集合定义实例(文件 zym0409)

视频讲解

```
1    if __name__ == '__main__':
2        a = {1,2,2,1,'a',(3,4),'Python','天空',complex(3,5),2.71}
3        print('Set a:',a)
4        b = list(a)
5        print('List b:',b)
6        c = set()
7        print('Empty set:',c)
8        d = set([4, 5, 6, 6, 5])
9        print('Set d:',d)
10       e = set('an apple tree')
11       print('Set e:',e)
12       print('Length of e:',len(e))
```

在程序段 4-9 中,第 2 行"a＝{1,2,2,1,'a',(3,4),'Python','天空',complex(3,5),2.71}"定义集合 a,其中有重复的元素,在保存时,自动将所有重复的元素仅保留一个;第 3 行"print('Set a：',a)"输出集合 a,得到"Set a：{1, 2, 2.71, (3, 4), '天空', 'a', 'Python', (3＋5j)}",其中所有元素都是唯一的。

第 4 行"b＝list(a)"将集合 a 转化为列表 b;第 5 行"print('List b：',b)"输出列表 b。注意,集合 a 转化为列表 b 时,列表 b 将采用当前的 a 的元素存储顺序(这个顺序在每次执行时可能不同)。

第 6 行"c＝set()"创建空集合 c。集合和 4.3 节的字典都使用花括号作为定界符,但一对空的"{}"将创建一个空字典,而非空集合,可能是因为 Python 设计人员认为字典比集合更重要。第 7 行"print('Empty set：',c)"输出空集合 c。

第 8 行"d＝ set([4,5,6,6,5])"将一个列表转化为集合,赋给 d。第 9 行"print('Set d：',d)"输出集合 d。set 是集合类的类名,可以将元组或列表转化为集合。

第 10 行"e＝set('an apple tree')"将字符串"an apple tree"转化为集合,字符串中的每个字符作为集合的元素,并将重复的多个元素保留一个。第 11 行"print('Sct c：',e)"输出集合 e。第 12 行"print('Length of e：',len(e))"输出集合 e 的长度,即集合 e 的元素个数。

程序段 4-9 的执行结果如图 4-6 所示。

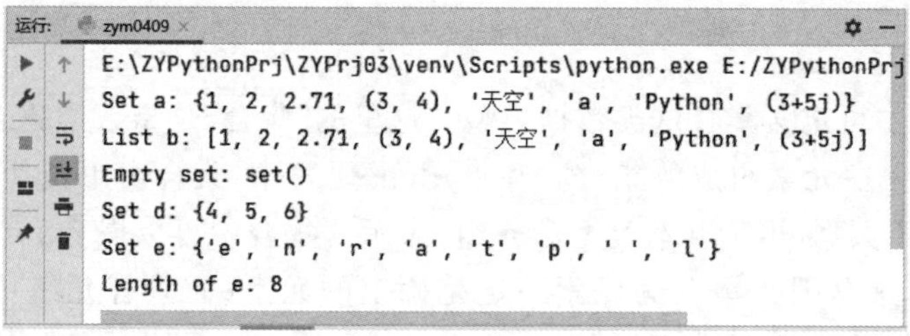

图 4-6　模块 zym0409 执行结果

由程序段 4-9 和图 4-6 可知,集合中的元素可为整数、字符串、单个字符、元组等,也可以为浮点数和复数。使用内置函数 len 可以获得集合的元素个数,说明集合是可迭代的对象。

4.2.2　集合基本操作

集合中的元素没有顺序(或者说各个元素的保存位置不确定,与程序内存的分布有关),因此,集合中的元素没有索引号,无法通过索引号访问集合元素,只能将集合转化为列表或元组再按索引号访问各个元素。

由于集合中的元素是可数的,所以集合也是可迭代对象,可以使用 for 结构遍历集合中的元素。

集合的常用操作有三种,即集合的并集、交集和补集,表 4-2 列出了集合的常用操作,这里设全集为 w＝{1,2,3,4,5,6,7,8,9,10},a＝{3,5,7,9},b＝{1,3,4,7,8,9}。

表 4-2　集合的常用操作

序　号	集合运算符	含　　义	实　　例
1	&	求两个集合的交集	a & b,得到{9, 3, 7}
2	|	求两个集合的并集	a | b,得到{1, 3, 4, 5, 7, 8, 9}

续表

序 号	集合运算符	含 义	实 例
3	—	求两个集合的差集(即一个集合相对于另一个集合的补集)	w—a,得到{1, 2, 4, 6, 8, 10}
4	^	求由两个集合中不同元素组成的集合(即求不同时存在于两个集合中的元素)	a ^ b,得到{1, 4, 5, 8}即 a ^ b=(a | b)—(a & b)

下面的程序段 4-10 实现了表 4-2 中的各个集合运算。

程序段 4-10　文件 zym0410

视频讲解

```
1      if __name__ == '__main__':
2          w = set(range(1,10 + 1))
3          print('w = ',w)
4          a = {3,5,7,9}
5          b = {1,3,4,7,8,9}
6          print('a = ',a)
7          print('b = ',b)
8          s1 = a & b
9          s2 = a | b
10         s3 = w - a
11         s4 = a ^ b
12         print('a & b = ',s1)
13         print('a | b = ',s2)
14         print('w - a = ',s3)
15         print('a ^ b = ',s4)
16         for e in s4:
17             print(e,end = ' ')
```

在程序段 4-10 中,第 2 行"w=set(range(1,10+1))"创建集合 w,w 为"{1, 2, 3, 4, 5, 6, 7, 8, 9, 10}"。第 3 行"print('w=',w)"输出集合 w。

第 4 行"a={3,5,7,9}"创建集合 a。第 5 行"b={1,3,4,7,8,9}"创建集合 b。第 6 行"print('a=',a)"输出集合 a。第 7 行"print('b=',b)"输出集合 b。

第 8 行"s1=a & b"将集合 a 与 b 的交集赋给 s1。第 9 行"s2=a | b"将集合 a 与 b 的并集赋给 s2。第 10 行"s3=w-a"将集合 a 相对于集合 w 的补集赋给 s3。第 11 行"s4=a ^ b"将由集合 a 和 b 中不相同的元素组成的集合赋给 s4。

第 12 行"print('a & b=',s1)"输出集合 a 与 b 的交集,得到"a & b= {9, 3, 7}"。

第 13 行"print('a | b=',s2)"输出集合 a 与 b 的并集,得到"a | b= {1, 3, 4, 5, 7, 8, 9}"。

第 14 行"print('w-a =',s3)"输出集合 a 相对于集合 w 的补集,得到"w-a = {1, 2, 4, 6, 8, 10}"。

第 15 行"print('a ^ b=',s4)"输出由集合 a 与 b 中不同元素组成的集合,得到"a ^ b= {1, 4, 5, 8}"。"a ^ b"中的元素的特点是:它们存在于集合 a 或集合 b 中,但不同时存在于集合 a 与 b 中,即 a ^ b =(集合 a 与 b 的并集)-(集合 a 与 b 的交集)。

第 16、17 行为一个 for 结构。集合属于可迭代对象,可以使用 for 结构遍历集合中的元素。第 16 行"for e in s4:"对于集合 s4 中的每个元素 e,执行第 17 行"print(e,end=' ')"输出元素的值及一个空格。for 结构的执行结果为"1 4 5 8"。

程序段 4-10 的执行结果如图 4-7 所示。

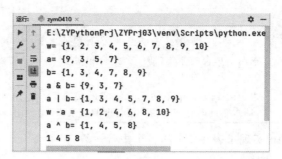

图 4-7　模块 zym0410 执行结果

4.2.3　集合内置方法

使用指令"print(dir(set))"可以查看集合类 set 的内置公有方法。这里重点介绍表 4-3 中的集合类内置方法。

表 4-3　集合类 set 的内置公有方法

序　号	函数与用法	含　义
1	s＝a. union(b)	求集合 a 与 b 的并集,生成一个新的集合赋给 s
2	s＝a. intersection(b)	求集合 a 与 b 的交集,生成一个新的集合赋给 s
3	s＝w. difference(a)	求集合 a 相对于集合 w 的补集,生成一个新的集合赋给 s
4	s＝w. difference(a,b)	求 w-a-b,生成一个新的集合赋给 s
5	w. difference_update(a)	从集合 w 中除去集合 a 中的元素(得到的集合赋给 w),这个函数更新了集合 w
6	a. intersection_update(b)	求集合 a 与集合 b 的交集(结果赋给 a),集合 b 不变,这个函数更新了集合 a
7	a. add(5)	将元素 5 添加到集合 a 中,这个函数更新了集合 a
8	a. update({4,6})	将集合{4,6}添加到集合 a 中,这个函数更新了集合 a
9	a. remove(4)	删除集合 a 中的元素 4,若 4 不在集合 a 中,则报错
10	a. discard(4)	删除集合 a 中的元素 4,若 4 不在集合 a 中,不报错
11	a. pop()	删除集合 a 的第一个元素,更新 a,同时返回删除的元素。由于集合中的元素无序,请慎用
12	a. clear()	清除集合 a 的所有元素,更新 a 使 a 成为空集合
13	a. issubset(w)	判断集合 a 是否为 w 的子集,如果是,返回真;否则,返回假
14	w. issuperset(a)	判断集合 w 是否包含集合 a,如果是,返回真;否则,返回假

在表 4-3 中,union、intersection 和 difference 实际上是表 4-2 中符号"|""&"和"－"的函数形式,用于实现两个集合的并、交、补(或差集)。

下面的程序段 4-11 展示了表 4-3 中各个函数的用法。

程序段 4-11　文件 zym0411

视频讲解

```
1    if __name__ == '__main__':
2        w = set(range(1, 10 + 1))
3        print('w = ', w)
4        a = {3, 5, 7, 9}
5        b = {1, 3, 4, 7, 8, 9}
6        print('a = ', a)
7        print('b = ', b)
```

```
 8        s1 = a.union(b)
 9        s2 = a.intersection(b)
10        s3 = w.difference(a)
11        s4 = w.difference(a,b)
12        print('s1 = ',s1)
13        print('s2 = ',s2)
14        print('s3 = ',s3)
15        print('s4 = ',s4)
16        w.difference_update(a)
17        print('w = ',w)
18        a.intersection_update(b)
19        print('a = ',a)
20        a.add(5)
21        print('a = ',a)
22        a.update({4,6})
23        print('a = ',a)
24        a.remove(4)
25        print('a = ', a)
26        a.discard(4)
27        print('a = ',a)
28        a.pop()
29        print('a = ',a)
30        a.clear()
31        print('a = ',a)
32        print('w = ',w)
33        print('b = ',b)
34        print('b is subset of w?',b.issubset(w))
35        w = set(range(1, 10 + 1))
36        print('w = ', w)
37        print('b is subset of w?', w.issuperset(b))
```

在程序段 4-11 中，第 2～7 行与程序段 4-10 中的第 2～7 行相同，创建了集合 w、a 和 b。

第 8 行"s1＝a.union(b)"求集合 a 与 b 的并集,赋给 s1。第 9 行"s2＝a.intersection(b)"求集合 a 与 b 的交集,赋给 s2。第 10 行"s3＝w.difference(a)"求集合 w 与 a 的差集,赋给 s3。第 11 行"s4＝w.difference(a,b)"求集合 w-a-b,生成的新集合赋给 s4。上述第 8～11 行的函数的执行均不改变原来的集合 a、b 和 w,而是生成一个新的集合。第 12～15 行输出集合 s1 至 s4。

第 16 行"w.difference_update(a)"求集合 w-a,将结果用于更新 w,不生成新的集合。第 17 行输出集合 w。第 18 行"a.intersection_update(b)"求集合 a 与 b 的交集,将结果用于更新 a,不生成新的集合。第 19 行输出集合 a。

第 20 行"a.add(5)"将元素 5 添加到集合 a 中,add 函数只能添加单个元素。第 22 行"a.update({4,6})"将集合{4,6}中的元素添加到集合 a 中,update 函数以集合为参数,将作为参数的集合中的全部元素添加到集合 a 中。这两个函数均不生成新的集合,只是更新原来的集合。

第 24 行"a.remove(4)"和第 26 行"a.discard(4)"含义相同,均是将元素 4 从集合 a 中删除,但是如果要删除的元素不存在,remove 将报错,而 discard 不报错。这两个函数均只能删除一个元素。第 28 行"a.pop()"用于删除集合 a 的首元素,因集合中元素没有顺序,这个函数请慎用。第30行"a. clear()"用于清空集合 a 中的元素,使集合 a 成为空集。

第34行的"b. issubset(w)"判断集合 b 是否为 w 的子集,若是,则返回 True;否则,返回 False。第37行的"w. issuperset(b)"判断集合 w 是否包含集合 b,若是,则返回 True;否则,返回 False。若 b. issubset(w)为真,则 w. issuperset(b)必为真。

程序段 4-11 的执行结果如图 4-8 所示。

4.2.4 集合应用实例

集合的元素是唯一的,集合常用于对数据序列去重复,这是一个非常有效的数据序列去重复方法。

商场有一个抽奖游戏,箱子中有 10 张卡片,上面的数字为1～10(无重复)。在商场消费后可有一次抽奖机会,从箱子中一次性取出 3 张卡片,将 3 张卡片上的数字相加,按其总和进行领奖,总和在 5～15(含)间为三等奖,总和在 16～21(含)间为二等奖,总和在 22～27(含)间为一等奖。程序段 4-12 模拟了这一抽奖过程。

```
运行:  zym0411 ×
 ►  ↑    E:\ZYPythonPrj\ZYPrj03\venv\Scripts\python
 🔧 ↓    w= {1, 2, 3, 4, 5, 6, 7, 8, 9, 10}
 ■  ⤴    a= {9, 3, 5, 7}
 ⬛ ⬇    b= {1, 3, 4, 7, 8, 9}
 🖨      s1= {1, 3, 4, 5, 7, 8, 9}
 🗑      s2= {9, 3, 7}
         s3= {1, 2, 4, 6, 8, 10}
         s4= {2, 6, 10}
         w= {1, 2, 4, 6, 8, 10}
         a= {9, 3, 7}
         a= {9, 3, 5, 7}
         a= {3, 4, 5, 6, 7, 9}
         a= {3, 5, 6, 7, 9}
         a= {3, 5, 6, 7, 9}
         a= {5, 6, 7, 9}
         a= set()
         w= {1, 2, 4, 6, 8, 10}
         b= {1, 3, 4, 7, 8, 9}
         b is subset of w? False
         w= {1, 2, 3, 4, 5, 6, 7, 8, 9, 10}
         b is subset of w? True
```

图 4-8 模块 zym0411 执行结果

程序段 4-12 文件 zym0412

视频讲解

```
1     import random
2     if __name__ == '__main__':
3         st = input('Begin (y/n)?')
4         while st == 'y':
5             points = set()
6             while len(points)< 3:
7                 x = random. randint(1,10)
8                 points. add(x)
9             s = sum(points)
10            if 5 < = s < = 15:
11                print(f'sum = {s}. The thrid prize. ')
12            elif 16 < = s < = 21:
13                print(f'sum = {s}. The second prize. ')
14            else:
15                print(f'sum = {s}. Congratulations. The first prize. ')
16            st = input('Try again (y/n)?')
```

在程序段 4-12 中,第 1 行"import random"装载模块 random。

第 3 行"st=input('Begin (y/n)?')"从键盘输入一个字符串,赋给 st。第 4 行"while st == 'y':"当 st 为单个字符"y"时,循环执行第 5～16 行。

第 5 行"points=set()"创建一个空集合 points。第 6～8 行为一个 while 结构,第 6 行"while len(points)<3:"判断当集合 points 的长度小于 3 时,第 7 行"x=random. randint(1,10)"生成一个 1～10 的伪随机整数 x,第 8 行"points. add(x)"将 x 添加到集合 points

中。第6~8行模拟从1~10中取出3张卡片,由于集合中的元素是唯一的,所以当集合points的长度为3时,必须含有1~10中的3个不同的数。

第9行"s=sum(points)"计算集合points中所有元素的和,赋给s。

第10~15行为一个if-elif-else结构,共有三个分支:

(1) 第10行"if 5<=s<=15:"当s大于或等于5且小于或等于15时,第11行"print(f'sum={s}. The thrid prize.')"输出s的值,并输出三等奖。

(2) 第12行"elif 16<=s<=21:"当s大于或等于16且小于或等于21时,第13行"print(f'sum={s}. The second prize.')"输出s的值,并输出二等奖。

(3) 第14行为"else:",表示当s大于22(s必然小于或等于27)时,第15行"print(f'sum={s}. Congratulations. The first prize.')"输出s的值,并输出一等奖。

在while循环体内部的第16行为"st=input('Try again (y/n)?')",输出提示信息"Try again (y/n)?",如果输入"n"(输入任何不是字符"y"的字符),将退出第4~16行的while结构;如果输入字符"y",将再次抽奖。

程序段4-12的执行结果如图4-9所示。

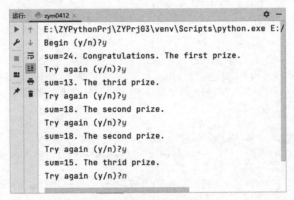

图 4-9　模块 zym0412 执行结果

在图4-9中,进行了5次抽奖实验,每次实验均给出了抽取到的3张卡片上的数字和。

4.3　字典

在Mathematica软件中,有一种数据类型称为关联。关联由两部分组成,合称为"键-值对",关联和Python语言中的"字典"数据类型相似。

例如,对于商店里的一些常用数据表示:"苹果-4.5元,梨-3.8元,桃-6.5元",Python语句可以这样表示:{'Apple': 4.5,'Pear': 3.8,'Peach': 6.5}。这种表示形式,称为字典,由一对花括号"{ }"括起来,用":"号连接"键"和"值"形成键-值对,每个"键-值对"为一个元素,用","号分隔各个元素。

列表和元组中的元素访问是借助它们的索引号,在列表和元组中,每个元素都有一个索引号,从左向右,索引号从0开始加1计数;从右向左,索引号从-1开始减1计数。字典的访问借助键,每个键应该是确定且唯一的,因此,字典的键类似于集合只能取基本数据类型或元组。由于"键"用于访问其对应的"值","键"应取得简单、易记、可读性强,且不能重复。

字典创建好后,其"键"不能修改(但可增加或删除),但是"键"对应的"值"可以修改。

由于字典是依靠"键-值对"访问,其各个元素的位置关系不用考虑,因此可以认为字典也是无序的。字典是可读写的动态数据结构,可以任意添加或删除元素(指"键-值对"),可以想象字典(类)使用了动态内存分配技术(或链表技术),以实现对其元素的快速访问。

4.3.1 字典定义

字典的类型为 dict 类,每个字典数据为 dict 类定义的对象。简单地讲,字典是形如以下形式的数据表示:

{键 1:值 1, 键 2:值 2, 键 3:值 3, …, 键 n:值 n}

字典中所有的"键"必须是唯一的,"键"只能为基本数据类型或元组(要求:当用元组作为"键"时,元组的元素必须是确定的,而且应尽可能具有易记和可读性强的特点。例如,如果"键"取为 0,1,2,…,这样的字典和列表在功能上没有太大区别,因此,这不是好的字典定义方式。

下面程序段 4-13 介绍了字典的定义方法。

程序段 4-13   文件 zym0413

```
1    if __name__ == '__main__':
2        d1 = {'Apple':4.5,'Pear':3.8,'Peach':6.5}
3        print('d1 = ',d1)
4        d2 = {(1,2):'语文',(3,4):'数学',(5,6):'化学',(7,8):'物理'}
5        print('d2 = ',d2)
6        d3 = {}
7        print('Type of d3:',type(d3))
8        d4 = dict(a = 6,b = [5,4],c = {3,2},d = (1,0),Else = {'job':'student'})
9        print('d4 = ',d4)
10       d5 = dict([('a',6),('b',[5,4]),('c',{3,2}),('d',(1,0)),('Else',{'job':'student'})])
11       print('d5 = ',d5)
12       d6 = {x:2 * x for x in [4,5,6]}
13       print('d6 = ',d6)
14       d7 = {x: 2 * x for x in (4, 5, 6)}
15       print('d7 = ', d7)
16       d8 = {x:d1[x] for x in d1}
17       print('d8 = ', d8)
18       d9 = {'Tom':5,'Jerry':4,'Dog':6,'Jerry':5}
19       print('d9 = ',d9)
```

程序段 4-13 的执行结果如图 4-10 所示。

在程序段 4-13 中,第 2 行"d1={'Apple':4.5,'Pear':3.8,'Peach':6.5}"为创建一个字典的典型方法。第 3 行"print('d1=',d1)"输出字典 d1。

第 4 行"d2={(1,2):'语文',(3,4):'数学',(5,6):'化学',(7,8):'物理'}"使用元组作为字典的"键",这里可表达第 1、2 节课是语文,第 3、4 节课是数学等的含义。第 5 行"print('d2=',d2)"输出字典 d2。

第 6 行"d3={}"定义空字典,或者使用"d3=dict()"创建空字典。字典和集合均使用花括号"{ }"作为定界符,但 Python 语言默认"{}"表示空字典,第 7 行"print('Type of d3:',type(d3))"输出 d3 的类型(为字典类)。

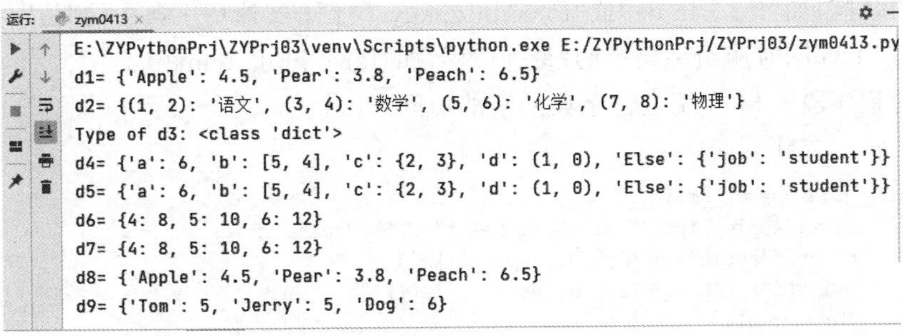

图 4-10 模块 zym0413 执行结果

第 8 行"d4＝dict(a＝6,b＝[5,4],c＝{3,2},d＝(1,0),Else＝{'job': 'student'})"创建字典 d4,这里的"键"和"值"间使用"＝"号连接,"键"自动被识别为字符串(所以,"＝"左边的"键"不能为数值类型,只能是不带引号的"标签"形式,例如"a＝6"写作"6＝6"或"'a'＝6"是错误的)。第 9 行"print('d4＝',d4)"输出字典 d4。

第 10 行"d5＝dict([('a',6),('b',[5,4]),('c',{3,2}),('d',(1,0)),('Else',{'job': 'student'})])"创建字典 d5,与第 8 行的 d4 相同。这是另一种创建字典的方法,使用列表和元组的组合方式创建字典,列表中的每个元组是字典的一个"键-值对",每个元组只能包含 2 个元素:第 1 个元素作为字典的"键-值对"的"键",第 2 个元素作为字典的"键-值对"的"值"。由第 10 行可知,字典的"键-值对"的"值"可以为基本类型、列表、元组和字典等。第 11 行"print('d5＝',d5)"输出字典 d5,得到"d5＝{'a': 6, 'b': [5, 4], 'c': {2, 3}, 'd': (1, 0), 'Else': {'job': 'student'}}"。

第 12 行"d6＝{x: 2 * x for x in [4,5,6]}"借助 for 结构生成字典 d6,这种方式下,"键-值对"的"键"和"值"间往往有函数关系。第 13 行"print('d6＝',d6)"输出字典 d6,得到"d6＝{4: 8, 5: 10, 6: 12}",可见,每个"键-值对"的"值"是"键"的 2 倍,这里的"键"和"值"均为整数。

第 14、15 行与第 12、13 行的作用相同,只是在第 14 行的 for 结构中使用了元组(4,5,6)作为 for 结构的可迭代对象。

第 16 行"d8＝{x: d1[x] for x in d1}"使用字典 d1 作为 for 结构的可迭代对象,此时,x 将遍历字典 d1 的所有"键"(下一节将更详细地介绍字典遍历方法),而 d1[x]表示"键"为 x 时的"值",这样第 16 行将得到与 d1 完全相同的字典,赋给 d8。第 17 行"print('d8＝', d8)"输出字典 d8,得到"d8＝{'Apple': 4.5, 'Pear': 3.8, 'Peach': 6.5}"。

第 18、19 行表明如果有相同的"键"(这是不允许的),则只把最后的"键-值对"保留。这里的第 18 行"d9＝{'Tom': 5,'Jerry': 4,'Dog': 6,'Jerry': 5}"有 2 个"'Jerry'""键",只保留最后一个,所以第 19 行输出的字典 d9 为"d9＝{'Tom': 5, 'Jerry': 5, 'Dog': 6}"。

4.3.2 字典基本操作

字典元素的访问方法有以下三种。(1)借助"键"访问。如果字典对象为 d,"键"名为"key",则 d['key']得到该"键"对应的"值"。该方式下,如果"键"不存在,将报错。(2)借助字典内置的 get 方法访问。设字典对象为 d,"键"名为"key",则 d.get('key')得到该"键"对应的"值"。该方式下,如果"键"不存在,则返回 None。(3)在 for 循环中遍历字典元素。借助 for 循环遍历字典中的元素,也有三种方式,仍设字典对象为 d,则三种方式依次为:①遍历字典中的"键",如"for e in d:"或"for e in d.keys():";②遍历字典中的"值",如"for e in d.values():";③同时遍历字典中的"键-值对",如"for e in d.items():"。

下面的程序段 4-14 介绍上述字典元素的访问方法。

视频讲解

程序段 4-14　文件 zym0414

```
1      if __name__ == '__main__':
2          d1 = {'Apple':4.5,'Pear':3.8,'Peach':6.5,'Banana':5.2}
3          print(f"Apple's price:{d1['Apple']}.")
4          print(f"Apple's price:{d1.get('Apple')}.")
5          for e in d1:
6              if e == 'Apple':
7                  print(f"{e}'s price:{d1[e]}.")
8          for e in d1.keys():
9              if e == 'Apple':
10                 print(f"{e}'s price:{d1[e]}.")
11         s = 0
12         for e in d1.values():
13             s = s + e
14         print(f'Total price: {s}.')
15         for e in d1.items():
16             print(e)
17             if e[0] == 'Apple':
18                 print(f"{e[0]}'s price:{e[1]}.")
19         d1['Apple'] = 7.8
20         print('d1 = ',d1)
21         d1['Strawberry'] = 9.1
22         print('d1 = ',d1)
23         if d1.get('Watermelon') == None:
24             print('No watermelon.')
25         else:
26             print('Have watermelon.')
```

程序段 4-14 的执行结果如图 4-11 所示。

```
运行:  zym0414 ×
   ▶    E:\ZYPythonPrj\ZYPrj03\venv\Scripts\python.exe E:/ZYPythonPrj/ZYPrj03/zym0414.py
   ⚙    Apple's price:4.5.
   ⇥    Apple's price:4.5.
   ▦    Apple's price:4.5.
   🖶    Apple's price:4.5.
   📌    Total price: 20.0.
   🗑    ('Apple', 4.5)
         Apple's price:4.5.
         ('Pear', 3.8)
         ('Peach', 6.5)
         ('Banana', 5.2)
         d1= {'Apple': 7.8, 'Pear': 3.8, 'Peach': 6.5, 'Banana': 5.2}
         d1 = {'Apple': 7.8, 'Pear': 3.8, 'Peach': 6.5, 'Banana': 5.2, 'Strawberry': 9.1}
         No watermelon.
```

图 4-11　模块 zym0414 执行结果

在程序段 4-14 中,第 2 行"d1={'Apple':4.5,'Pear':3.8,'Peach':6.5,'Banana':5.2}"定义字典 d1,这里的字典元素含义为水果名和水果价格。

第 3 行"print(f"Apple's price:{d1['Apple']}.")"输出苹果的价格,其中,"d1['Apple']"用字典的"键"访问其对应的值。

第 4 行"print(f"Apple's price:{d1.get('Apple')}.")"与第 3 行相同,也是输出苹果的

价格,其中,"d1.get('Apple')"用字典的 get 方法("键"为参数)访问"键"对应的值。

第 5~7 行为一个 for 结构,第 5 行"for e in d1:"是指 e 遍历字典 d1 的各个"键";第 6 行"if e=='Apple':"判断当 e 为"键"Apple 时,第 7 行"print(f"{e}'s price:{d1[e]}.")"输出苹果的价格。

第 8~11 行为一个 for 结构,与第 5~7 行实现的功能相同,这里的第 8 行"for e in d1.keys():"和第 5 行"for e in d1:"作用相同,都是指 e 遍历字典 d1 的各个"键"。由第 8 行可知,d1.keys()包含了字典 d1 的全部"键",d1.keys()也是一个对象,其类型为 dict_keys 类。借助"print(list(d1.keys()))"可将字典 d1 所有的"键"转化为列表输出。

第 11 行"s=0"将 0 赋给 s。

第 12 行"for e in d1.values():"指 e 遍历字典的各个值,循环执行第 13 行"s=s+e"将字典 d1 的全部值累加到 s 中。第 14 行"print(f'Total price:{s}.')"输出 s 的值。由第 12 行可知,d1.values()包含了字典 d1 的全部"值",d1.values()也是一个对象,其类型为 dict_values 类。借助"print(list(d1.values()))"可将字典 d1 所有的"值"转化为列表输出。

第 15 行"for e in d1.items():"指 e 遍历字典的各个元素,循环执行第 16~18 行,第 16 行"print(e)"输出 e 表示的"键-值对",以元组的形式表示,e[0]为"键",e[1]为"值"。第 17 行"if e[0]=='Apple':"判断"键"是否为"Apple",如果是,则第 18 行"print(f"{e[0]}'s price:{e[1]}.")"输出苹果的价格。这里的"d1.items()"也是一个对象,类型为 dict_items,包含了字典的各个元素("键-值对"),各个元素以元组的形式存在。

第 19 行"d1['Apple']=7.8"将"Apple"对应的"值"修改为 7.8。通过这种方式修改字典中相应"键"对应的"值"。第 20 行"print('d1=',d1)"输出字典 d1。

第 21 行"d1['Strawberry']=9.1"向字典 d1 中添加一个新的"键-值对",其中,"键"为"Strawberry","值"为"9.1"。通过这种方式向字典中添加新的"键-值对"。第 22 行"print('d1=',d1)"输出字典 d1。

第 23 行"if d1.get('Watermelon')==None:"借助 get 内置方法获取"键"Watermelon 对应的值,如果返回 None,说明该"键"(或"键-值对")不存在,则执行第 24 行"print('No watermelon.')"输出"No watermelon."提示信息;否则(第 25 行),执行第 26 行"print('Have watermelon.')"输出"Have watermelon."提示信息。

4.3.3 字典内置方法与内置函数

字典内置方法是指字典类中的公有方法,这类方法由字典(对象)调用;内置函数指 Python 语言的内置函数,可以作用于 Python 语言中的各种数据类型定义的对象。

Python 语言中常用于字典的内置函数如表 4-4 所示。表 4-4 中,设字典为 d。

表 4-4 用于字典的内置函数

序 号	函 数 名	含 义	实 例
1	len	统计字典中的元素个数(字典的一个"元素"是指一个"键-值对")	len(d)返回 d 的元素个数
2	sum	求字典的"键"或"值"的和(要求"键"和"值"必须为数值类型)	sum(d)和 sum(d.keys())含义相同,用于计算"键"的和;sum(d.values())用于计算"值"的和

续表

序 号	函 数 名	含 义	实 例
3	type	返回字典的类型	type(d)返回"< class 'dict'>"
4	isinstance	判断参数的类型	isinstance(d,dict)返回 True
5	str	将字典转化为字符串	str(d)返回一个字符串 d
6	zip	将多个列表或元组组合成一个以元组为元素的可迭代器,该迭代器的第 i 个元组的元素由各个列表或元组的第 i 个元素组成。只有组合了两个列表或元组的 zip 才能转化为字典	for e in zip([1,2,3],(4,5,6),[7,8,9]): print(e) 上述代码得到(1,4,7),(2,5,8),(3,6,9)。当 zip 组合两个列表或元组时,可借助 dict 将 zip 对象转化为字典,这是一种生成字典的快捷方法

下面的程序段 4-15 进一步介绍表 4-4 中各个函数的用法。

程序段 4-15 文件 zym0415

视频讲解

```
1    if __name__ == '__main__':
2        d1 = {'Apple': 4.5, 'Pear': 3.8, 'Peach': 6.5, 'Banana': 5.2}
3        print(f'd1 = {d1}')
4        print(f'Length of d1: {len(d1)}.')
5        print(f'Total price:{sum(d1.values())}.')
6        print(type(d1))
7        print(isinstance(d1,dict))
8        print(str(d1))
9        for e in zip(['Apple','Pear','Pineapple'],[4.5,3.8,7.3]):
10           print(e)
11       d2 = dict(zip(['Apple','Pear','Pineapple'],(4.5,3.8,7.3)))
12       print('d2 = ',d2)
```

程序段 4-15 的执行结果如图 4-12 所示。

```
运行:    zym0415 ×                                              ⚙ —
▶ ↑    E:\ZYPythonPrj\ZYPrj03\venv\Scripts\python.exe E:/ZYPythonPr
🔧 ↓    d1={'Apple': 4.5, 'Pear': 3.8, 'Peach': 6.5, 'Banana': 5.2}
■ ⇥    Length of d1: 4.
   ≛    Total price:20.0.
   🖶    <class 'dict'>
📌 🗑    True
        {'Apple': 4.5, 'Pear': 3.8, 'Peach': 6.5, 'Banana': 5.2}
        ('Apple', 4.5)
        ('Pear', 3.8)
        ('Pineapple', 7.3)
        d2 = {'Apple': 4.5, 'Pear': 3.8, 'Pineapple': 7.3}
```

图 4-12 模块 zym0415 执行结果

在程序段 4-15 中,第 2 行"d1 = {'Apple': 4.5, 'Pear': 3.8, 'Peach': 6.5, 'Banana': 5.2}"定义字典 d1;第 3 行"print(f'd1={d1}')"输出字典 d1。

第 4 行"print(f'Length of d1: {len(d1)}.')"调用 len 函数输出字典 d1 的长度。

第 5 行"print(f'Total price: {sum(d1.values())}.')"调用 sum 函数计算 d1 的各个"值"的和,并输出这个和。

第 6 行"print(type(d1))"调用 type 函数输出字典 d1 的类型。

第 7 行"print(isinstance(d1,dict))"调用 isinstance 判断 d1 是否为 dict,这时输出

True。

第 8 行"print(str(d1))"调用 str 函数将字典转化为字符串,并输出该字符串。

第 9 行"for e in zip(['Apple','Pear','Pineapple'],[4.5,3.8,7.3]):"遍历 zip 函数合成的迭代器,第 10 行"print(e)"输出该迭代器的每个元素(注:各个元素均为元组)。

第 11 行"d2=dict(zip(['Apple','Pear','Pineapple'],(4.5,3.8,7.3)))"将一个 zip 对象转为字典,赋给 d2。第 12 行"print('d2 =',d2)"输出字典 d2。

除了上述内置函数外,字典类本身内置了一些公有方法。通过指令"print(dir(dict))"可查看字典类内置的这些公有方法。这里重点介绍表 4-5 中的字典内置方法。为了叙述方便,这里设字典 d={'a': 1,'b': 2,'c': 3}。

表 4-5 字典类内置公有方法

序 号	方 法 名	含 义	实 例
1	get	以字典的"键"为参数,返回字典中该"键"对应的"值"	d.get('a')得到 1
2	values	返回字典的全部"值"组成的对象,常需借助 list 转化为列表	list(d.values())得到[1,2,3]
3	keys	返回字典的全部"键"组成的对象,常需借助 list 转化为列表	list(d.keys())得到['a', 'b', 'c']
4	items	返回字典的全部元素组成的对象,每个元素为一个"键-值对",并将"键"和"值"组合为一个元组。常借助 list 转化为列表	list(d.items)得到[('a', 1),('b', 2),('c', 3)]
5	setdefault	以"键"和"值"作为参数,将两者组成的"键-值对"添加到字典中,如果"值"省略,则将 None 作为该"键"的值	d.setdefault('d',4),此后的 d 为{'a': 1,'b': 2,'c': 3,'d': 4}
6	update	以一个字典作为参数,将该字典中的全部元素添加到调用该函数的字典中	d.update({'d': 4,'e': 5}),执行后的 d 为{'a': 1,'b': 2,'c': 3,'d': 4,'e': 5}
7	fromkeys	第一个参数可以为列表、元组或集合,这个参数的每个元素将作为"键";第二个参数指定这些"键"的值,这个参数将作为所有"键"的值。如果第二个参数省略,每个"键"的"值"将设为 None	e=dict.fromkeys(['a','b','c'],1),将得到字典 e 为{'a': 1, 'b': 1, 'c': 1};而 e=dict.fromkeys(['a','b','c']),将得到字典 e 为{'a': None, 'b': None, 'c': None}
8	copy	将一个字典复制到另一个字典。这是一种"深"复制(或称"深"拷贝),即"深"复制后两个字典占有不同的内存空间,互不影响	e= d.copy() print(id(e)) print(id(d)) #d 和 e 占不同内存 e['a']=3 print(d) print(e) #d 和 e 互不影响 这时,e 与 d 内容相同,但 e 与 d 占有不同内存空间,故互不影响。对 e 修改后,不影响 d

续表

序号	方法名	含　义	实　例
9	=	对比 copy，"="是一种"浅"复制，即"浅"复制后两个字典共用一个内存空间，互相影响	e=d　＃浅复制 print(id(e)) print(id(d)) ＃d 和 e 内存相同 e['a']=3 print(d) print(e) 对 e 的"键"a 赋值 3，将同时影响到 d，此时的 d 为{'a': 3, 'b': 2, 'c': 3}
10	clear	清空字典	d. clear()后 d 为空字典"{}"
11	pop	以字典的"键"为参数，删除该"键"对应的"值"，该"值"作为 pop 函数的返回值。如果"键"不存在，将报错	print(d.pop('a')) ＃输出 1 print(d) 　＃输出{'b': 2, 'c': 3}
12	popitem	删除字典中的最后一个元素，并将该元素转化为一个元组作为返回值	print(d. popitem()) ＃输出('c', 3) print(d) ＃输出{'a': 1, 'b': 2}

4.3.4　字典应用实例

字典在处理具有多种属性的"对象"时具有优势，例如，要显示一个学生的姓名、年龄、性别和爱好等基本信息，用字典比用列表更加方便。现有如表 4-6 所示的几个学生信息，使用程序段 4-16 对其进行存储和输出。

表 4-6　学生基本信息表

姓　名	年　龄	性　别	爱　好
张飞	18	男	篮球、唱歌
关羽	19	男	篮球、足球
貂蝉	17	女	绘画、跳舞

为了表示表 4-6 中的学生信息，将学生"姓名"作为"键"，而将学生的其他信息作为"值"，而这个"值"本身又是一个字典。所以，在程序段 4-16 中使用了二级字典嵌套的形式表示学生信息。

程序段 4-16　输出学生信息实例(文件 zym0416)

视频讲解

```
1    if __name__ == '__main__':
2        students = {'张飞':{'年龄': 18,'性别': '男','爱好': '篮球、唱歌'},
3                    '关羽':{'年龄': 19,'性别': '男','爱好': '篮球、足球'},
4                    '貂蝉':{'年龄': 17,'性别': '女','爱好': '绘画、跳舞'}}
5
6        for (c1, c2) in students. items():
7            print('姓名:' + c1,sep = '')
8            age = str(c2['年龄'])
9            gender = c2['性别']
10           hobby = c2['爱好']
11           print(f'年龄:{age},性别:{gender},爱好:{hobby}')
12           print()
```

在程序段 4-16 中，第 2～4 行为一条语句，定义字典 students，包括 3 个元素(即 3 个学生)，每个元素也是一个字典，也包括 3 个元素。字典 students 是一个二级嵌套的字典。

第6～12行为一个for结构。第6行"for（c1，c2）in students. items（）："中的"（c1，c2）"可以写作"c1，c2"（即去掉括号），这里students. items（）为字典students的各个元素（即"键-值对"）组成的对象，在遍历时这个对象的每一项返回由"键"和"值"组成的二元元组（即包含2个元素的元组），这里将"键"赋给c1，将其对应的"值"赋给c2。结合第2～4行字典students的定义可知，c1对应学生的"姓名"，c2对应由学生的其他信息组成的字典。

在第6～12行的for结构中，每次循环时，第7行"print（"姓名："＋c1，sep=""）"输出学生的姓名，并以空格结尾；第8行"age ＝ str（c2['年龄']）"得到学生的年龄；第9行"gender ＝ c2['性别']"得到学生的性别；第10行"hobby ＝ c2['爱好']"得到学生的爱好。第11行"print（f'年龄：{age}，性别：{gender}，爱好：{hobby}'）"输出该学生的信息。第12行"print（）"输出空行。

这里的第7～11行可以用如下一条语句实现：

```
print(f"性别：{c1}\n 年龄：{c2['年龄']}，性别：{c2['性别']}，爱好：{c2['爱好']}")
```

注意上述语句中双引号和单引号的用法。由于语句中字典的"键"为字符串，使用了单引号，所以整个格式化表达式需要使用双引号。或者将上述语句写成以下形式：

```
print(f'性别：{c1}\n 年龄：{c2["年龄"]}，
性别：{c2["性别"]}，爱好：{c2["爱好"]}')
```

注意：在上面两种情况下，"\'"或"\""这类转义字符不能使用！

程序段4-16的执行结果如图4-13所示。

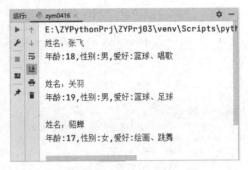

图4-13 模块zym0416执行结果

4.4 典型实例

通俗地讲，程序＝数据＋算法。通过前述内容可知，Python语言具有高级的数据表示能力，其内置的列表、元组、集合和字典等数据类型，远远超过了其他计算机语言的数据表示能力。本节通过两个实例，进一步阐明Python语言在数据表示方面的特色。

实例一 字典与列表嵌套使用实例

实例一包括以下两部分内容。

（1）列表中嵌入字典：电子书日渐普及，方便学生利用碎片化的时间阅读。这里首先为每本电子书创建一个字典，包括书名和作者；然后创建一个列表包含所有电子书的字典；最后通过列表输出每本电子书的信息。

（2）字典中嵌入列表：表4-7中列举了几位小朋友喜欢的菜品。

表4-7 几位小朋友喜欢的菜品

姓　　名	菜　品　名
琳琳	青椒炒肉、小鸡炖蘑菇
朵朵	西红柿炒蛋、回锅肉、素什锦
丁丁	蒜蓉炒虾、麻婆豆腐

将表 4-7 设计成一个字典,表 4-7 中的每行为字典的一个元素(即一个"键-值对")。其中,每个元素的"值"用列表表示。最后,通过检索字典得到所有小朋友喜欢的菜品。

实例一的实现程序如程序段 4-17 所示。

视频讲解

程序段 4-17　文件 zym0417

```
1      if __name__ == '__main__':
2          book01 = {'bookname': '呐喊', 'author': '鲁迅'}
3          book02 = {'bookname': '边城', 'author': '沈从文'}
4          book03 = {'bookname': '活着', 'author': '余华'}
5          book04 = {'bookname': '解忧杂货店', 'author': '东野圭吾'}
6          books = [book01, book02, book03, book04]
7          for e in books:
8              print(f"书名:{e.get('bookname')}, 作者:{e.get('author')}")
9          print()
10         dishes = {'琳琳': ['青椒炒肉', '小鸡炖蘑菇'],
11                   '朵朵': ['西红柿炒蛋', '回锅肉', '素什锦'],
12                   '丁丁': ['蒜蓉炒虾', '麻婆豆腐']}
13         for name, dish in dishes.items():
14             print(name + '喜欢吃的菜是:', end = '')
15             for e in dish:
16                 print(e, end = '')
17             print()
```

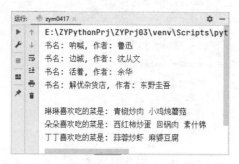

图 4-14　模块 zym0417 执行结果

程序段 4-17 的执行结果如图 4-14 所示。

在程序段 4-17 中,第 2～5 行依次定义了字典 book01、book02、book03 和 book04;第 6 行 "books = [book01, book02, book03, book04]" 定义了列表 books,包含 4 个字典(对象)。

第 7、8 行为一个 for 结构,第 7 行 "for e in books:"对于列表 books 中的每个元素(这里,每个元素为一个字典)e,第 8 行 "print(f"书名:{e. get('bookname')}, 作者:{e. get('author')}")"

输出书名和作者。

第 9 行 "print()" 输出一个空白行。

第 10～12 行定义字典 dishes,其中,每个元素的"值"为一个列表。

第 13～17 行为一个 for 结构,第 13 行 "for name, dish in dishes. items():"在遍历 dishes 字典的每个元素时,每次遍历将字典元素的"键"赋给 name、将字典元素的"值"赋给 dish。第 14 行 "print(name + '喜欢吃的菜是:', end=' ')"输出小朋友姓名等提示信息,第 15、16 行为一个 for 结构,输出小朋友喜欢的菜品名。第 17 行 "print()"输出换行符。

实例二　奶茶店点单实例

现有奶茶店的价目表如表 4-8 所示。

表 4-8　奶茶店的价目表

饮 品 名 称	单价:元(规格)
珍珠奶茶	10(小杯)12(大杯)
冰淇淋奶茶	10(小杯)12(大杯)

饮 品 名 称	单价：元（规格）
水果奶昔	11（小杯）13（大杯）
柠檬水	10（小杯）12（大杯）
水果茶	13（小杯）15（大杯）

试编写一个点单程序（有饮品名称、数量、规格），并打印小票（要有时间、商品名称、数量、价格等信息）。

程序设计的分析过程如下所述。

1）价目表的数据表示

表4-8给出的价目表（即菜单）可以用嵌套的两级字典表示，如下所示：

```
menu = {"珍珠奶茶":{"小杯":10,"大杯":12},
        "冰淇淋奶茶":{"小杯":10,"大杯":12},
        "水果奶昔":{"小杯":11,"大杯":13},
        "柠檬水":{"小杯":10,"大杯":12},
        "水果茶":{"小杯":13,"大杯":15}}
```

结合表4-8和上述代码可知，表4-8中的一行作为字典menu的一个元素，使用"饮品名称"作为"键"，使用"单价"和"规格"组成的部分作为"值"（本身又是一个字典）。

2）下单饮品的数据表示

点单时首先选择"饮品"，然后，输入需要的数量和规格。这里，仍然使用两级嵌套字典保存下单数据。选择"饮品"后，将选择的饮品以字符串形式保存在一个字典的"键"中，饮品数量以整数形式保存在子字典的"值"中，饮品规格以字符串形式保存在子字典的"键"中。例如，某同学下单情况如表4-9所示。

表4-9 下单情况

名　　称	数　　量	规　　格
珍珠奶茶	2	小杯
水果茶	1	大杯
冰淇淋奶茶	2	小杯

针对表4-9的数据表示为：

```
mymenu = {"珍珠奶茶":{"小杯":2,"大杯":0},
          "冰淇淋奶茶":{"小杯":2,"大杯":0},
          "水果奶昔":{"小杯":0,"大杯":0},
          "柠檬水":{"小杯":0,"大杯":0},
          "水果茶":{"小杯":0,"大杯":1}}
```

3）时间的数据表示

为了读取计算机日期和时间，程序需要装载时间包time，常用的3个函数为time、localtime和strftime。其中，time函数读取当前计算机的时间戳（即表示时间的一种计数值的说法），这是一个以秒为单位的浮点数，以1970年1月1日的0点为起始时间进行计数。localtime函数读取本地区时间的时间戳（实际上是读取计算机的时钟并转化为本地区的时间，以秒为单位），如果调用localtime时没有设置参数，localtime函数和time函数作用相同。strftime函数对localtime函数返回的时间戳作格式化输出，常用的格式化字符串如

表 4-10 所示。

表 4-10　strftime 函数的时间戳格式化符号

格 式 符 号	含　　义	格 式 符 号	含　　义
%Y	以四位数的形式表示年份	%b	简化地表示出当前月份名称
%y	以两位数(00～99)的形式表示年份	%c	表示当地日期和时间
%m	月份(01～12)	%j	表示一年中的一天(0～366)
%d	表示一个月中的一天(01～31)	%p	表示当地 AM 或 PM
%H	二十四进制表示小时(00～23)	%U	表示一年中的星期数,以星期日为周起始(0～53)
%I	十二进制表示小时(01～12)	%W	表示一年中的星期数,以星期一为周起始(0～53)
%M	分钟(00～59)	%w	表示星期几,从星期日开始(0～6)
%S	秒(0～61,61 秒是历史原因)	%X	表示当地的时间
%A	完整地表示当前星期名称	%x	表示当地的日期
%a	简化地表示当前星期名称	%z	相对于 UTC/GMT(0 时区)的时间差(-23:59～+23.59)
%B	完整地表示当前月份名称	%%	表示%

结合表 4-10,下面的语句

```
print(time.strftime('%Y-%m-%d %H:%M:%S',time.localtime()))
```

将返回形如"2022-06-25 20:07:40"的时间。

4) 计算消费金额

本例中的算法比较简单。只需要将表示菜单的字典 menu 和表示下单情况的字典 mymenu 中相同的"键"对应的值相乘,再取和就得到消费总金额。

这里引入两个新的函数来计算总金额。

(1) lambda 函数。

lambda 函数是指没有函数名的函数,也称匿名函数(Mathematica 软件中称为纯函数),其定义方式为"lambda　参数列表:表达式"。例如:

```
f1 = lambda x:x + 1        # 定义了函数映射 f: x --> x + 1
print(f1(1))               # 输出 2
```

又如:

```
print((lambda x,y:x + y)(3,5)) # 定义了函数映射 f: x,y --> x + y,并作用于 3 和 5,输出 8
```

(2) map 函数。

map 函数的用法为"map(函数,可迭代对象,…)",将"函数"应用于"可迭代对象"的每一个元素,返回一个 map 对象,可使用 tuple 或 list 将 map 对象转化为元组或列表。例如:

```
a = tuple(map((lambda x:x + 1),(1,2,3)))      # 将匿名函数作用于元组的每个元素
print(a)                                      # 输出(2,3,4)
```

又如:

```
b = list(map(lambda x,y:x + y,(1,2,3),(4,5,6)))
# 将匿名函数作用于两个元组上,x 依次取 1、2、3,对应于 y 依次取 4、5、6,返回 x + y
```

```
        print(b)        # 输出[5,7,9]
```

下面的程序段 4-18 为奶茶店点单程序。

程序段 4-18　文件 zym0418

```
1    import time
2    if __name__ == '__main__':
3        menu = {'珍珠奶茶':{'小杯':10,'大杯':12},
4                 '冰淇淋奶茶':{'小杯':10,'大杯':12},
5                 '水果奶昔':{'小杯':11,'大杯':13},
6                 '柠檬水':{'小杯':10,'大杯':12},
7                 '水果茶':{'小杯':13,'大杯':15}}
8        mymenu = {'珍珠奶茶':{'小杯':0,'大杯':0},
9                  '冰淇淋奶茶':{'小杯':0,'大杯':0},
10                 '水果奶昔':{'小杯':0,'大杯':0},
11                 '柠檬水':{'小杯':0,'大杯':0},
12                 '水果茶':{'小杯':0,'大杯':0}}
13       print('Welcome! 点单(y/n)?', end = '')
14       while True:
15           user = input()
16           if user!= 'y':
17               break
18           i = 1
19           for e in menu:
20               print(f'{i} --- {e}')
21               i += 1
22           name = int(input('请选择饮品(1~5):'))
23           namestr = list(menu.keys())[name - 1]
24           i = 1
25           for e in ('小杯','大杯'):
26               print(f'{i} --- {e}')
27               i += 1
28           size = int(input('请选择规格(1~2):'))
29           match size:
30               case 1:
31                   sizestr = '小杯'
32               case 2:
33                   sizestr = '大杯'
34               case _:
35                   sizestr = '小杯'
36           numb = int(input('请输入数量(1~10)'))
37           mymenu[namestr][sizestr] = numb
38           print('继续点单(y/n)?', end = '')
39
40       print()
41       print("               小票")
42       print("点餐时间:" + time.strftime("%Y-%m-%d %H:%M:%S", time.localtime()))
43       print("—————————————————————————————————————————————"
44          "———————————————————————————————")
45       print("名称       规格     数量 * 单价 = 价格")
46       s = 0
47       for e in mymenu:
48           if mymenu[e]['小杯']!= 0:
49               print(f"{e.ljust(9)}{'小杯'.ljust(9)}{str(mymenu[e]['小杯']).ljust(4)}"
50                   f"{'*'.ljust(4)}{str(menu[e]['小杯']).ljust(8)}"
```

```
51              f"{mymenu[e]['小杯'] * menu[e]['小杯']}")
52          s += mymenu[e]['小杯'] * menu[e]['小杯']
53          if mymenu[e]['大杯']!= 0:
54              print(f"{e.ljust(9)}{'大杯'.ljust(9)}{str(mymenu[e]['大杯']).ljust(4)}"
55                  f"{'＊'.ljust(4)}{str(menu[e]['大杯']).ljust(8)}"
56                  f"{mymenu[e]['大杯'] * menu[e]['大杯']}")
57              s += mymenu[e]['大杯'] * menu[e]['大杯']
58
59      fun = lambda x, y: x.get('小杯') * y.get('小杯') + x.get('大杯') * y.get('大杯')
60      s1 = map(fun, menu.values(), mymenu.values())
61      s2 = sum(list(s1))
62      print("——————————————————————————————"
63          "——————————————————————————————")
64      print(f' 总价:{s:6} 元, 折后价:{s2 * 0.8:6} 元')
65      print(" 谢谢惠顾!!")
```

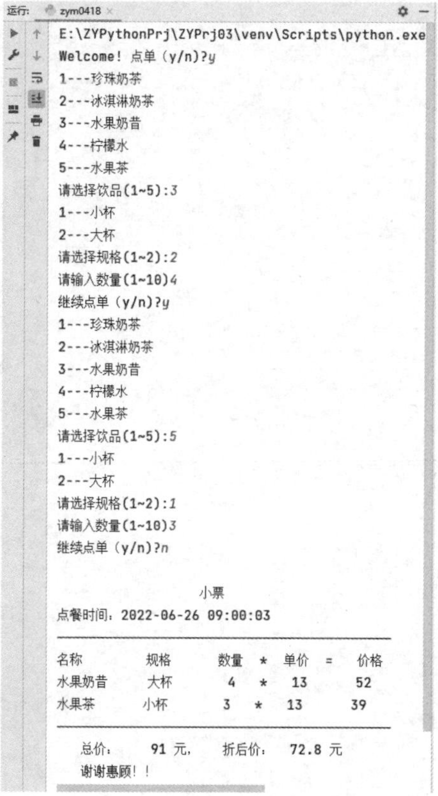

图 4-15　模块 zym0418 执行结果

程序段 4-18 的执行结果如图 4-15 所示。

在程序段 4-18 中,第 1 行"import time"装载模块 time。第 3～7 行定义表示菜单的字典 menu,其中的整数值表示单价,对应表 4-8。第 8～12 行定义表示下单情况的字典 mymenu,其中的整数值表示各个饮品的下单数量,对应表 4-9。

第 13 行"print('Welcome! 点单(y/n)?', end='')"输出是否要下单的提示信息。

第 14～38 行为一个用 while 结构实现的无限循环。第 15 行"user＝input()"输入一个字符串赋给 user,当 user 为字符"y"时,退出无限循环体(第 16、17 行),跳转到第 40 行。

第 19～21 行为一个 for 结构,输出菜单供用户选择。第 22 行"name＝int(input('请选择饮品(1～5): '))"输入选择的饮品对应的编号。第 23 行"namestr＝list(menu.keys())[name-1]"由输入的饮品编号得到对应的饮品全称字符串。

第 24～27 行为一个 for 结构,输出饮品规格。第 28 行"size＝int(input('请选择规格(1～2): '))"输入饮品规格对应的数字。第 29～35 行为一个 match 结构,将饮品规格数字转化为饮品规格字符串。

第 36 行"numb＝int(input('请输入数量(1～10)'))"输入购买的数量,赋给 numb。第 37 行"mymenu[namestr][sizestr]＝numb"更新个人点单信息,将数量 numb 保存在 mymenu 字典中。第 38 行"print('继续点单(y/n)?', end='')"输出提示信息,为下一次循环做准备。

第 40 行输出空白行。

第 41～65 行打印"小票"。第 41 行打印"小票"标题。第 42 行打印小票出票时间,这里使用了 strftime 函数。第 43、44 行输出一条分界线。对应着第 62、63 行输出的另一条分界线,两条分界线间为点单明细表。第 45 行输出小票明细表的表头,即"名称 规格 数量 ＊ 单价 ＝ 价格"。

第 46 行"s＝0"将 0 赋给 s,s 用于保存总的消费金额。

第 47~57 行为一个 for 结构,对于表示下单情况的字典 mymenu 中的每个元素 e,每次循环时:第 48 行"if mymenu[e]['小杯']!＝0:"判断当点了该饮品"小杯"时,第 49~51 行输出该饮品规格、数量、"＊"号、单价以及价格,第 52 行将该饮品的价格累加到 s 中;然后,第 53 行"if mymenu[e]['大杯']!＝0:"判断当点了该饮品"大杯"时,第 54~56 行输出该饮品规格、数量、"＊"号、单价以及价格,第 57 行将该饮品的价格累加到 s 中。

第 59 行"fun＝lambda x, y: x. get('小杯') ＊ y. get('小杯') ＋ x. get('大杯') ＊ y. get('大杯')"定义了一个 lambda 函数;第 60 行"s1＝map(fun, menu. values(), mymenu. values())"使用 map 函数将 fun 函数作用于两个可迭代对象上,得到每种饮品的花费,保存在 s1 中。第 61 行"s2＝sum(list(s1))"将 s1 转化为列表,并调用 sum 函数求和得到总的花费 s2。

注意,这里的 s2 和前述的 s 作用相同,都是保存了总的消费金额。第 59~61 行仅是提供了另一种计算消费总额的方法。

第 64 行"print(f' 总价:{s:6}元, 折后价:{s2＊0.8:6}元')"输出总价和打八折后的总价。第 65 行"print(" 谢谢惠顾!!")"输出致谢信息。

4.5 推导式与生成器

可借助 for 结构生成有规律的列表、集合或字典,其语法如下。

(1) 生成列表。

> [表达式 for 元素 in 可迭代对象 if 条件表达式]

其中,"if 条件表达式"可省略。上述语法表示生成一个列表,当"元素"在"可迭代对象"中遍历时,每个"表达式"的计算结果为列表的元素,如果带有"if 条件表达式",则仅保留那些满足"条件表达式"的元素。这个语法结构称为推导式。

(2) 生成集合。

> {表达式 for 元素 in 可迭代对象 if 条件表达式}

生成集合的方法与生成列表的推导式语法相同,但是使用花括号"{ }"。

(3) 生成字典。

> {键表达式:值表达式 for 元素 in 可迭代对象 if 条件表达式}

或

> {键表达式:值表达式 for 键元素,值元素 in 包含二元组的可迭代对象 if 条件表达式}

或

> {键表达式:值表达式 for (键元素,值元素) in 包含二元组的可迭代对象 if 条件表达式}

生成字典的推导式与生成集合的方法类似,其元素为"键表达式:值表达式",遍历用的"键元素"生成"键表达式","值元素"生成"值表达式"。

对于元组而言,同样可以使用下述语法生成元组元素:

(表达式 for 元素 in 可迭代对象 if 条件表达式)

但是,上述语句不是一次性地生成整个元组,而是将这个生成规律存储起来,每次"调用"将生成一个元素。这样的优点在于元组中的元素不占用空间。"调用"时,使用元组对象的内建方法__next__或 next 方法,因此,上述语法称为生成器。

下面的程序段 4-19 展示了推导式和生成器的用法。

程序段 4-19　文件 zym0419

```
1    if __name__ == '__main__':
2        t1 = [e ** 2 for e in range(1,10 + 1)]
3        print('t1 = ',t1)
4        t2 = [e ** 2 for e in range(1,10 + 1) if e % 2 == 0]
5        print('t2 = ',t2)
6        s1 = {e + 3 for e in range(1,10 + 1)}
7        print('s1 = ',s1)
8        s2 = {e + 3 for e in range(1,10 + 1) if 4 <= e <= 8}
9        print('s2 = ',s2)
10       d1 = {e:e ** 2 for e in range(1,10 + 1) if e % 2 == 1}
11       print('d1 = ',d1)
12       d2 = {chr(ord('a') + e1//2):e2 ** 2 for e1,e2 in
13           zip(range(1,10 + 1),range(1,10 + 1)) if e1 % 2 == 1}
14       print('d2 = ',d2)
15       tup = (e ** 2 for e in range(1,10 + 1))
16       sum = 0
17       print('The 1st element:',tup.__next__())
18       print('The 2nd element:',next(tup))
19       for k in tup:
20           sum += k
21       print('The sum of 3rd to last elements:',sum)
```

程序段 4-19 的执行结果如图 4-16 所示。

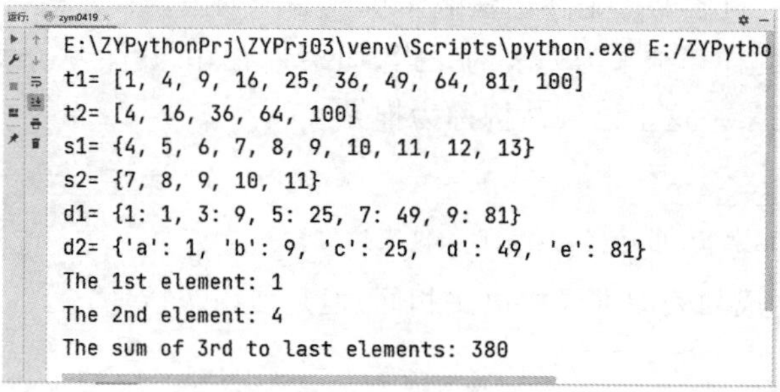

```
E:\ZYPythonPrj\ZYPrj03\venv\Scripts\python.exe E:/ZYPytho
t1= [1, 4, 9, 16, 25, 36, 49, 64, 81, 100]
t2= [4, 16, 36, 64, 100]
s1= {4, 5, 6, 7, 8, 9, 10, 11, 12, 13}
s2= {7, 8, 9, 10, 11}
d1= {1: 1, 3: 9, 5: 25, 7: 49, 9: 81}
d2= {'a': 1, 'b': 9, 'c': 25, 'd': 49, 'e': 81}
The 1st element: 1
The 2nd element: 4
The sum of 3rd to last elements: 380
```

图 4-16　模块 zym0419 执行结果

在程序段 4-19 中,第 2 行"t1＝[e ** 2 for e in range(1,10＋1)]"使用推导式生成一个列表 t1,即循环变量 e 从 1 按步长 1 增加到 10,每个 e 的平方值作为 t1 的元素;第 3 行"print('t1＝',t1)"打印列表 t1,得到"t1＝ [1, 4, 9, 16, 25, 36, 49, 64, 81, 100]"。

第 4 行"t2＝[e ** 2 for e in range(1,10＋1) if e%2＝＝0]"在第 2 行的基础上,添加了 if 结构,仅保留循环变量 e 为偶数时的平方值。第 5 行"print('t2＝',t2)"输出 t2,得到"t2＝

$[4，16，36，64，100]$”。

第 6 行“s1＝{e+3 for e in range(1,10+1)}”生成一个集合 s1,循环变量 e 从 1 按步长 1 递增到 10,每个 e 加上 3 的值作为集合的元素。第 7 行“print('s1=',s1)”打印集合 s1,得到“s1＝{4，5，6，7，8，9，10，11，12，13}”。

第 8 行“s2＝{e+3 for e in range(1,10+1) if 4<=e<=8}”在第 6 行的基础上,添加了 if 结构,保留 e 大于或等于 4 且小于或等于 8 时对应的元素。第 9 行“print('s2=',s2)”输出集合 s2,得到“s2＝{7，8，9，10，11}”。

第 10 行“d1={e：e ** 2 for e in range(1,10+1) if e%2==1}”生成一个字典,使用一个循环变量 e,当 e 由 1 按步长 1 递增到 10 时,e 与 e^2 作为一个键值对。第 11 行“print('d1=', d1)”输出字典 d1,得到“d1＝{1：1，3：9，5：25，7：49，9：81}”。

第 12、13 行“d2={chr(ord('a')+e1//2)：e2 ** 2 for e1,e2 in zip(range(1,10+1), range(1,10+1)) if e1%2==1}”为一条语句,这里的“zip(range(1,10+1),range(1,10+1))”生成一个 zip 对象,其每个元素为一个二元元组,每个元组的两个值依次来自 zip 的两个参数对象中相同位置的元素,这里是“(1,1),(2,2),…,(10,10)”。“ord('a')”返回字符 a 的 ASCII 值;“chr(x)”返回 ASCII 值为 x 的字符。第 14 行“print('d2=',d2)”输出字典 d2,得到“d2＝{'a'：1, 'b'：9, 'c'：25, 'd'：49, 'e'：81}”。

第 15 行“tup＝(e ** 2 for e in range(1,10+1))”为一个元组生成器。第 16 行“sum＝ 0”令 sum 为 0。第 17 行“print('The 1st element：',tup.__next__())”输出元组 tup 的第一个元素,这里调用元组对象的内建方法__next__得到其生成的下一个元素,由于第一次执行该方法,故得到元组的第一个元素,输出为“The 1st element：1”。第 18 行“print('The 2nd element：',next(tup))”调用 Python 的全局方法 next,输出 tup 的第二个元素。

第 19、20 行为一个 for 结构,循环变量 k 从 tup 生成器的当前位置向后遍历,即从第 3 个元素向后遍历,第 20 行将遍历到的值累加到 sum 中。第 21 行“print('The sum of 3rd to last elements：',sum)”输出 sum 的值,即输出 $3^2＋4^2＋…＋10^2$ 的值,得到“The sum of 3rd to last elements：380”。

4.6 本章小结

Python 语言具有强大的数据表示能力,第 2 章介绍了列表与字符串,本章进一步介绍了元组、集合和字典等数据类型,详细介绍了这些数据类型的定义、创建方法、基本操作及其内置方法。Python 语言是一种精简型的语言,各个数据表示方法都有其存在的必要性,Python 语言没有可被替换的数据表示方法。集合有集合的特点,元组有元组的特色,字典有字典的特殊用法,这些都是列表无法完全替代的数据类型。在实际编程时,可根据需要选择最适当的数据表示方法。

有趣的是,尽管 Python 拥有强大的数据表示能力,但科学计算的数据表示仍大都使用包 numpy。这有两方面原因:其一,Python 只有列表,但没有传统意义上的数组(其元素必须为相同类型的序列),列表涵盖了数组的功能,但是有时使用数组就足够了。其二,Python 的数据类型均为类,这些 Python 内置的数据表示的类,其内置方法相对较少,无法满足科学计算的需求,这给包 numpy 提供了生存空间。包 numpy 主要针对科学计算,并使用了"数组"这种结构,满足了科学计算对数据处理能力的要求。将在第9章讨论"数组"这种数据表示方法。

习题

1. 设计一个程序,其功能为:随机从26个小写英文字母以及0～9的数字中生成一个长度为8的无重复的字符串(注:这种字符串可用作密码)。

2. 已知两个集合分别为 s1 = {4,8,69,'apple','b'} 和 s2 = {'b', 3, 8, 12, 'pear'},试作以下集合运算:s1 & s2、s1 | s2、s1 ^ s2 和 s1-s2。

3. 已知用户的账号和密码分别为"账号:TomandJerry,密码:123456",现要求设计一个程序模拟用户登录界面,允许用户输入账号和密码进行登录验证,并提示用户是否登录成功,且只有三次登录机会,三次登录失败之后,自动退出登录界面。

4. 在程序段4-18的基础上,完善"小票"的显示效果。如图4-15所示,"小票"显示的饮品规格、数量、单价和价格等都没有与显示内容对齐,试修改显示代码,消除这个显示缺陷。

5. 在程序段4-18的基础上,将图4-15中显示的时间调整为形如"22-06-26 04:19:58 PM"的格式。

第 5 章

函数与模块

计算机程序设计的一个重要方法是"模块"化编程方法,这种程序设计方法是将实现的功能细分为基本的功能单元,这些功能单元用"函数"实现,称为"模块"。在 Python 语言中,模块有特别的含义,Python 语言的模块专用于指包含了 Python 代码的文件。在本书前面的章节中,就已经将"文件"和"模块"两种说法统一了。

在学习了 Python 语言的数据表示和基本控制语法后,就可以编写具有任意算法功能的程序了。函数的主要作用在于通过函数可以管理冗长的代码,方便程序代码的复用、阅读、调试和交流。可以将函数在模块中的作用理解为中药店铺中小抽屉的作用。Python 语言本身具有的函数,如 print 等,称为内置函数。内置函数可以直接调用,其调用形式为"内置函数名()"或"内置函数名(参数表)",例如,"print()"表示调用内置函数 print 输出一个空行;"print('Hello world!')"表示调用内置函数 print 输出提示信息"Hello world!";"s=sum([1,2,3])"表示调用内置函数 sum 计算列表[1,2,3]中全部元素的和,将其赋给 s。

本章将首先介绍 Python 语言常用的内置函数。调用内置函数的方法为内置函数名加上一对圆括号,圆括号内包括向内置函数传递的实际参数(要与内置函数定义中的(形式)参数类型和数量相匹配)。然后,介绍自定义函数和递归函数的创建与调用方法,最后介绍 Python 语言中常用的模块及包。

本章的学习重点:

(1) 了解 Python 语言常用的内置函数、程序包和模块。

(2) 掌握自定义函数的设计方法。

(3) 熟练掌握递归函数的设计方法。

(4) 学会应用复合函数进行程序设计。

5.1 常用内置函数

在 Python 语言中,调用一个函数前需要先定义该函数,或者装载该函数所在的模块(或包),也就是说,函数必须先定义后使用。调用 Python 内置函数同样遵循先定义后使用的规则,但是无须为内置函数装载包或声明,Python 语言"解释器"自动识别内置函数并完成内置函数的执行。

在 Python 官网文档中包含一个"The Python Library Reference"文档,其中"Build-in Functions"一章按字母顺序罗列了全部的内置函数,在版本 3.10.4 中共有 71 个,并详细地介绍了每个内置函数的用法。这些函数有些极不常用,例如其中的数学函数均可被模块 math 中同功能的数学函数替代,模块 math 包含的函数请参考"The Python Library Reference"的"Numeric and Mathematical Modules",使用 math 模块,需要借助"import math"装载它。

这里仅讨论最常用的 53 个内置函数(包括前述章节中介绍过的内置函数),如表 5-1 所示。

表 5-1 常用 Python 内置函数

序 号	函 数 名	含 义	典型用法
1	abs	求整数或浮点数的绝对值或求复数的模	abs(−4+3j)返回 5.0
2	all	全称谓词,当其参数全为真时,返回真;否则返回假	all((3,0,1))返回 False; all(['a', 3,7])返回 True;参数为空列表或空元组时,返回真
3	any	存在谓词,当其参数全为假时,返回假;否则返回真	any((3,0,1))返回真;any 参数为空列表或空元组时返回假
4	bin	求一个整数的二进制字符串	bin(−35)返回−0b100011
5	bool	返回逻辑值真或假:非零参数返回真;0 或空返回假	bool('a')返回 True; bool()返回 False
6	chr	将整数(作为 Unicode 码)转化为字符	chr(65)返回"A"
7	@classmethod	声明其后的方法为类方法(使用类名调用的方法,而不是对象调用的方法),类方法又称静态方法,对象调用的方法属于动态方法(因为对象创建后,才创建对象调用的方法)	class myMath: @classmethod def max(cls,a,b): return a if a>b else b 调用时: myMath. max(3,5)返回 5
8	complex	返回复数	complex(3,5)返回 3+5j,也可以直接输入 3+5j(注意,只能用 j)
9	delattr	删除对象的属性	delattr(obj,'x')相当于 del obj. x,这里 obj 为对象,x 为 obj 对象的属性(类相关内容见第 6 章)
10	dict	生成字典	见 4.3 节
11	dir	无参数时,返回局部标签列表;对象名或类名为参数时,返回对象或类的方法列表	dir(list)返回列表的内置方法
12	divmod	divmod(a,b)得到元组(a//b,a % b)	divmod(33,9)得到(3,6)
13	enumerate	enumerate(迭代器对象,start=0),start 为枚举起始值,返回一个枚举对象	enumerate(['a','b','c','d'],start =3)返回一个枚举对象,转化为列表为:[(3, 'a'), (4, 'b'), (5, 'c'), (6, 'd')]
14	eval	执行字符串表达式	x=3 y=eval('pow(x,2)') #得到 y=9

续表

序　号	函 数 名	含　　义	典 型 用 法
15	filter	filter(谓词函数,迭代器)返回由使"谓词函数"为真的"迭代器"中的元素组成的新迭代器	filter(lambda x: x ％ 2 ＝＝ 0, range(1, 10＋1))转化为列表为[2, 4, 6, 8, 10]
16	float	将整数或字符串转化为浮点数,这里的"字符串"只能为数字 0～9,可以带有前导的正、负号	float('－5.1')返回浮点数－5.1
17	format	格式化字符串	见 2.5 节
18	getattr	getattr(obj, 'x')返回对象 obj 的属性 x 的值	类相关内容见第 6 章
19	globals	返回包含当前所有全局变量的字典	
20	hasattr	hasattr(obj, 'x')判断对象 obj 是否具有属性 x	见第 6 章
21	hex	返回一个整数的十六进制字符串	hex(185)得到字符串"0xb9"
22	id	id(x)获取 x 的内存地址	
23	input	标准输入函数	见 2.1 节
24	int	将数值或字符串转化为整数	int(－3.4)返回－3 int('0xF2',16)返回 242
25	isinstance	isinstance(obj,类型)判断对象 obj 是否为该"类型",若是,返回 True;否则,返回 False	isinstance(3,int)返回 True
26	issubclass	issubclass(sclass, pclass)判断 sclass 是否为 pclass 的子类,若是,返回 True;否则,返回 False	

27	iter	创建一个迭代器对象,具有两个参数,第 2 个参数为可选参数。若无第 2 个参数,第 1 个参数应为可迭代对象;若有第 2 个参数,第 1 个参数还需要具有 next 方法,如果遍历第 1 个参数遇到等于第 2 个参数的对象时,触发 StopIteration 异常(停止迭代)	```python
			class A:
			    def __init__(self,a):
			        self.x＝a
			        self.idx＝0
			    def __next__(self):
			        cur ＝self.x[self.idx]
			        self.idx＋＝1
			        return cur
			    def __call__(self, * args, ** kwargs):
			        return self.__next__()
			if __name__＝＝'__main__':
			    o＝A([1,2,3,4,5,6,7])
			    for e in iter(o,5):
			        print(e,end＝' ')
			``
			将输出"1 2 3 4"(类的内容见第 6 章)

28	len	返回对象的元素个数	len((3,4,5))得到3
29	list	列表函数	见 2.4 节
30	locals	返回包含当前局部变量的字典	

续表

序　号	函　数　名	含　　义	典　型　用　法
31	map	映射函数 map(函数,迭代器对象),将函数作用于迭代器对象的每个元素上	map(lambda x,y:x+y,[1,2,3],[4,5,6])返回结果转化为列表为[5,7,9]
32	max	返回可迭代器对象中的最大值元素	max([3,11,10,7])返回 11
33	min	返回可迭代器对象中的最小值元素	max([3,11,10,7])返回 3
34	next	next(迭代器)返回"迭代器"的当前元素,当"迭代器"遍历完后,继续调用 next 将触发 StopIteration 异常;next(迭代器,def)与"next(迭代器)"含义相同,但是当"迭代器"遍历完后,继续调用 next 将输出"def"而不触发 StopIteration 异常	it=iter([4,5,6]) print(next(it,5)) print(next(it,5)) print(next(it,5)) print(next(it,5)) 上述将输出: 4　♯第一次调用 next 输出值 5　♯第二次调用 next 输出值 6　♯第三次调用 next 输出值 5　♯迭代器已遍历完后的输出值
35	open	创建文件对象	见第 7 章
36	ord	ord(字符)返回"字符"的 Unicode 码,为函数 chr 的反作用函数	ord('a')返回 97
37	pow	pow(x,y)返回 x^y;pow(x,y,z)返回 x^y% z	pow(5,2,7)得到 4
38	print	标准输出函数	见 2.1 节

39	property	用于指定类的 set 方法、get 方法、del方法(删除属性)和 doc 方法(属性说明)
		或使用如下形式:
		class A:
		　　def __init__(self):
		　　　　self.x=0
		　　@property
		　　def xp(self):
		　　　　return self.x
		　　@xp.setter
		　　def xp(self,v):
		　　　　self.x=v
		　　@xp.deleter
		　　def xp(self):
		　　　　del self.x
		if __name__=='__main__':
		　　a=A()
		　　a.xp=3
			class A:
			　　def __init__(self):
			　　　　self.x=0
			　　def getX(self):
			　　　　return self.x
			　　def setX(self,v):
			　　　　self.x=v
			　　def delX(self):
			　　　　del self.x
			　　xp = property (getX, setX,delX,"x's property.")
			if __name__=='__main__':
			　　a=A()
			　　a.xp=3
			上述 a.xp=3 将自动执行 setX 方法,设置对象 a 的 x 为 3(好处在于保护了内部的 x),而读 a.xp 将调用 getX 方法,del a.xp 将执行 delX方法(类的内容见第 6 章)

40	range	range(i,j,k)生成一个整数序列,从 i至 j-1,步长为 k。i 可省略,默认为0;k 可省略,默认为 1	list(range(5))返回[0,1,2,3,4]

续表

序　号	函 数 名	含　　义	典 型 用 法
41	reversed	reversed(对象)将可迭代的对象逆序排列	list(reversed([3,5,8,2]))返回[2, 8, 5, 3]
42	round	四舍五入函数。round(数值)返回与"数值"最近的整数；round(数值,n)返回与"数值"最近的保留 n 位小数的数值	round(3.8756,2)返回 3.88
43	setattr	setattr(obj, 'x',v)将对象 obj 的属性 x 设置为 v(x 必须为对象 obj 的属性)	setattr(obj, 'x',3)等价于 obj. x＝3,这里 obj 为对象。这里承接第 39 号的表格,例如：setattr(a,'xp',5)等价于 a. xp＝5
44	set	集合函数	见 4.2 节
45	slice	slice(a,b,c)等价于 a：b：c(注：从 a 按步长 c 递增到 b－1)	
46	sorted	对可迭代对象排序,具有关键字参数 reverse, reverse ＝ True 表示降序排列；reverse＝False 为默认值,表示升序排列	sorted([8,3,11,4,12,9], reverse ＝True)返回[12, 11, 9, 8, 4, 3]
47	@staticmethod	指示创建静态方法注意：与@classmethod 的区别	class myMath：　@ staticmethod　def max(a,b)：　　return a if a＞b else b 调用时：myMath. max(3,5)返回 5
48	str	字符串函数	见 2.5 节
49	sum	sum(obj, start＝0)对对象求和,关键字参数 start＝0 可省略,表示从索引 0 开始累加	sum(range(0,10＋1),start＝3)返回 58
50	super	类的子类中使用,用于指代父类对象	类相关内容见第 6 章
51	tuple	元组函数	见 4.1 节
52	type	type(obj)返回对象 obj 的类型	
53	zip	zip(obj1,obj2,…,objn)为多个具有相同长度的对象建立相同位置的元素间的关联,结果为 zip 对象,其中的每个元素以元组形式存在	a＝zip([1,3,5],[2,4,6],[13,15,17])for e in a：　print(e)上述代码得到：(1, 2, 13)(3, 4, 15)(5, 6, 17)

表 5-1 中列举的 Python 语言内置函数必须熟练掌握,有些内置函数将在第 6、7 章进一步介绍。这个表需要花大量时间反复阅读记忆和上机实验。

下面程序段 5-1 使用了表 5-1 中的几个内置函数,以实现列表的排序和求和操作,并展示 Python 内置函数可以直接调用的特点。

程序段 5-1　Python 内置函数直接调用演示实例

```
1    if_name_ == '__main__':
2    a = [6,4,9,10,13,2,8,5]
3    b = sorted(a)
4    print(f'Original:{a}')
5    print(f'Sorted:{b}')
6    c = reversed(b)
7    print(f'Reversed:{list(c)}')
8    print(f'Length of a:{len(a)}')
9    d = list(zip(a,b))
10   print(f'List of zip(a,b):\n{d}')
11   u = list(map(lambda x:sum(x),d))
12   print(f'Sum of each tuple:{u}')
```

在程序段 5-1 中,使用的内置函数有 list、sorted、print、format(隐式)、reversed、len、zip、map、sum 等内置函数。

第 2 行"a＝[6,4,9,10,13,2,8,5];"定义列表 a。第 3 行"b＝sorted(a)"将列表 a 按升序排列。第 4 行"print(f'Original:{a}')"输出列表 a。第 5 行"print(f'Sorted:{b}')"输出排序后的列表 b。第 6 行"c＝reversed(b)"将列表 b 逆序排列,返回一个迭代器对象,赋给 c。第 7 行"print(f'Reversed:{list(c)}')"输出 c。第 8 行"print(f'Length of a:{len(a)}')"输出列表 a 的长度。

第 9 行"d＝list(zip(a,b))"调用 zip 函数建立列表 a 与 b 的关联,即将 a 和 b 同位置的元素组合成一个元组,并将得到的迭代器对象转化为列表,赋给 d。

第 10 行"print(f'List of zip(a,b):\n{d}')"输出列表 d,这里"\n"表示换行符。第 11 行"u＝list(map(lambda x:sum(x),d))"调用 map 函数将 lambda 函数映射到列表 d 的每个元素(这里为元组)上,计算每个元素(即元组中的所有元素)的和,计算结果组成列表 u。第 12 行"print(f'Sum of each tuple:{u}')"输出列表 u。

程序段 5-1 的执行结果如图 5-1 所示。

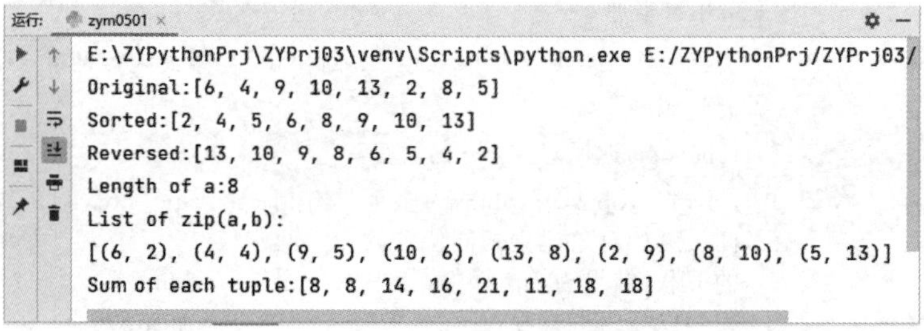

```
运行  zym0501 ×                                           ✿ —
E:\ZYPythonPrj\ZYPrj03\venv\Scripts\python.exe E:/ZYPythonPrj/ZYPrj03/
Original:[6, 4, 9, 10, 13, 2, 8, 5]
Sorted:[2, 4, 5, 6, 8, 9, 10, 13]
Reversed:[13, 10, 9, 8, 6, 5, 4, 2]
Length of a:8
List of zip(a,b):
[(6, 2), (4, 4), (9, 5), (10, 6), (13, 8), (2, 9), (8, 10), (5, 13)]
Sum of each tuple:[8, 8, 14, 16, 21, 11, 18, 18]
```

图 5-1　模块 zym0501 执行结果

5.2　自定义函数

内置函数主要实现通用数据处理功能或数学计算等,类似于其他计算机语言,Python 语言也提供了自定义函数。自定义函数在以下三方面具有内置函数不可替代的作用。

(1) 即使使用内置函数或引用包或模块中的函数可以实现所需要的功能,也需要自定义函数"包装"这些代码以增强程序的可读性。

（2）在实际问题中总有一些专用的任务，需要手动编写自定义函数以解决这类问题。

（3）Python语言程序文件（或模块）的标准结构是这样的：

```
自定义类1
… …
自定义类m
自定义函数1
… …
自定义函数n
if __name__ == '__main__':
    语句1
    … …
    语句k
```

尽管可以直接在文件书写语句，但实际上Python语言程序具有上述的标准结构，即在"if __name__=='__main__':"上面只应定义"自定义类"和"自定义函数"，而在"if __name__==='__main__':"内部（即其下面）才可写执行语句。可见，自定义函数几乎会出现在每一个Python程序中，用于将实现基本功能单位的代码组织在一起，以增强程序代码的可读性。

5.2.1　函数定义与调用

本书函数名的命名规则为全部使用小写英文字母和数字且以"my"开头，这是为了避免与Python语言的内置函数同名。在第6章介绍类时，将使用首字母大写的方式命名类名，也是为了避免与Python语言的内置类同名。

下面程序段5-2定义了三个简单的自定义函数，用来说明函数的定义与调用方法。

程序段5-2　简单函数定义与调用实例

视频讲解

```
1    def myf():
2        print("Welcome.")
3    def myprint(s):
4        print(f'Output: {s}')
5    def mysum(a,b):
6        return a + b
7    if __name__ == '__main__':
8        myf()
9        myprint('Hello world.')
10       a = mysum(3,5)
11       myprint(a)
```

程序段5-2的执行结果如图5-2所示。

在程序段5-2中定义了三个函数，其一为无参数无返回值的函数myf；其二为带有一个参数但无返回值的函数myprint；其三为有参数有返回值的函数mysum。

定义函数头的语法为："def　函数名（参数列表）"，函数头下所有缩进的语句均属于该函数。参数列表可以为空，也可以为多个参数，定义函数头时的参数称为形式参数，简称形参；调用函数时传递给形参的参数值，称为实际参数，简称实参。函数的返回值借助return语句实现。函数的标准形式如下：

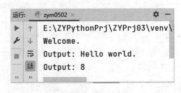

图5-2　模块zym0502执行结果

```
def 函数名(形式参数):
    语句 1
    ……
    语句 n
    return 表达式
```

回到程序段 5-2 中,第 1、2 行定义了一个无参数无返回值的函数 myf。第 1 行"def myf():"为函数头,用关键字"def"开头(def 是"define"的缩写,表示"定义"),不管函数有没有参数,函数名后的括号不能少,括号"()"是函数的特征,后面跟上":"号。函数 myf 只有一条语句,即第 2 行"print("Welcome. ")",输出"Welcome. "。

在第 8 行"myf()"调用了函数 myf,调用函数时,即使函数没有参数,圆括号"()"也不能省略。这是无参数无返回值类型的函数的调用方法,即使用形如"函数名()"的形式调用。

在程序段 5-2 中,第 3、4 行定义了一个带有一个参数且无返回值的函数 myprint。第 3 行"def myprint(s):"定义函数头,对比第 1 行的函数 myf 的定义,这里在圆括号内部加入了参数 s。函数 myprint 只有一条语句,即第 4 行"print(f'Output：{s}')"输出参数 s 的值。

第 9 行"myprint('Hello world. ')"调用自定义函数 myprint 输出"Output：Hello world. "。这是带参数无返回值类型的函数的调用方法,即使用形如"函数名(实参)"的形式调用。

回到第 5、6 行,这里定义了一个带有两个参数和具有返回值的函数 mysum。

第 5 行"def mysum(a,b):"定义函数头,函数名为"mysum",具有两个形式参数 a 和 b。该函数只有一条语句,即第 6 行"return a+b"返回 a 与 b 的和。

第 10 行"a=mysum(3,5)"调用 mysum,并将返回值赋给 a,这里的 a 与第 5、6 行的 a 无关。第 5、6 行的 a 的作用范围(称为作用域)是第 5、6 行的函数 mysum,可以视其为 mysum 的局部变量。第 10 行的 a 的作用域为第 10 行(定义开始)及其后续语句。

第 11 行"myprint(a)"调用 myprint 自定义函数输出 a,得到"Output：8"。

下面的程序段 5-3 实现了一元二次方程求根运算。

程序段 5-3　文件 zym0503

视频讲解

```
1     import math
2     def mysqrt(a):
3         if a < 0:
4             return math. sqrt( - a) * 1j
5         else:
6             return math. sqrt(a)
7     def myequ(a,b,c):
8         if abs(a)< 10e - 8:
9             print('Not a quadratic equation. ')
10            x1 = 0
11            x2 = 0
12        else:
13            t = mysqrt(b ** 2 - 4 * a * c)
14            x1 = ( - b + t)/(2 * a)
15            x2 = ( - b - t)/(2 * a)
16        return (x1,x2)
17    if __name__ == '__main__':
18        (a,b,c) = (3, - 4,2)
19        so = myequ(a,b,c)
```

20   print(f'Solution of {a}x^2{b: +}x{c: +}:\n(x1,x2) = ({so[0]:.4f},{so[1]:.4f})')

在程序段 5-3 中,第 1 行"import math"装载模块 math,为第 4、6 两行的 sqrt 提供函数定义。

第 2~6 行为自定义函数 mysqrt,具有一个参数 a,返回这个参数的平方根。

第 7~16 行为自定义函数 myequ,具有三个参数 a、b 和 c,表示一元二次方程 $ax^2 + bx + c = 0$ 的系数。第 8 行"if abs(a)<10e−8:"当 a 非常小时,认为其为 0,则第 9 行"print('Not a quadratic equation. ')"输出非一元二次方程提示信息,并将 x1 和 x2 均赋为 0。否则(第 12 行"else:"),第 13 行"t = mysqrt(b ** 2 − 4 * a * c)"调用自定义函数 mysqrt 计算 $\sqrt{b^2 - 4ac}$,赋给 t。第 14 行"x1 = (−b+t)/(2 * a)"计算第一个根 x1 的值;第 15 行"x2 = (−b−t)/(2 * a)"计算第二个根 x2 的值。第 16 行"return (x1,x2)"输出两个根。

第 18 行"(a,b,c) = (3,−4,2)"为 a、b 和 c 设定值。第 19 行"so = myequ(a,b,c)"调用自定义函数 myequ 计算方程的根,赋给 so。第 20 行"print(f'Solution of {a}x^2{b: +}x{c: +}:\n(x1,x2) = ({so[0]:.4f},{so[1]:.4f})')"输出方程的两个根。

程序段 5-3 的执行结果如图 5-3 所示。

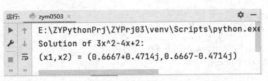

图 5-3 模块 zym0503 执行结果

由程序段 5-3 可得如下三条结论。

(1) 自定义函数可以嵌套调用其他的自定义函数(或其本身)。当一个函数直接或间接调用其本身时,称为递归调用函数,见 5.3 节。

(2) 每个"变量"(或"标签")都有作用域和生存期两类特征。作用域是指该"标签"可以被访问的范围,例如,第 2 行的"a"的作用域为第 2~6 行的函数 mysqrt;而第 7 行的"a"的作用域为第 7~16 行的函数 myequ。这类"标签"可以称为局部标签,上述的两个"a"因其作用域不同,故互不影响。生存期是指从标签产生(在内存中建立"地位")直到标签消失(从内存中"清除")的生命期。函数中的局部标签的生存期一般为创建该标签至函数结束运行的这段时间,Python 语言内建了内存管理机制,可以不用考虑标签的生存期。

(3) 函数的返回值可以借助元组等数据结构返回多个值。在 Python 中没有 C++ 语言的"指针"和"引用",也无法借助参数返回值,但是可以借助元组、列表和字典等返回函数内部任意数量的计算结果。

此外,学过 C++ 语言的读者都知道 C++ 语言中有"函数重载"的定义,即函数名相同、函数参数个数不同或函数参数类型不同的多个函数可以并存在程序中,这种现象称为"函数重载"。在 Python 语言中没有这种函数重载的现象,因为 Python 没有"变量"的概念,函数的形式参数也是"标签",每个形式参数"标签"在函数被用时,才由实际参数给它们赋值,那时才创建这些"标签"(并确定下各个"标签"的类型),所以无法借助"标签"实现函数的重载。

5.2.2 可变参数函数

函数可以有 0 个或多个参数,在调用函数时,实际参数的个数要与形式参数的个数相同。但有两种情况,实际参数的个数可以与形式参数的个数不同,即带默认参数的情况和不定长参数的情况。

下面首先介绍默认参数的情况。程序段 5-4 是两个数的求和函数,带有三个参数,其中一个参数具有默认值。

视频讲解

程序段 5-4　参数带默认值的程序实例

```
1    def mysum(a, b = 0, c = True):
2        if c:
3            d = a + b
4        else:
5            d = abs(a) + abs(b)
6        return d
7    if __name__ == '__main__':
8        (a, b) = (3, - 5)
9        u1 = mysum(a, b)
10       print(f'u1 = {u1}')
11       u2 = mysum(a, b, False)
12       print(f'u2 = {u2}')
13       u3 = mysum(c = True, a = - 3)
14       print(f'u3 = {u3}')
15       u4 = mysum(c = False, b = 12, a = - 3)
16       print(f'u4 = {u4}')
```

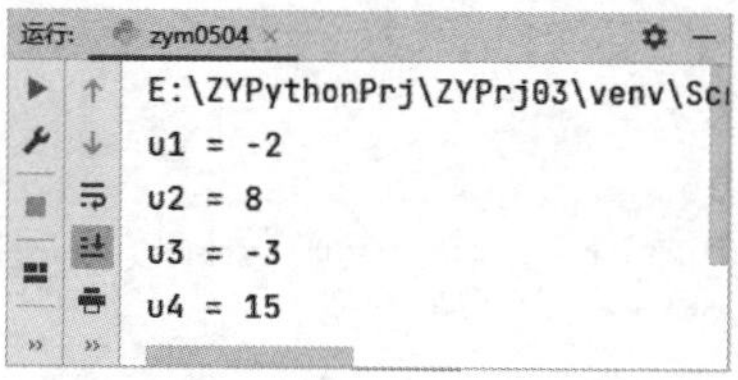

运行: zym0504 ×

E:\ZYPythonPrj\ZYPrj03\venv\Sc

u1 = -2
u2 = 8
u3 = -3
u4 = 15

图 5-4　模块 zym0504 执行结果

程序段 5-4 的输出结果如图 5-4 所示。

在程序段 5-4 中,第 1～6 行定义了函数 mysum,该函数具有三个参数,其中,参数 a 为普通参数;参数 b 设定了默认值 0,用"b=0"表示;参数 c 设定了默认值 True,用"c=True"表示。

注意,设定了默认值的参数必须位于没有设定默认值的普通参数的右边。例如,在第 1 行中,如果给参数 a 设定了默认值,而参数 b 没有设默认值,那这种做法就是错误的。设定了默认值的参数,在调用函数时可以不为这些参数指定实参,此时将使用这些参数的默认值。

例如,在第 9 行"u1=mysum(a,b)"调用 mysum 时,省略了参数 c,此时参数 c 将使用默认值 True。第 13 行"u3=mysum(c=True,a=-3)"调用 mysum 时,省略了参数 b,此时 b 将使用默认值 0。

回到程序段 5-4 第 1～6 行的函数 mysum。

第 2～6 行为函数 mysum 的函数体。第 2 行"if c:"判断如果 c 为真,则执行第 3 行"d=a+b"计算 a 与 b 的和,赋给 d;否则(第 4 行),第 5 行"d=abs(a)+abs(b)"计算 a 的绝对值与 b 的绝对值的和,赋给 d。第 6 行"return d"返回 d。

第 8 行"(a,b)=(3,-5)"将 3 赋给 a,将-5 赋给 b。第 9 行"u1=mysum(a,b)"调用自定义函数 mysum 将实参 a 赋给形参 a,将实参 b 赋给形参 b。第 10 行"print(f'u1 = {u1}')"输出 u1。

第 11 行"u2=mysum(a,b,False)"调用自定义函数 mysum,按实参与形参的位置对应关系,将实参 a 赋给形参 a,将实参 b 赋给形参 b,将 False 赋给形参 c。第 12 行"print(f'u2 = {u2}')"输出 u2。

第13行"u3＝mysum(c＝True,a＝－3)"调用自定义函数 mysum,这里的参数表中使用了形如"形参名＝"的形式,这种形式称为关键字参数。关键字参数根据形参名将实参赋给形参,无须关心形参与实参的位置对应关系。这里,参数 b 使用默认值 0。第14行"print(f'u3 ＝ {u3}')"输出 u3。

第15行"u4 ＝ mysum(c＝False,b＝12, a＝－3)"借助关键字参数将实参赋给形参的方法调用自定义函数 mysum。第16行"print(f'u4 ＝ {u4}')"输出 u4。

由程序段 5-4,可以得出以下结论。

(1) 默认值参数只能在非默认值参数的右边,即默认值参数的右边不能出现非默认值参数。默认值参数可以有多个,甚至可以将全部参数设为默认值参数。在调用函数时,如果不指定默认值参数,将使用默认值参数定义时的默认值。

(2) 在调用函数时,不指定参数名(即不指定"参数名＝"这种形式)时,实参和形参是靠位置对应关系进行传递的,即处于第 n 个位置的实参将传递给第 n 个位置的形参。例如,mysum(3,－5)将 3 传递给 a,将－5 传递给 b。

(3) 在给定关键字参数时,关键字参数前的参数仍然靠位置对应关系传递,关键字参数之后的参数必须均为关键字参数。例如,"mysum(－3,c＝True)"将－3 传递给 a,关键字参数"c＝True"将 True 传递给 c,参数 b 使用默认参数 0；调用形式"mysum(－3,b＝12,False)"是错误的,由于"b＝12"是关键字参数,后面的"True"是普通参数,故是错误的,关键字参数后面的参数必须全用关键字参数；"mysum(－3,8,c＝False)"这里关键字参数"c＝False"前面的两个实参按位置对应关系传递给形参,故－3 传递给 a,8 传递给 b。

(4) 在给定关键字参数时,关键字参数不受参数位置的限制,但是关键字参数出现后的后续参数必须均为关键字参数。例如,"mysum(c＝False,b＝12,a＝－3)"是正确的,依靠关键字参数将 False 传递给形参 c,将 12 传递给形参 b、将－3 传递给形参 a；"mysum(－3,c＝True,b＝12)"这里的关键字参数"c＝True"前的参数仍然靠位置对应关系进行参数传递,即－3 传递给形参 a,而根据关键字参数(而不是位置对应关系)将 True 传递给形参 c、将 12 传递给形参 b。

注意：上述实例中,关键字参数不是必须使用的,但是在特殊情况(即下文的不定长参数情况)下,关键字参数是必须使用的。

现在,介绍第二种实参与形参个数不同的情况,即不定长参数情况。此时,实参的个数可以为任意多个,例如,内置函数 print 可以具有可变长度的参数。

与函数通过元组等可以返回多个值相似,可以通过元组或字典向函数传递多个值。在不定长参数的情况下,使用"＊形式参数名"作为参数可将输入的多个参数"打包"为一个元组,使用"＊＊形式参数名"作为参数可将输入的多个参数"打包"为一个字典。这样,使用不定义长参数的函数头的语法为：

```
def 函数名(普通参数表 1, ＊ 可变长参数,普通参数表 2)
def 函数名(普通参数表 1, ＊＊ 可变长参数)
```

在上述语法中,"普通参数表 1"根据需要可有可无。但是如果设定了"普通参数表 2",在调用函数时必须使用关键字参数,否则给定的参数将被"＊可变长参数""吞吃",即被认为是可变长参数的一部分。在"def　函数名(普通参数表 1, ＊＊ 可变长参数)"中"可变长参数"后不能再有任何参数。

程序段 5-5 展示了可变长参数的设计方法。

程序段 5-5　文件 zym0505

视频讲解

```
1    def mysum1( * n):
2        print('n = ',n)
3        print('The numbers:')
4        for e in n:
5            print(e,end = ' ')
6        print()
7        print('have sum:',end = '')
8        print(sum(n))
9    def mysum2(a, * n,b):
10       if b:
11           c = sum(n)
12       else:
13           c = a * sum(n)
14       return c
15   def mysum3(h, ** n):
16       print('n = ',n)
17       s = 0
18       for e in n.values():
19           if h:
20               s += e
21           else:
22               s += 2 * e
23       return s
24   if __name__ == '__main__':
25       mysum1(1,2,3,4,5,6,7,8,9,10)
26       c1 = mysum2(2,1,2,3,4,5,6,7,8,9,10,b = False)
27       print(f'c1 = {c1}')
28       c2 = mysum2(2, * (1,2,3,4,5,6,7,8,9,10),b = False)
29       print(f'c2 = {c2}')
30       c3 = mysum3(False,a = 1,b = 2,c = 3,d = 4)
31       print(f'c3 = {c3}')
32       c4 = mysum3(False, ** {'a':1,'b':2,'c':3,'d':4})
33       print(f'c4 = {c4}')
```

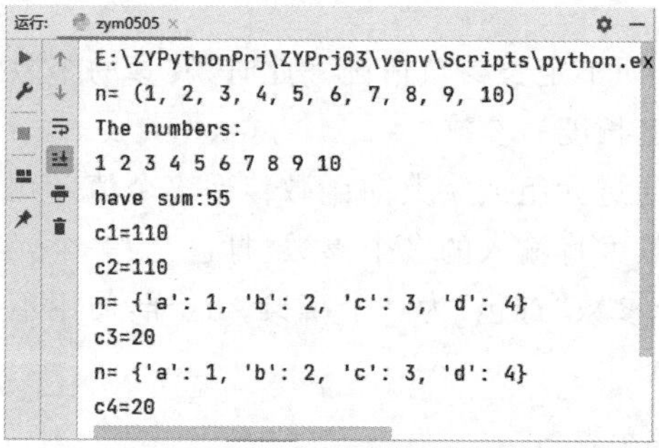

运行: zym0505 ×
E:\ZYPythonPrj\ZYPrj03\venv\Scripts\python.ex
n= (1, 2, 3, 4, 5, 6, 7, 8, 9, 10)
The numbers:
1 2 3 4 5 6 7 8 9 10
have sum:55
c1=110
c2=110
n= {'a': 1, 'b': 2, 'c': 3, 'd': 4}
c3=20
n= {'a': 1, 'b': 2, 'c': 3, 'd': 4}
c4=20

图 5-5　模块 zym0505 执行结果

程序段 5-5 的执行结果如图 5-5 所示。

在程序段 5-5 中,第 1~8 行定义了函数 mysum1,具有一个可变长参数" * n"。第 2 行 "print('n = ',n)"输出 n,结合第 25 行和图 5-5 可知,参数 n 是输入的实参"打包"成的元组,即 "n= (1,2,3,4,5,6,7,8,9,10)"。第 3 行 "print('The numbers:')"输出提示信息。第 4、5 行为一个 for 结构,输出(元组)n 中的所有元素,即输出全部的实参。第 6 行"print()"输出空行。第 7 行"print('have sum:',end = '')"输出提示信息"have sum:",第 8 行"print(sum(n))"输出(元组)n 中全部元素的和。

第 9~14 行定义了函数 mysum2,包括一个普通参数 a、可变长参数 n 和一个普通参数 b。第 10~13 行为一个 if-else 结构,如果 b 为真,则第 11 行"c=sum(n)"计算(元组)n 的全部元素的和,赋给 c;否则,第 13 行"c=a∗sum(n)"计算(元组)n 的全部元素的和,并乘以 a 后赋给 c。第 14 行"return c"返回 c。注意,在调用函数 mysum2 时,参数 b 必须使用关键字参数调用,即用形如"b=True"的形式调用。

第 15～23 行定义了函数 mysum3,包括一个普通参数 h 和可变长参数 n,这里的"∗∗n"将输入的实参"打包"成字典,"∗∗n"后面不能再有任何形式参数。第 16 行"print('n=',n)"输出字典形式的 n,结合图 5-5 和第 30 行,将输出"n= {'a': 1, 'b': 2, 'c': 3, 'd': 4}"。第 17 行"s=0"将 0 赋给 s。第 18～22 行为一个 for 结构,如果 h 为真,则第 20 行"s+=e"将字典 n 中各个元素的值累加到 s 中;如果 h 为假,则第 22 行"s+=2∗e"将字典 n 中各个元素的值的 2 倍累加到 s 中。第 23 行"return s"返回 s。

第 25 行"mysum1(1,2,3,4,5,6,7,8,9,10)"调用函数 mysum1,这里将 10 个参数传递给函数 mysum1 的形参"∗n"。第 26 行"c1=mysum2(2,1,2,3,4,5,6,7,8,9,10,b=False)"将 2 传递给形参 a;将"1,2,3,4,5,6,7,8,9,10"传递给形参"∗n",此后,n 为元组(1,2,3,4,5,6,7,8,9,10);借助关键字参数将"False"传递给形参 b。也可以将这些参数"1,2,3,4,5,6,7,8,9,10"用元组来表示,如第 28 行"c2=mysum2(2,∗(1,2,3,4,5,6,7,8,9,10),b=False)"所示,这里,是将"∗(1,2,3,4,5,6,7,8,9,10)"传递给"∗n",第 28 行等价于第 26 行。注意,这里的"b=False"只能用关键字参数,不能直接写成"False"。

第 30 行"c3=mysum3(False,a=1,b=2,c=3,d=4)"调用函数 mysum3,将 False 传递给形参 h,将"a=1,b=2,c=3,d=4"传递给形参"∗∗n",此后,n 为字典"n= {'a': 1, 'b': 2, 'c': 3, 'd': 4}"。也可以直接用字典作为参数,如第 32 行"c4=mysum3(False,∗∗{'a': 1,'b': 2,'c': 3,'d': 4})"所示,这里,将"∗∗{'a': 1,'b': 2,'c': 3,'d': 4}"传递给"∗∗n",即 n 为字典"{'a': 1, 'b': 2, 'c': 3, 'd': 4}"。

最后,除了借助形如"∗n"和"∗∗n"的形参实现函数可变参数输入外,还可以通过列表的形式实现函数可变输入数据(这种情况下,参数个数不变),如程序段 5-6 所示。

程序段 5-6 列表作为函数参数

视频讲解

```
1    def mysum(v):
2        n = len(v)
3        s = 0
4        for e in v:
5            s += e ** 2
6        return s
7    if __name__ == '__main__':
8        v1 = [1,2,3,4,5,6,7,8,9]
9        s1 = mysum(v1)
10       print(f'v1 = {v1}')
11       print(f's1 = {s1}')
12       v1.append(10)
13       s2 = mysum(v1)
14       print(f'v1 = {v1}')
15       print(f's2 = {s2}')
```

在程序段 5-6 中,第 1～6 行定义了函数 mysum,有一个参数 v(视为列表),该函数计算列表中全部元素的平方和。在第 8 行中"v1=[1,2,3,4,5,6,7,8,9]",第 9 行"s1=mysum(v1)"调用 mysum 计算 v1 中全部元素的平方和;然后,第 12 行"v1.append(10)"在 v1 中添加元素 10,第 13 行"s2=mysum(v1)"计算 v1 中全部元素的平方和。对比第 9 行,这里实际是多处理了一个元素 10。表面上实参和形参的形式统一,但实际上,输入的数据个数是可变的。因此借助列表等数据结构作为函数参数,实际上可以实现输入的数据个数可变的函数。

程序段 5-6 的执行结果如图 5-6 所示。

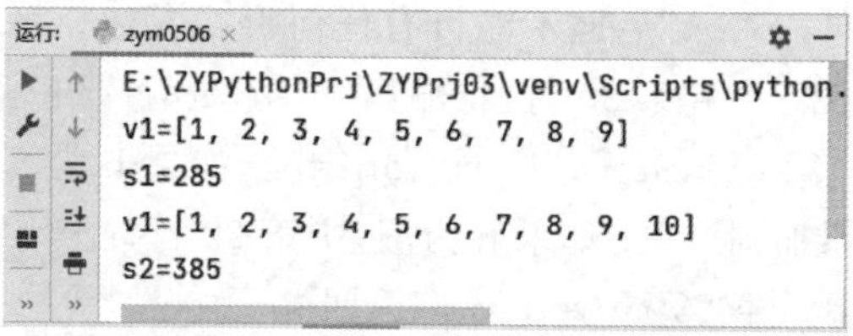

图 5-6   模块 zym0506 执行结果

可以用类似于程序段 5-6 的方法,借助元组和字典实现函数的可变输入数据(这种情况下,函数的参数个数不变,只是参数中的数据个数可变)。

5.2.3   函数返回值与变量作用域

函数的三个要素为函数名、输入参数和返回值。函数内部的处理过程就是普通的语句和算法。在前述内容中,已经体现了函数返回值的实现方法。这里再次强调,借助列表、元组和字典等可以实现函数返回多个数值。结合 5.2.2 节可知,借助元组、字典和列表,可以实现函数的可变参数(或可变数据)输入和多数据返回。

本节将表示数据的"标签"称为"变量",变量有两个需要关心的特征,即作用域和生存期,前述 5.2.1 节也已经讨论过。这里再进一步讨论变量的作用域,主要有以下规律。

(1) 形参变量的作用域为函数本身,也就是说形参只在函数内部是可见的,可以使用,在其他地方不可使用。例如:

```
def mysqr(a):
    return a ** 2
```

这里的"a"的作用域为 mysqr 函数本身。

(2) Python 程序按照缩进关系确定程序段间的归属关系,在上一层次定义的变量,可以在本层或其下层次中的语句中使用,即上一层的变量在本层和其低级的层次中是可见的。但是,其低级中定义的同名变量,将"覆盖"上一层级的同名变量的可见性,即低级中有与上一级同名的变量,在这一低范围的语句中优先使用。

例如:

```
a = 3
b = 5
def mysum(x, y):
    a = 10
    z = a + b + x + y
    return z
print(mysum(11, 12))
```

这里,在 mysum 内部的 a 为局部变量,而外部的"a=3"可视为上一级变量(即全局变量),这里的"a=10"将"覆盖"全局的"a=3",而 b 将直接使用全局的 b,所以,输出结果为 38。注意:这里的"a=10"不会改变全局的"a=3",如果想让"a=10"改变全局的 a,需要在

mysum 内部"a＝10"前面将 a 声明为全局的 a,即添加语句"global a"(这不是一个明智的选择,实际上,所有的程序中都应该尽可能避免使用全局变量,因为它们的作用域"太大"了,全局变量的修改会造成"牵一发而动全身"的不良后果)。

(3) 在低级中出现的变量,尽可能不在上一级直接使用(尽管若上一级没有同名变量时,使用这些低级变量并不会导致执行错误)。如果低级中出现的变量需要在其上一级中使用,就在上一级中定义同名变量。例如:

```
a = 3
if a > 1:
    b = 5
print(a + b)
```

这里的 b 出现在 if 结构中,而 print(a＋b)为"b＝5"的上一级,其中使用了 b。这种做法不妥,应在"if a＞1:"前添加一条"b＝0"之类的初始化语句(注意,添加了"b＝0"后,if 结构中的 b 将具有和"b＝0"中的 b 不同的内存地址)。

下面通过程序段 5-7 进一步分析同名变量的作用域。

程序段 5-7　文件 zym0507

视频讲解

```
1    def mysum(v):
2        def mysqr(a):
3            return a ** 2
4        def mycub(a):
5            return a ** 3
6        s1 = s2 = s3 = 0
7        for a in v:
8            s1 += a
9            s2 += mysqr(a)
10           s3 += mycub(a)
11       return (s1,s2,s3)
12   if __name__ == '__main__':
13       a = [1,2,3,4,5]
14       v = mysum(a)
15       print(f'v = {v}')
```

在程序段 5-7 中,第 1～11 行定义了函数 mysum,其中第 2、3 行定义了函数 mysqr,计算其参数的平方值;第 4、5 行定义了函数 mycub,计算其参数的立方值。

第 6 行"s1＝s2＝s3＝0"将 s1、s2 和 s3 均初始化为 0。第 7～10 行为一个 for 结构,其中调用了函数 mysqr 和 mycub,循环结构将 v 的全部元素的和赋给 s1,将 v 的各个元素的平方和赋给 s2,将 v 的各个元素的立方和赋给 s3。第 11 行"return (s1,s2,s3)"以元组的形式返回计算结果(这里的圆括号可以省略)。

第 13 行"a＝[1,2,3,4,5]"定义列表 a;第 14 行"v＝mysum(a)"调用 mysum 将计算结果赋给 v;第 15 行"print(f'v＝{v}')"输出 v,得到"v＝(15, 55, 225)"。

5.2.4　函数闭包与装饰器

由前述可知,函数内部可以嵌套新的函数定义。有一种特殊函数嵌套定义方式,如下所示:

　　def 函数名 1(参数表 1)

```
语句 1
语句 2
……
语句 m
def 函数名 2(参数表 2)
    语句 t1
    语句 t2
    ……
    语句 tk
语句 m + 1
语句 m + 2
……
语句 n
return 函数名 2
```

上述函数定义是"奇怪"的,因为外层函数(函数名 1)的返回值是内层函数(函数名 2),同时要求内层函数中使用外层函数的参数(参数表 1 中的部分或全部参数)或变量(当参数表 1 为空时,内层函数必须使用外层函数中的变量)。这种形式的函数称为函数闭包(准确地讲,内层函数是闭包)。上述的"语句 1"至"语句 m"和"语句 m+1"至"语句 n"是可选的,但是需保证内层函数中使用了外层函数的参数或变量。如果"参数表 1"为空,那么"语句 1"至"语句 m"不能为空。

下面通过程序段 5-8 介绍函数闭包。

程序段 5-8　函数闭包实例

视频讲解

```
1    def mysum(v,h):
2        t = 1
3        if h:
4            t = 2
5        def mys(u):
6            s = 0
7            for e in v:
8              s += u * t * e
9            return s
10       return mys
11   if __name__ == '__main__':
12       v = [1,2,3,4,5]
13       u = 3
14       s = mysum(v,True)(u)
15       print(f's = {s}')
```

在程序段 5-8 中,第 1~10 行定义了函数 mysum,具有 v 和 h 两个参数;第 2 行"t=1"令 t 为 1;第 3、4 行为一个 if 结构,如果 h 为真,则赋 t 为 2。

第 5~9 行为闭包函数 mys,具有一个参数 u。其中,第 6 行"s=0"设 s 为 0;第 7、8 行为一个 for 结构,将 v 的每个元素倍乘 u * t 后累加到 s 中。第 9 行"return s"。

第 10 行"return mys"表示外层函数 mysum 返回内层的函数 mys,从而构成了函数闭包。

第 12 行"v=[1,2,3,4,5]"定义 v;第 13 行"u=3"定义 u。

第 14 行"s=mysum(v,True)(u)"为函数闭包的调用,注意这里有两对圆括号,第一对圆括号中的"v,True"作为外层函数的参数;第二对圆括号中的"u"作为内层函数的参数。

第 15 行"print(f's＝{s}')"输出结果"s＝90"。

这种类似于程序段 5-7 中的函数闭包只有两个函数,可称为两级函数闭包。可以实现多级函数闭包,前提是实现的功能确实需要那么做。对于三级函数闭包,在调用函数时需要使用三对圆括号(没有参数时,圆括号也不能少)。

现在在程序段 5-8 的基础上实现一个三级函数闭包,如程序段 5-9 所示。

程序段 5-9 三级函数闭包实例

视频讲解

```
1    def mysum(v,h):
2        t = 1
3        if h:
4            t = 2
5        def mys(u):
6            s = 0
7            for e in v:
8                s += u * t * e
9                def mys2(p):
10                   s2 = p * s
11                   return s2
12               return mys2
13           return mys
14   if __name__ == '__main__':
15       v = [1,2,3,4,5]
16       u = 3
17       s = mysum(v,True)(u)(2)
18       print(f's = {s}')
```

程序段 5-9 在程序段 5-8 的基础上,添加了第 9～11 行的语句,并修改了第 12 行语句。注意第 17 行语句"s＝mysum(v,True)(u)(2)"是对这个三级函数闭包的调用方法,第 18 行语句的执行将得到结果"s＝180"。

有一种特殊的闭包,类似于数学上的复合函数调用(5.4 节将介绍 Python 语言内置的复合函数调用方法),称为函数装饰器,简称装饰器。在程序设计过程中会遇到这种情况,即有一个设计良好的函数(不妨称其为被"装饰"的函数),想为其添加一些功能,新添加的这些功能不能改变函数的功能,新添加的功能可用于输出一些提示性信息,也可对参数进行数学运算,只是这些计算结果与被"装饰"的函数无关。

例如,有一个设计良好的函数 mysum(v,h),想为其添加一些提示性信息,可以定义一个闭包函数,函数名为 mysumex(f),只能有一个形式参数,这里定义为 f,调用时,将 mysum 函数赋给 f。在此,作为装饰器的闭包函数的形式为:

```
def mysumex(f):
    def 函数名(参数表)          #注意,"函数名"可随意取合法的名称,但是"参数表"
                              # 必须与 mysum 函数相同

        语句 1
        ……
        语句 m                 #语句 1 至语句 m 是可选的
        f(参数表)
        语句 m + 1
        ……
        语句 n                 #语句 m + 1 至语句 n 是可选的
    return 函数名
```

```
@mysumex                    #使用"@"符号加上闭包函数名
def mysum(参数表)
    语句1
    ……
    语句k
```

注意：上述代码中：①闭包函数的外层函数名"mysumex"必须和"@mysumex"的"装饰器"声明处的名称相同；②闭包函数的内层"函数名"和"return 函数名"处的"函数名"必须相同，以构成闭包，这个"函数名"可以为任意合法的标识符；③装饰器 mysumex 只能有一个参数，这个参数将传递被"装饰"的函数 mysum；④闭包函数的内层函数的"参数表"必须与被"装饰"的函数相同；⑤调用装饰器时，仍然调用被"装饰"的函数 mysum，但是会执行作为装饰器的闭包函数 mysumex，相当于给被"装饰"的 mysum 函数添加了新的功能；⑥闭包函数 mysumex 中的"语句 1"至"语句 m"和"语句 m＋1"至"语句 n"在遇到"@mysumex"时被执行，而不是调用被"装饰"的函数时才执行，这一点尤其要注意。

下面程序段 5-10 演示了装饰器的用法。

程序段 5-10　装饰器用法实例

```
1    def mysumex(f):
2        print('This is begin of mysumex.')
3        def mydef(v,h):
4            print(f'v = {v}')
5            print(f'h = {h}')
6            s = f(v,h)
7            print(f's = {s}')
8            return s
9        print('This is end of mysumex.')
10       return mydef
11   @mysumex
12   def mysum(v,h):
13       s = sum(v)
14       if h:
15           s = 2 * s
16       return s
17   if __name__ == '__main__':
18       s = mysum([1,2,3,4,5],True)
19       print(f'In main program, s = {s}')
```

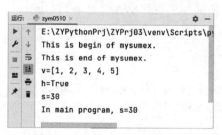

图 5-7　模块 zym0510 执行结果

程序段 5-10 的执行结果如图 5-7 所示。

在程序段 5-10 中，第 1～10 行定义了一个闭包函数，函数名为 mysumex，具有一个参数 f。第 11 行将第 12 行的 mysum 定义为装饰器。第 12～16 行定义函数 mysum，具有两个参数 v 和 h。

在第 12～16 行的函数 mysum 中，第 13 行"s＝sum(v)"计算 v 中全部元素的和，赋给 s；第 14～15 行为一个 if 结构，如果 h 为真，则第 15 行"s＝2 * s"将 s 的值翻倍。第 16 行"return s"返回 s。

注意：程序段 5-10 在执行时，第 1～10 行为函数定义，不执行；第 12～16 行为函数定义，不执行，但是第 11 行"@mysumex"定义装饰器，将执行装饰器函数 mysumex，此时输出提示信息:"This is begin of mysumex."和"This is end of mysumex.",如图 5-7 所示。然后,执行第 17～19 行。

第 18 行"s＝mysum([1,2,3,4,5],True)"调用 mysum 函数时,将调用装饰器函数 mysumex 中的 mydef,而不再执行函数 mydef 外部的任何语句。接着,第 4 行"print(f'v＝{v}')"输出"v＝[1, 2, 3, 4, 5]";第 5 行"print(f'h＝{h}')"输出"h＝True";第 6 行"s＝f(v,h)"用被装饰的函数 mysum 替换 f,即执行真实的函数 mysum(第 12～16 行)的代码,得到 s;第 7 行"print(f's＝{s}')"输出"s＝30",从被调函数中返回。最后,第 19 行"print(f'In main program, s＝{s}')"输出"In main program,s＝30"。

程序段 5-10 是典型的装饰器的用法。一个装饰器可以"装饰"多个函数,要求所有被"装饰"的函数必须具有与装饰器函数闭包中内层函数相同的参数表。

下面程序段 5-11 是在程序段 5-10 的基础上,使用装饰器 mysumex"装饰"三个函数的例子。

程序段 5-11 装饰器"装饰"多个函数的实例

视频讲解

```
1    import math
2    def mysumex(f):
3        print('This is begin of mysumex.')
4        def mydef(v,h):
5            print(f'v = {v}')
6            print(f'h = {h}')
7            s = f(v,h)
8            print(f's = {s}')
9            return s
10       print('This is end of mysumex.')
11       return mydef
12   @mysumex
13   def mysum(v,h):
14       s = sum(v)
15       if h:
16           s = 2 * s
17       return s
18   @mysumex
19   def mymul(v,h):
20       s = 1
21       for e in v:
22           s * = e
23       if h:
24           s = s/2
25       return s
26   @mysumex
27   def mydis(v,h):
28       s = 0
29       for e in v:
30           s += e ** 2
31       if h:
32           s = math.sqrt(s)
33       return s
34   if __name__ == '__main__':
35       s1 = mysum([1,2,3,4,5],True)
36       print(f'In main program, s1 = {s1}')
```

```
37        s2 = mymul([1, 2, 3, 4, 5], True)
38        print(f'In main program, s2 = {s2}')
39        s3 = mydis([1, 2, 3, 4, 5], True)
40        print(f'In main program, s3 = {s3:.4f}')
```

程序段 5-11 是在程序段 5-10 的基础上添加了第 18~25 行、第 26~33 行、第 37~40 行。

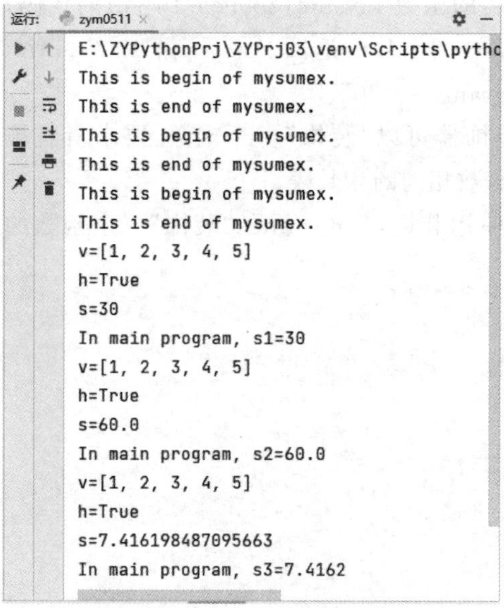

```
运行:    zym0511 ×                    ✿ —
    E:\ZYPythonPrj\ZYPrj03\venv\Scripts\pytho
    This is begin of mysumex.
    This is end of mysumex.
    This is begin of mysumex.
    This is end of mysumex.
    This is begin of mysumex.
    This is end of mysumex.
    v=[1, 2, 3, 4, 5]
    h=True
    s=30
    In main program, s1=30
    v=[1, 2, 3, 4, 5]
    h=True
    s=60.0
    In main program, s2=60.0
    v=[1, 2, 3, 4, 5]
    h=True
    s=7.416198487095663
    In main program, s3=7.4162
```

图 5-8 模块 zym0511 执行结果

第 18~25 行将装饰器函数 mysumex"装饰"函数 mymul,这里的函数 mymul 计算参数 v 中各个元素的积(第 20~22 行),赋给 s,如果参数 h 为真,则将 s 的值减半。第 25 行"return s"返回 s。

第 26~33 行将装饰器函数 mysumex"装饰"函数 mydis,这里的函数 mydis 计算参数 v 中各个元素的平方和(第 28~30 行),赋给 s,如果参数 h 为真,则将 s 的值求算术平方根。第 33 行"return s"返回 s。

在执行程序段 5-11 时,将首先执行第 12 行、第 18 行和第 26 行的装饰器定义,输出 3 次提示信息"This is begin of mysumex."和"This is end of mysumex.",如图 5-8 所示。然后,执行第 34~40 行的可执行语句。

程序段 5-11 的执行结果如图 5-8 所示。

由程序段 5-11 和图 5-8 可知,如果不想装饰器在定义时输出信息,则在设计装饰器闭包函数时,外层函数和内层函数间不放任何语句即可。

5.3 递归函数

Python 语言支持递归函数。所谓递归函数是指可以直接或间接调用函数本身的函数。下面以求阶乘为例介绍递归函数的设计方法。

阶乘的定义为: $n! = n \times (n-1) \times \cdots \times 2 \times 1 = n \times (n-1)!$。若定义阶乘函数为 myfac,则求 n 的阶乘的计算方式为 myfac(n)=n * myfac(n−1),即 myfac 将调用 myfac 函数,这称为递归调用。递归调用必须有终止条件,对于阶乘而言,其终止条件为 0!=1 或 1!=1,即 myfac(0)=myfac(1)=1。

设计递归函数的方法为:

(1) 首先使用 if 结构编写递归函数的终止条件;

(2) 编写递归调用算法。

下面程序段 5-12 介绍了阶乘的递归函数设计方法。

程序段 5-12 实现阶乘的递归函数

```
1    def myfac(n):
2        if n == 0 or n == 1:
```

视频讲解

```
3            return 1
4        return n * myfac(n − 1)
5    if __name__ == '__main__':
6        n = int(input('Please input an integer (n > = 0):'))
7        m = myfac(n)
8        print(f'n!= {m}')
```

在程序段 5-12 中,第 1~4 行定义了阶乘函数 myfac。第 1 行"def myfac(n):"为函数头,具有一个参数 n。第 2、3 行为递归函数 myfac 的终止条件,即当 n 等于 0 或 1 时,返回 1。第 4 行"return n * myfac(n−1)"为递归算法,返回递归调用后的值。

第 6 行"n＝int(input('Please input an integer (n>=0)：'))"输入非负整数 n。第 7 行"m＝myfac(n)"调用 myfac 函数,计算 n 的阶乘,结果赋给 m。第 8 行"print(f'n!＝{m}')"输出 n! 的值。

程序段 5-12 的执行结果如图 5-9 所示。

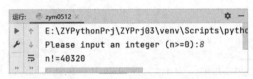

图 5-9　模块 zym0512 执行结果

由程序段 5-12 可知,递归函数的设计要旨如下。

(1) 设计终止条件。例如,程序段 5-12 中的求阶乘函数 myfac 的第 2、3 行,表示其终止条件为 n 等于 0 或 1 时,返回 1。

(2) 设计递归调用。例如,在程序段 5-12 中,求阶乘的递归调用为"return n * myfac(n−1)",即返回递归调用后的值。

递归调用过程中将出现大量的局部变量,需要占用较多的栈空间。

下面的程序段 5-13 使用递归函数求 Fibonacci 数。Fibonacci 数的规律为:

$$\begin{cases} F_1 = F_2 = 1 \\ F_n = F_{n-1} + F_{n-2}, n > 2 \end{cases}$$

程序段 5-13　利用递归函数求 Fibonacci 数的第 n 项

```
1    def myfib(n):
2        if n == 1 or n == 2:
3            return 1
4        return myfib(n − 1) + myfib(n − 2)
5    if __name__ == '__main__':
6        n = int(input('Please input an integer (n > 0):'))
7        m = myfib(n)
8        print(f'Fibonacci({n}) = {m}.')
```

视频讲解

在程序段 5-13 中,第 1~4 行为递归函数 myfib,具有一个参数 n。第 2、3 行为该递归函数的终止条件,即当 n 等于 1 或 2 时,返回 1。第 4 行"return myfib(n−1)+myfib(n−2)"为递归算法,返回 myfib(n−1)与 myfib(n−2)的和。

第 6 行"n ＝ int(input('Please input an integer (n>0)：'))"输入正整数 n。第 7 行"m＝myfib(n)"调用 myfib 函数,将计算结果赋给 m。第 8 行"print(f'Fibonacci({n})＝{m}.')"输出第 n 个 Fibonacci 数。

程序段 5-12 的执行结果如图 5-10 所示。

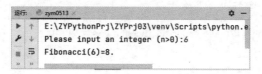

图 5-10   模块 zym0513 执行结果

递归函数还可以求解排列组合问题。例如,从 n 个人中随机选取 k 个人的组合数为

$$C_n^k = C_{n-1}^{k-1} + C_{n-1}^k$$

用递归函数实现时,其终止条件为:当 $k=0$ 或 $k=n$ 时,返回 1。下面的程序段 5-14 实现了上述求组合数问题。

视频讲解

程序段 5-14   求组合数的递归函数实例

```
1    def mycom(n,k):
2        if k == 0 or k == n:
3            return 1
4        return mycom(n - 1,k - 1) + mycom(n - 1,k)
5    if __name__ == '__main__':
6        (n,k) = map(int,input('Please input two integers n,k(0 < = k < = n):').split(','))
7        m = mycom(n,k)
8        print(f'C(n,k) = {m}.')
```

在程序段 5-14 中,第 1~4 行为递归函数 mycom,具有两个参数 n 和 k。第 2、3 行为其终止条件,即当 k 等于 0 或 n 时,返回 1。第 4 行"return mycom(n−1,k−1)+mycom(n−1,k)"为递归算法,返回 mycom(n−1,k−1)与 mycom(n−1,k)的和。

第 6 行"(n,k)=map(int,input('Please input two integers n,k(0<=k<=n):').split(','))"输入两个非负整数 n 与 k,要求 n 大于或等于 k,这里使用了 map 函数,将 int 函数映射到两个输入的字符串上,将在 5.4 节进一步介绍 map 函数。

第 7 行"m=mycom(n,k)"调用递归函数 mycom,计算结果赋给 m。第 8 行"print(f'C(n,k)={m}.')"输出组合数(n,k)的值。

程序段 5-14 的执行结果如图 5-11 所示。

递归函数的经典实例为汉诺塔问题。如图 5-12 所示,有 A、B、C 三根柱子,A 柱上放置了 n 个盘子,这 n 个盘子大小互不相同,且从大至小向上依次堆叠。欲将 A 柱上的这 n 个盘子从 A 柱借助 B 柱移动到 C 柱上,要求每次只能移动一个盘子,且移动过程中,A、B、C 三根柱子上的盘子必须始终大盘在下、小盘在上。

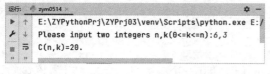

图 5-11   模块 zym0514 执行结果

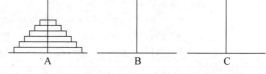

图 5-12   汉诺塔问题

汉诺塔问题的终止条件为:当 A 柱上只有一个盘子时,将该盘从 A 柱移动到 C 柱。

汉诺塔问题的递归调用为:将 A 柱上的 $n-1$ 个盘子借助 C 柱移动到 B 柱;将 A 柱上的第 n 个盘子(最大的盘子)从 A 柱直接移动到 C 柱;将 B 柱上的 $n-1$ 个盘子借助 A 柱移动到 C 柱上。这样就将具有 n 个盘子的汉诺塔问题,转化为两个具有 $n-1$ 个盘子的汉诺塔问题,从而实现了递归调用。

下面的程序段 5-15 解决了汉诺塔问题。

程序段 5-15　递归函数实现汉诺塔问题

```
1    def myhan(n,a,b,c):
2        if n == 1:
3            print(f'{a} --->{c}')
4            return
5        myhan(n-1,a,c,b)
6        print(f'{a} --->{c}')
7        myhan(n-1,b,a,c)
8    if __name__ == '__main__':
9        n = int(input('Please input the number of disks:'))
10       myhan(n,'A','B','C')
```

程序段 5-15 的执行结果如图 5-13 所示。

在程序段 5-15 中,第 1～7 行定义了递归函数 myhan,具有四个参数 n、a、b 和 c。第 2～4 行为其终止条件,即当 A 柱上只剩一个盘子(n 等于 1)时,将该盘从 A 柱移动到 C 柱,返回。第 5～7 行为递归算法,第 5 行"myhan(n-1,a,c,b)"将 A 柱上的 n-1 个盘子从 A 柱借助 C 柱移动到 B 柱;第 6 行"print(f'{a}--->{c}')"将 A 柱上剩余的一个盘子直接移动到 C 柱;第 7 行"myhan(n-1,b,a,c)"将 B 柱上的 n-1 盘子借助 A 柱移动到 C 柱。

第 9 行"n = int(input('Please input the number of disks:'))"输入盘子数 n。第 10 行"myhan(n,'A','B','C')"调用 myhan 函数解决 n 个盘子的汉诺塔问题。

图 5-13　模块 zym0515 执行结果

3.4 节介绍了两种排序方法,即冒泡法和选择法。这里介绍借助递归算法实现的快速排序算法,这种方法的执行效率非常高,与内置的 sort 方法效率相当。

快速排序法的实现原理如下:

(1)随机从序列中选择一个数作为基准数,一般地,选择序列的首元素作为基准数。

(2)在序列中从右向左找一个小于基准数的数,不妨将其索引号设为 j;然后,从左向右找一个大于基准数的数,不妨将其索引号设为 i。如果 i<j,则将这两个数交换位置。这样,实现了第一轮查找。

(3)接着,从当前的 j 索引位置继续从右向左找一个小于基准数的数,找到后,仍将其索引号记为 j;然后,从当前的 i 索引位置从左向右找一个大于基准数的数,仍将其索引号记为 i。如果 i<j,则将这两个数交换位置;如果从左向右找的过程中,出现了 j=i,或者从左向右找(可能没有找到满足条件的元素)时出现了 i=j,则将基准数与第 j 个数互换,算法停止;或者,从左向右查找,如果发现了 j 对应着基准数,则算法停止。注意:每一轮查找中,总是先执行从右向左查找。

　　(4) 上述过程完成后，以基准数为分界点，序列将分成两个子序列，每个子序列再重复上述算法。直到所有的子序列均排序完成，则整个序列的排序完成。

　　下面程序段 5-16 使用递归方法实现了快速排序法。

程序段 5-16　快速排序法实例

视频讲解

```
1    def myquicksort(a,h,t):
2        if h>=t:
3            return
4        b=a[h]
5        i=h
6        j=t
7        while i!=j:
8            while a[j]>=b and j>i:
9                j-=1
10           while a[i]<=b and i<j:
11               i+=1
12           if j>i:
13               a[i],a[j]=a[j],a[i]
14       a[h]=a[i]
15       a[i]=b
16       myquicksort(a,h,i-1)
17       myquicksort(a,i+1,t)
18   if __name__=='__main__':
19       a=[6,10,16,3,8,23,15,7,2,11]
20       print(f'Original:{a}.')
21       myquicksort(a,0,len(a)-1)
22       print(f'Sorted:{a}.')
```

程序段 5-16 的执行结果如图 5-14 所示。

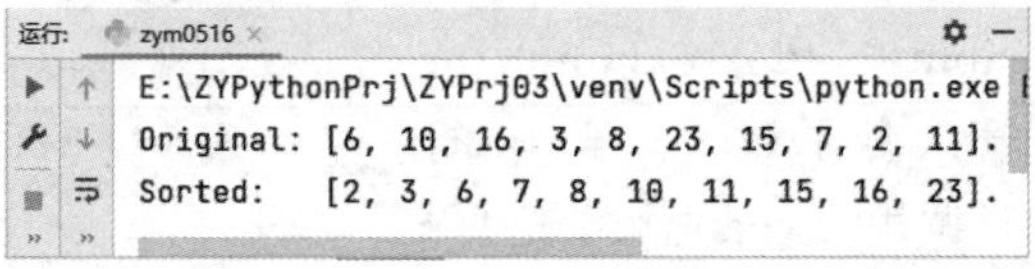

运行: zym0516

E:\ZYPythonPrj\ZYPrj03\venv\Scripts\python.exe
Original: [6, 10, 16, 3, 8, 23, 15, 7, 2, 11].
Sorted:　[2, 3, 6, 7, 8, 10, 11, 15, 16, 23].

图 5-14　模块 zym0516 执行结果

　　在程序段 5-16 中，第 1～17 行为自定义函数 myquicksort，具有三个参数，a 表示排序的列表，h 表示列表的首索引号(为 0)，t 表示列表的尾索引号(为 len(a)−1)。第 2、3 行为终止条件，即 h 与 t 相同时，终止。第 4～15 行为第一轮搜索，第 4 行"b=a[h]"将首元素作为基准数；第 5 行"i=h"将 h 赋给 i，即 i 指向最左边的元素；第 6 行"j=t"将 t 赋给 j，即 j 指向最右边的元素。

　　第 7～13 行为两边的搜索过程，先从右向左搜，再从左向右搜。第 7 行"while i!=j:"当 i 不等于 j 时，开始这一轮搜索：第 8、9 行为从右向左搜，找第一个比基准数小的元素，第 8 行"while a[j]>=b and j>i:"判断 a[j]大于或等于 b 且 j 大于 i 时，第 9 行"j−=1"表示继续向左找，第 8、9 行循环查找，直到找到一个比基准数小的元素(其索引号为 j)。第 10、11 行为从左向右搜，找第一个比基准数大的元素，第 10 行"while a[i]<=b and i<j:"判断 a[i]小于或等于 b 且 i 小于 j 时，第 11 行"i+=1"表示继续向右找，第 10、11 行循环查找，直到找到一个比基准数大的元素(其索引号为 i)。第 12 行"if j>i:"判断如果 j 大于 i，则第 13 行"a[i],a[j]=a[j],a[i]"交换 a[i]和 a[j]。

第7~13行的第一轮搜索完成后,将基准数 b 和 a[i]互换,即第 14、15 行。然后,第 16 行"myquicksort(a,h,i-1)"对基准数左边的半个序列进行快速排序;第 17 行"myquicksort(a,i+1,t)"对基准数右边的半个序列进行快速排序。

第 19 行"a=[6,10,16,3,8,23,15,7,2,11]"定义列表 a;第 20 行"print(f'Original: {a}.')"输出列表 a。第 21 行"myquicksort(a,0,len(a)-1)"调用快速排序函数对 a 进行排序;第 22 行"print(f'Sorted:{a}.')"输出排序后的列表 a,如图 5-14 所示。

有时在排序的过程中,会同步记录其索引号的变化。这时,需要添加一个索引号的列表,如程序段 5-17 所示。程序段 5-17 在程序段 5-16 的基础上,添加了一个由被排序的列表的元素索引号组成的列表。

程序段 5-17　排序同时更新元素索引号的快速排序法

视频讲解

```
1    def myquicksort(a, p, h, t):
2        if h > = t:
3            return
4        b = a[h]
5        i = h
6        j = t
7        while i != j:
8            while a[j] > = b and j > i:
9                j -= 1
10           while a[i] < = b and i < j:
11               i += 1
12           if j > i:
13               a[i], a[j] = a[j], a[i]
14               p[i], p[j] = p[j], p[i]
15       a[h] = a[i]
16       a[i] = b
17       p[i], p[h] = p[h], p[i]
18       myquicksort(a, p, h, i - 1)
19       myquicksort(a, p, i + 1, t)
20   if __name__ == '__main__':
21       a = [6, 10, 16, 3, 8, 23, 15, 7, 2, 11]
22       p = list(range(len(a)))
23       print(f'Original: {a}.')
24       print(f'Index:     {p}')
25       myquicksort(a, p, 0, len(a) - 1)
26       print(f'Sorted: {a}.')
27       print(f'Index:     {p}')
```

程序段 5-17 在程序段 5-16 的基础上添加了一个参数 p(第 1 行),p 表示列表 a 中元素的索引号列表;添加了第 14 行和第 17 行,这两行表示交换列表 a 中的元素时,同步交换元素的索引号;在第 18、19 行中添加了参数 p,即递归调用中需要增加索引号列表 p。

程序段 5-17 的执行结果如图 5-15 所示。由图 5-15 可知,在对列表 a 进行排序的同时,其索引号列表也同步更新了。

```
运行:  zym0517 ×                                    ✿  —
  ▶  ↑   E:\ZYPythonPrj\ZYPrj03\venv\Scripts\python.exe E:/Z
  🔧  ↓   Original: [6, 10, 16, 3, 8, 23, 15, 7, 2, 11].
  ⮌  ⮌   Index:    [0, 1, 2, 3, 4, 5, 6, 7, 8, 9]
  ▦      Sorted:   [2, 3, 6, 7, 8, 10, 11, 15, 16, 23].
  🖥  🖨   Index:    [8, 3, 0, 7, 4, 1, 9, 6, 2, 5]
  📌  »
```

图 5-15　模块 zym0517 执行结果

5.4 复合函数

Python 语言中,有 map 和 filter 函数,可执行类似于数学中复合函数的作用。在前述表 5-1 中曾介绍过这两个函数,这里进一步介绍这两个函数的用法。

map 函数的语法为:

map(函数, 可迭代对象 1, 可迭代对象 2, ……, 可迭代对象 n)

这里至少要有一个"可迭代对象",尽可能使全部可迭代对象中的元素个数相同(否则,map 函数将在最短的可迭代对象上停止映射)。map 函数执行的功能为将"函数"作用于"可迭代对象"的每个元素上,如果有多个可迭代对象,则"函数"将平行地作用于多个"可迭代对象"的每个元素上。例如:

list(map(lambda x,y,z:x + y + z,[1,2,3],[4,5,6],[7,8,9]))

将返回[12,15,18],这里的"lambda x,y,z: x+y+z"为 lambda 函数,也称为匿名函数,语法为:

lambda 参数列表(可为空): 表达式

例如:

```
f1 = lambda :5 + 3
print(f1())                    # 得到 8
f2 = lambda x:x ** 2
print(f2(3))                   # 得到 9
f3 = lambda x,y,z:x + y + z
print(f3(1,2,3))               # 得到 6
```

在"map(lambda x,y,z: x+y+z,[1,2,3],[4,5,6],[7,8,9])"中 map 函数将 lambda 函数映射到三个列表"[1,2,3],[4,5,6],[7,8,9]"上,x 将依次取列表"[1,2,3]"中的各个元素,y 将依次取列表"[4,5,6]"中的各个元素,z 将依次取列表"[7,8,9]"中的各个元素,然后,根据 x、y 和 z 的取值,依次计算 x+y+z 的值。最后,得到一个 map 对象,转化为列表后为"[12,15,18]"。

filter 函数的语法为:

filter(谓词函数, 可迭代对象)

所谓的谓词函数是指返回值为逻辑值的函数。filter 函数将"谓词函数"作用于"可迭代对象"的每个元素,返回使得"谓词函数"为真的元素,"过滤"掉那些使"谓词函数"为假的元素。例如:

list(filter(lambda x:x > 0,[3,10, - 5, - 7,2,0,12]))   # 得到[3,10,2,12]

这里 filter 函数将"lambda x: x>0"映射到列表"[3,10,−5,−7,2,0,12]"的每个元素上,"过滤"掉 x 小于或等于 0 的元素,返回一个 filter 对象,转化为列表为"[3,10,2,12]"。

现在比较一下 map 和 filter 函数,例如:

```
list(map(lambda x:x % 2 == 0,[1,2,3,4,5,6,7,8,9,10]))
                      # 得到[False,True,False,True,False,True, False, True, False, True]
list(filter(lambda x:x % 2 == 0,[1,2,3,4,5,6,7,8,9,10]))    # 得到[2, 4, 6, 8, 10]
```

上述 map 和 filter 均将同一个谓词函数"lambda x：x%2＝＝0"作用于列表"[1，2，3，4，5，6，7，8，9，10]"，根据它们返回的结果可知，map 函数返回"谓词函数"作用于列表中每个元素的结果，而 filter 函数返回列表中使"谓词函数"为真的元素。

5.5　包与模块

Python 语言中有两种包，一种为常规包，另一种为命名空间包。这里仅介绍常规包。在 PyCharm 主界面，选择菜单"文件|新建|Python 软件包"，输入 MyPacks，将在当前项目所在目录下创建一个子目录 MyPacks，其中包括一个文件"＿＿init＿＿.py"（内容为空）。这个子目录 MyPacks 可以称为包。

一般地，可以认为"包"是指包括了很多模块（即文件）的目录（或文件夹），"包"将功能上相关联的一组模块"包"起来。现在在刚刚创建的 MyPacks 包中放入四个模块，模块即文件，分别为 zym0518.py、zym0519.py、zym0520.py 和 zym0521.py。这四个模块的内容分别如程序段 5-18～程序段 5-21 所示。

程序段 5-18　文件 zym0518.py

```
1    def mywelcome(str):
2        print(f'Welcome, {str}.')
3    if __name__ == '__main__':
4        mywelcome('Dr. Zhang')
```

视频讲解

在程序段 5-18 中，第 1、2 行定义了函数 mywelcome。

程序段 5-19　文件 zym0519.py

```
1    import MyPacks.zym0518
2    if __name__ == '__main__':
3        MyPacks.zym0518.mywelcome('Dr. Wang')
```

程序段 5-19 展示了引用其他模块中定义的函数的第一种方法，即第 1 行"import MyPacks.zym0518"，用 import 关键字，其后添加"包名.模块名"。

这种方法要求在引用外部模块中的函数时，要用完整的"包名.模块名"调用其中的函数，例如第 3 行"MyPacks.zym0518.mywelcome('Dr. Wang')"，必须使用形如"包名.模块名.函数名"的形式引用外部模块中的函数。

程序段 5-20　文件 zym0520.py

```
1    import MyPacks.zym0518 as mywel
2    if __name__ == '__main__':
3        mywel.mywelcome('Dr. Wang')
```

程序段 5-20 展示了引用其他模块中定义的函数的第二种方法，即第 1 行"import MyPacks.zym0518 as mywel"，此时，import 关键字给"MyPacks.zym0518"一个别名，即"mywel"，此时可以通过这个"别名.函数名"的形式调用函数。注意：原来的"MyPacks.zym0518"不能再使用。在第 3 行"mywel.mywelcome('Dr. Wang')"使用形如"别名.函数名"的形式调用外部模块中的函数。

程序段 5-21　文件 zym0521.py

```
1    from MyPacks.zym0518 import mywelcome
2    if __name__ == '__main__':
3        mywelcome('Dr. Wang')
```

程序段 5-21 展示了引用其他模块中定义的函数的第三种方法,即第 1 行"from MyPacks.zym0518 import mywelcome"表示从"MyPacks.zym0518"中装载"mywelcome",这种方法可以从"包名.模块名"中直接装载其中的"函数名"或"类名",然后,在当前模块中可以直接使用这些装载的函数或类,如第 3 行"mywelcome('Dr. Wang')"直接调用 mywelcome 函数,就像 mywelcome 函数是本模块中定义的函数一样。

上述介绍的 MyPacks 包和其中四个模块的结构如图 5-16 所示。

图 5-16　MyPacks 包与其模块的组织结构

上面三种引用外部模块中定义的函数(或类)的方法均为常用方法。此外,同一个工程下的各个模块可以互相引用(需要用 import 装载那个模块名(即文件名))。

Python 语言内置的常用模块有 time、datetime、calendar、os、sys、random、shutil、pathlib、json 和 pickle 等。这里仅介绍 time 和 random 两个包,其余包请参考 Python 在线帮助文档。

time 模块在 4.4 节已作了详细介绍,这里重点介绍借助 time 模块统计程序运行时间的方法,如程序段 5-22 所示。

视频讲解

程序段 5-22　程序运行时间统计实例

```
1    import time
2    if __name__ == '__main__':
3        t1 = time.time()
4        time.sleep(2)
5        t2 = time.time()
6        print(f'The program runs:{t2 - t1:.4f} seconds.')
```

在程序段 5-22 中,第 1 行"import time"装载 time 模块。第 3 行"t1＝time.time()"和第 5 行"t2＝time.time()"记录当前的时间戳,所谓的"时间戳"是指自 1970 年 1 月 1 日 0 时开始按秒计算至当前时间的计数值,第 4 行"time.sleep(2)"表示等待 2s。第 6 行"print(f'The program runs：{t2－t1：.4f} seconds.')"输出程序执行时间。

程序段 5-22 的执行结果如图 5-17 所示。

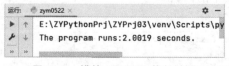

图 5-17　模块 zym0522 执行结果

random 模块用于生成伪随机数，其常用函数如表 5-2 所示。

表 5-2 random 模块常用函数

序 号	函 数 名	典 型 用 法
1	random	random()返回 0～1 的浮点数
2	randint	randint(1,10)返回 1～10(含 10)的整型随机数
3	uniform	uniform(1.0,3.0)返回 1.0～3.0 的均匀分布伪随机数
4	choice	choice([1,2,3,4,5])从列表中随机选取一个元素
5	sample	sample([1,2,3,4,5],3)从列表中随机选取 3 个元素(无放回取样)
6	seed	seed()使用系统时钟作为"种子"；seed(299792458)将"种子"设为 299792458

程序段 5-23 介绍了表 5-2 中各个函数的用法。

程序段 5-23 模块 random 中的函数用法实例

视频讲解

```
1    import random
2    if __name__ == '__main__':
3        random.seed(299792458)
4        print('random():',random.random())
5        print('randint(1,10):',random.randint(1,10))
6        print('uniform(1.0,3.0):',random.uniform(1.0,3.0))
7        print('choice([1,2,3,4,5]):',random.choice([1,2,3,4,5]))
8        print('sample([1,2,3,4,5],3):',random.sample([1,2,3,4,5],3))
9        print('sample([1,2,3,4,5],5):',random.sample([1,2,3,4,5],5))
10       random.seed()
```

在程序段 5-23 中，第 1 行"import random"装载模块 random。第 3 行"random. seed (299792458)"设定伪随机数发生器的种子为"299792458"，这里设定"种子"值的目的在于使得每次执行程序段 5-23 时运行结果相同。第 10 行"random. seed()"将系统时钟值设定为"种子"值，即恢复伪随机数发生器的默认设置，取消第 3 行语句的"种子"配置。

第 4 行"print('random()：',random. random())"输出 random 函数返回的 0～1 的一个伪随机数。第 5 行"print('randint(1,10)：',random. randint(1,10))"输出 randint(1, 10)返回的一个 1～10(含)的伪随机整数。第 6 行"print('uniform(1.0,3.0)：',random. uniform(1.0,3.0))"返回 1.0～3.0 均匀分布的一个伪随机实数。第 7 行"print('choice ([1,2,3,4,5])：', random. choice([1,2,3,4,5]))"输出随机从列表[1,2,3,4,5]中选出的一个数值。第 8 行"print('sample([1,2,3,4,5],3)：',random. sample([1,2,3,4,5],3))"输出随机从列表[1,2,3,4,5]中选出的三个数值(无放回取样)。第 9 行"print('sample([1, 2,3,4,5],5)：',random. sample([1,2,3,4,5],5))"将列表[1,2,3,4,5]中的元素随机排列，这是因为 sample 使用无放回取样，列表的长度为 5，(无放回)随机取样的次数也是 5，所以，这里实际上是随机排列列表[1,2,3,4,5]。

程序段 5-23 的执行结果如图 5-18 所示。

```
运行:  zym0523                                    ☼  —
►  ↑    E:\ZYPythonPrj\ZYPrj03\venv\Scripts\python.exe E
🔧  ↓    random(): 0.3640445862936533
▣  ⇥    randint(1,10): 10
▦  ▤    uniform(1.0,3.0): 2.8170684439833344
▥  🖶    choice([1,2,3,4,5]): 2
◆  📋    sample([1,2,3,4,5],3): [5, 2, 4]
         sample([1,2,3,4,5],5): [4, 2, 5, 1, 3]
```

图 5-18 模块 zym0523 执行结果

⊞ 5.6 本章小结 ◆

　　函数在各种计算机语言中均起到不可或缺的作用,即使在汇编语言中也需要编写大量的"函数"。函数的主要作用为增强程序代码的复用性和可读性,从而可以借助函数编写大规模的程序。本章详细介绍了 Python 语言的常用内置函数,这些内置函数需要熟练掌握。然后,介绍了设计自定义函数的方法,重点介绍了函数定义与调用方法、可变参数函数设计方法、函数返回值与变量作用域、函数闭包与装饰器以及递归函数等,接着,介绍了复合函数的用法。最后讨论了包与模块的定义与调用方法。

　　在学习了函数之后,Python 语言的基础语法部分只剩下"类"这一概念了,类是封装了数据(称为属性)和作用于这些属性上的方法(即函数)的一种"类型"。第 6 章将全面介绍类的定义与使用方法。

习题

　　1. 定义一个函数 rect,形式参数为长方形的宽 width 与高 height,返回长方形的面积 area。编写主程序,输入长方形的宽和高,然后,调用 rect 函数计算并输出长方形的面积。

　　2. 借助函数编写程序,输入两个正整数,求这两个正整数的最大公约数和最小公倍数。

　　3. 编写函数,实现两个整数、两个双精度浮点数和两个复数的乘法运算。

　　4. 编写程序,从键盘上输入 10 个整数,然后,对输入的整数序列进行降序排列,并输出排列好的整数序列(使用冒泡法、选择法和快速排序法三种方法实现)。

　　5. 编写函数,实现两个二维整型数组的乘法运算。一个 m 行 n 列的矩阵 $\boldsymbol{A}$ 乘以一个 n 行 k 列的矩阵 $\boldsymbol{B}$ 的积为一个 m 行 k 列的矩阵 $\boldsymbol{R}$:

$$\boldsymbol{R}_{i,j} = \sum_{t=1}^{n} \boldsymbol{A}_{i,t} \boldsymbol{B}_{t,j}, \quad i=1,2,\cdots,m, \quad j=1,2,\cdots,k$$

其中,$\boldsymbol{R}_{i,j}$ 表示 $\boldsymbol{R}$ 矩阵的第 i 行第 j 列的元素。

　　6. 编写递归函数计算 x^n,其中 n 为整数,x 为实数。

　　7. 使用与程序段 5-15 不同的递归方法计算汉诺塔问题。提示:将汉诺塔问题分解为①终止条件:当 A 柱上只有一个盘子时,将该盘子从 A 柱移动到 C 柱。②递归调用:将 A 柱上的 $n-1$ 个盘子借助 C 柱移动到 B 柱;将 A 柱上的第 n 个盘子(最大的盘子)从 A 柱直接移动到 C 柱;将 B 柱上的 $n-1$ 个盘子借助 C 柱移到 A 柱上。这样将 A 柱中最大的盘子转移到 C 柱了,并且 A 柱上剩下 $n-1$ 个盘子。注意:该方法得到的结果会比程序段 5-15 得到的结果复杂一些,因为这种方法实际上将 n 个盘子的汉诺塔问题转化为三个 $n-1$ 个盘子的汉诺塔问题。

　　8. 在快速排序法中,选择基准数为列表中间的元素,按照快速排序法的原理,编写函数实现这种形式的快速排序。

类 与 对 象

经典的编程方法称为面向过程的程序设计方法。在面向过程的程序设计中,使用函数实现各个功能模块,这些函数往往具有大量的形式参数,且其中还调用了大量其他的函数,这需要程序设计人员花费大量的时间管理和分类这些函数。一种对这些函数分类管理的好办法为把这些函数按其处理的客观对象进行分类,例如,计算圆的周长的函数和计算圆的面积的函数,因为它们处理的客观对象都是圆,所以将它们归为一类,同时把它们的形参,即这些函数要处理的数据,也归到这一类中。通过这种方法,实现了对客观对象的属性(即数据)和方法(即函数)的封装。对于圆这个类而言,其属性就是它的半径,方法就是计算它的周长和面积,而且方法(即函数)不再需要形式参数,只需要对圆的属性进行操作。这样,就从面向过程的程序设计方法过渡到了面向对象的程序设计方法。

在 Python 语言中,面向对象的程序设计方法具有两大特点,即封装和继承。封装特性表现在类把客观事物的属性和方法"封装"在一起,公有属性和公有方法只能通过对象进行访问(公共属性、静态方法和类方法除外)。继承是指一个类可以"继承"一个或多个类的属性和方法,被继承的类称为基类或父类,继承得到的类称为子类。子类继承父类,也可以说基类(或父类)派生了子类。

本章的学习重点:

(1) 深入理解类与对象的概念。

(2) 掌握定义类的技巧。

(3) 掌握与类相关的特殊方法。

(4) 学会应用类与继承技术设计应用程序。

6.1 类与对象的定义

在 Python 语言中,定义类的标准方法如下:

```
class 类名(父类列表):              # 如果没有父类,圆括号可以省略
    def __init__(self, 参数表)      # 构造方法
        语句组
    def getXxx(self)               # get 方法,用于获取属性值
        语句组
    def setXxx(self, 参数表)        # set 方法,用于设置属性值
        语句组
    其他方法
```

```
        def __del__(self)                    #析构方法
            语句组
```

这里,约定"类名"为首字母大写的合法标识符,当没有继承"父类"时,"(父类列表)"可以省略,圆括号也可以省略。每个类都必须有的一个方法为"__init__"方法(如果没有,系统也会自动创建一个默认的构造方法),该方法称为构造方法,当使用"类"(类是一种类型)创建"变量"(即对象)时,构造方法被自动调用。构造方法的作用在于为类创建的对象中的属性(即数据成员)赋初始值。

由于 Python 中没有变量的概念,无法在类中声明属性,故所有的属性都包含在一个标签"self"中,self 包含了属于该类创建的对象的所有属性和方法。注意:类是一种类型,没有对应的内存空间,只有类创建了对象,对象的"属性"和"方法"才被创建出来,这些属性和方法被保存在内存空间中。所以,类中的每个方法都有一个 self 参数,而且是第一个参数,表示该方法可使用类定义的对象本身的属性(即使不使用类定义的对象本身的属性,self 也不可少)。

类中应该具有的两类方法,称为 get 方法和 set 方法。

get 方法的命名约定方式为"get"后跟首字母大写的属性名,在上面类的标准定义中用形式"getXxx"表示。get 方法只有一个参数 self,其中,包括 return 语句,用于返回属性的值。

set 方法的命名约定方式为"set"后跟首字母大写的属性名,在上面类的标准定义中用形式"setXxx"表示。set 方法具有参数 self 和形参表,形参表与属性相对应,set 方法用形参表中的值为属性赋值。一般地,一个属性对应着一个 set 方法。当然,也可以多个属性使用一个 set 方法。

类中还应具有完成所需要的功能或任务的其他方法,这些方法命名建议为以"my"开头且只包含小写英文字母或数字的字符串,应具有一定的见名知义特征。

类中往往还有一个析构方法,方法名为"__del__",具有一个参数 self。当调用"del 对象名"删除对象时,析构方法将被自动调用,析构方法将清除对象所占有的全部内存空间。一般地,由于 Python 语言具有优秀的内存回收机制,所以析构方法一般无须显式编写。

下面的程序段 6-1 给出了一个标准的类的实例。

程序段 6-1　类的标准定义形式

视频讲解

```
1     class Circle:
2         def __init__(self,v = 0.0):
3             self.r = v
4         def getR(self):
5             return self.r
6         def setR(self,v = 0.0):
7             self.r = v
8         def myarea(self):
9             return 3.14 * self.r * self.r
10        def myperi(self):
11            return 2 * 3.14 * self.r
12    if __name__ == '__main__':
13        c = Circle(3.0)
14        s1 = c.myarea()
15        p1 = c.myperi()
16        r1 = c.getR()
17        print(f'Circle with radius:{r1:.2f}.')
```

```
18          print(f'Area:{s1:.2f}')
19          print(f'Perimeter:{p1:.2f}')
20          c.setR(5.0)
21          s2 = c.myarea()
22          p2 = c.myperi()
23          r2 = c.getR()
24          print(f'Circle with radius:{r2:.2f}.')
25          print(f'Area:{s2:.2f}')
26          print(f'Perimeter:{p2:.2f}')
27          del c
```

在程序段 6-1 中,第 1～11 行定义了类 Circle,第 1 行"class Circle:"声明类的名称为 Circle。第 2、3 行为构造方法,该方法固定具有名称"__init__"(两个下画线,中间无空格),第 2 行"def __init__(self,v=0.0):"定义构造方法,其中第一个参数为 self,是指代类(创建的对象)本身,可称为内部参数;参数 v 是具有默认值的外部参数。使用类 Circle 创建对象时,将自动调用构造方法,即执行第 2、3 行,第 3 行"self.r=v"将参数 v 赋给属性 r。"self.r"表示类创建的对象的属性 r。

类定义的"变量"称为对象,也常称为实例,是因为一个类可以定义任意多的对象。类定义对象的过程称为类的实例化。这里仍然采用"类"与"对象"这种说法。"类"是一种数据类型,不存在于内存中;"对象"是一种"变量",保存在内存中,而且具有实在的属性和方法。可以这样理解,类是建造大楼的"蓝图",而对象是实实在在的楼房。所以,严格意义上来说,提到类的属性和方法是不严谨的,应该说是对象的属性和方法。但是,习惯上,不引起歧义的情况下,也常使用类的属性和方法这一说法。

回到程序段 6-1,第 4、5 行为 get 方法,第 4 行"def getR(self):"定义 get 方法为"getR",这里约定 get 方法以"get"后接首字母大写的属性名命名,所以这里的 get 方法为"getR",get 方法只有内部参数 self,没有外部参数。第 5 行"return self.r"返回属性 r 的值。

第 6、7 行为 set 方法,第 6 行"def setR(self,v=0.0):"定义 set 方法为"setR",具有一个内部参数 self 和一个带默认值的外部参数 v;第 7 行"self.r=v"将 v 赋给属性 r。

第 8、9 行定义函数 myarea,只有一个内部参数 self,用于返回圆的面积。

第 10、11 行定义函数 myperi,只有一个内部参数 self,用于返回圆的周长。

注意:在类中,函数一般称为方法。下文将使用"方法"取代"函数"这一称呼。此外,内部参数 self 在调用类的方法时,对外不可见,即只有方法的外部参数才是调用方法时需要指定实参的。

第 13 行"c=Circle(3.0)"使用类 Circle 创建对象 c,这里将自动调用构造方法(构造方法只有一个外部参数 v),将 3.0 赋给对象 c 的属性 r(见第 3 行)。

第 14 行"s1=c.myarea()"由对象 c 调用其方法 myarea 计算其面积,将结果赋给 s1。由于 myarea 没有外部参数,故参数表为空。

注意:对象调用其方法的形式为"对象名.方法名(参数表)"。

第 15 行"p1=c.myperi()"由对象 c 调用其方法 myperi 计算圆的周长,将结果赋给 p1。由于 myperi 没有外部参数,故参数表为空。

第 16 行"r1=c.getR()"由对象 c 调用 getR 方法获得其属性 r(即圆的半径)的值,赋给 r1。

第 17 行"print(f'Circle with radius：{r1：.2f}.')"输出圆的半径 r1。

第 18 行"print(f'Area：{s1：.2f}')"输出圆的面积 s1。

第 19 行"print(f'Perimeter：{p1：.2f}')"输出圆的周长 p1。

第 20 行"c.setR(5.0)"调用对象 c 的 set 方法将其属性 r 设为 5.0,这个值将覆盖原来的半径值。

第 21 行"s2＝c.myarea()"调用对象 c 的 myarea 方法计算圆面积,赋给 s2,此时使用新的属性值,即半径为 5.0。

第 22 行"p2＝c.myperi()"调用对象 c 的 myperi 方法计算圆周长,赋给 p2,此时使用新的属性值,即半径为 5.0。

第 23 行"r2＝c.getR()"调用对象 c 的 get 方法获取属性 r 的值,赋给 r2。

第 24 行"print(f'Circle with radius：{r2：.2f}.')"输出圆的半径。

第 25 行"print(f'Area：{s2：.2f}')"输出圆的面积,使用了新的半径。

第 26 行"print(f'Perimeter：{p2：.2f}')"输出圆的周长,使用了新的半径。

第 27 行"del c"删除对象 c,在类 Circle 中没有设计析构方法,系统将自动生成一个析构方法,"del c"将启动自动生成的析构方法清理对象 c 所占用的内存空间。

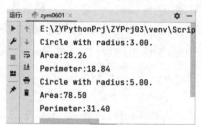

图 6-1　模块 zym0601 执行结果

程序段 6-1 的执行结果如图 6-1 所示。

从程序段 6-1 可总结如下关于类与对象的结论。

(1) 使用 class 定义类,类名约定为首字母大写的合法标识符。

(2) 类中应有显式定义的构造方法"__init__",构造方法用于初始化类(创建的对象)的属性。构造方法在使用类定义对象时自动被调用。

(3) 类中应有 get 方法和 set 方法,分别用于读取类(创建的对象)的属性和为类(创建的对象)的属性赋值。

(4) 所有类中的方法均有一个内部参数 self,而且 self 必须作为第一个参数,内部参数 self 在外部不可见,self 是指代类(创建的对象)本身,使用"self.属性名"访问类(创建的对象)的属性。在调用类的方法时忽略 self 参数。

(5) 类中应包含为完成所需功能而设计的方法,这些方法均应使用类(创建的对象)的属性。

(6) 类中一般不编写析构方法,因为 Python 语言具有优秀的内存回收机制。

(7) 类定义对象的方式为"对象名＝类名(实参表)",这里的"实参表"与类(创建的对象)的属性相对应,实参表的个数由构造方法的外部参数的个数决定,忽略内部参数 self。

(8) 对象调用其中的公有方法的方法为"对象名.公有方法名(实参表)",这里所谓的"公有方法"是指可以借助对象名调用的方法,还有一类方法称为私有方法,不能直接借助类名调用,而只能借助类(创建的对象)中的公有方法间接调用。这里的"实参表"对应于公有方法的外部参数表,当公有方法没有外部参数时,"公有方法名"后的圆括号不能省略。

(9) 在程序段 6-1 中,属性 r 属于公有属性,可以借助对象直接访问,即"c.r ＝ 5.0"和第 20 行的"c.setR(5.0)"作用完全相同(即第 20 行可以替换为"c.r ＝ 5.0")。在 C++语言中不建议使用"c.r ＝ 5.0",这是因为这种赋值打破了类的封装特性,其建议将 r 设为私有属性。但是在 Python 语言中，可以使用公有属性。

上述是标准的类与对象的概念，但是总有一些特殊情况下的"属性"和"方法"不符合标准的定义和调用方法，下面的 6.2 节中讨论这些情况。

▦ 6.2　类中的属性与方法　◆

严格意义上，属性与方法属于对象，而不属于类。一般地，在不引起歧义的情况下，也常说"类的属性与方法"。本节标题使用了"类中的属性与方法"。在 Python 语言中，的确有一种方法称为类方法，还有一些其他情况下的属性和方法，本节会进一步讨论这些属性和方法的定义和使用方法。同时，将类中的标准属性（self 下的属性）和公有方法称为数据成员和方法成员。

下面首先介绍非面向对象的属性和方法。

6.2.1　非面向对象的属性和方法

面向对象程序设计有两个特点，即封装和继承。非面向对象的属性和方法是指可以借助类名直接访问的属性和方法。这两者有根本性的区别：①借助对象访问的属性和方法，只有在创建了对象后，才能由对象调用，这类属性和方法可以称为动态属性和动态方法；②非面向对象的属性和方法，在定义了类后就可以由类名调用，也可以由类的对象调用（本质上仍是由类名调用的），这类属性和方法可以称为静态属性和静态方法（注意 Python 语言中有静态方法和类方法之分）。建议不是必须使用非面向对象的属性和方法时，尽可能不使用这种属性和方法。

程序段 6-2 展示了非面向对象的属性和方法。

程序段 6-2　文件 zym0602

视频讲解

```
1    class Math:
2        name = 'Mathclass'
3        val1 = 3
4        val2 = 5
5        @classmethod
6        def max(cls,a,b):
7            print(f'Class method in Class:{cls.name}.')
8            return a if a > b else b
9        @staticmethod
10       def min(a,b):
11           print(f'Static method in Class:{Math.name}.')
12           return a if a < b else b
13   if __name__ == '__main__':
14       a,b = 12,18
15       print(f'There are two values:{a} and {b}.')
16       u1 = Math.max(a,b)
17       print(f'Max value:{u1}.')
18       u2 = Math.min(a,b)
19       print(f'Min value:{u2}.')
20       Math.name = 'MyMathclass'
21       Math.val1 = 20
22       print(f'There are two values:{Math.val1} and {Math.val2}.')
```

```
23        u3 = Math.max(Math.val1, Math.val2)
24        print(f'Max value:{u3}.')
25        u4 = Math.min(Math.val1, Math.val2)
26        print(f'Min value:{u4}.')
27        m = Math()
28        m.val2 = 35
29        print(f'There are two values:{m.val1} and {m.val2}.')
30        u5 = Math.max(m.val1, m.val2)
31        print(f'Max value:{u5}.')
32        u6 = Math.min(m.val1, m.val2)
33        print(f'Min value:{u6}.')
```

在程序段 6-2 中,第 1～12 行定义了类 Math。第 2 行"name='Mathclass'"定义了类的属性(称为公共属性,即所有该类的对象均可以访问的属性)name,赋值为"Mathclass"。第 3 行"val1=3"定义了类的属性 val1,赋值为 3;第 4 行"val2=5"定义了类的属性 val2,赋值为 5。

第 5～8 行为类方法"max",第 5 行"@classmethod"表示其后的函数为类方法,类方法是指直接使用类名访问的方法(当然,借助类的对象也可以访问,是一种公共方法),类方法的特点在于第 6 行"def max(cls,a,b):",其参数表的第一个参数为 cls(class 的缩写),指代的是当前类,属于内部参数;a 和 b 是外部参数,这里函数 max 返回 a 和 b 的较大者(第 8 行),同时,第 7 行"print(f'Class method in Class:{cls.name}.')"借助 cls.name 获得 name 的值,输出 name。

第 9～12 行为静态方法"min",第 9 行"@staticmethod"表示其后的函数为静态方法,静态方法是指在编译阶段分配了内存空间的方法,由类名直接调用(当然,借助类的对象也可以访问,是一种公共方法)。第 10 行"def min(a,b):"为静态方法 min 的头部,这里没有类方法中的"cls"内部参数,其中的 a 和 b 均为外部参数。第 11 行"print(f'Static method in Class:{Math.name}')"借助"类名.公共属性名"即 Math.name 访问公共属性 name,并输出 name。第 12 行"return a if a<b else b"返回 a 与 b 中的较小者。

注意,在上述的类 Math 中没有使用构造方法,也没有 get 方法和 set 方法,类中的方法均主要是对外部参数进行处理。这种"类"实际上已经失去了类本来的封装属性,只是一些方法和公共属性的"容器"而已。

第 14 行"a,b=12,18"设定 a 和 b 分别为 12 和 18。

第 15 行"print(f'There are two values:{a} and {b}.')"输出信息"There are two values:12 and 18."。

第 16 行"u1=Math.max(a,b)"使用"类名.类方法名(参数表)"的形式调用类方法 max,得到 a 和 b 中的较大者,赋给 u1。其中,将调用类方法 max 的第 7 行,输出"Class method in Class:Mathclass."。

第 17 行"print(f'Max value:{u1}.')"将输出信息"Max value:18."。

第 18 行"u2=Math.min(a,b)"使用"类名.静态方法名(参数表)"的形式调用静态方法 min,得到 a 与 b 中的较小者,赋给 u2。其中,将调用静态方法 min 的第 11 行,输出"Static method in Class:Mathclass."。

第 19 行"print(f'Min value:{u2}.')"输出信息"Min value:12."。

第 20 行"Math.name='MyMathclass'"借助"类名.公共属性名"的方式将

"MyMathclass"赋给公共属性 name。

第 21 行"Math. val1＝20"借助"类名. 公共属性名"的方式将 20 赋给公共属性 val1。

第 22～26 行与第 15～19 行的功能相似,只是这里使用了类中的公共属性 name、val1 和 val2。

第 27 行"m＝Math（）"使用类 Math 创建对象 m。

第 28 行"m. val2＝35"借助"对象名. 公共属性名"的方法将 35 赋给公共属性 val2。

第 29～33 行与第 22～26 行的功能相似,只是这里使用了对象而不是类访问类的公共属性 name、val1 和 val2。

程序段 6-2 的执行结果如图 6-2 所示。

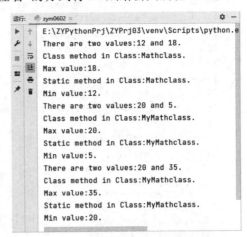

图 6-2　模块 zym0602 执行结果

6.2.2　公有成员和私有成员

类（创建的对象）的公有成员是指可以通过"对象名. 成员名"访问的成员,一般地,方法均应设为公有成员,通过"对象名. 方法名（参数表）"进行访问。在 C++语言中,类中的数据成员均被建议设置为私有成员。类（创建的对象）的私有成员是指不能通过"对象名. 成员名"访问的成员,这类成员需要借助公有的 get 方法和 set 方法进行访问。在 Python 语言中,建议将数据成员设置为公有成员。

在 Python 语言中,设置一个属性为私有成员的方法是在其名称前添加"＿＿"（两个下画线,中间无空格）。凡是不以"＿＿"开头的成员,均为公有成员。一般地,类的自定义方法均应为公有方法（事实上,私有方法没有意义）。

下面借助自定义的复数类介绍私有成员（主要是私有属性）的用法,如程序段 6-3 所示,这个程序段类似于 C++语言类的风格,是非常标准的基于类的程序设计方法（值得一提的是,Python 语言内置了功能强大的复数类 complex）,后续内容还将进一步扩展这个程序段的内容。

程序段 6-3　复数类定义与应用

视频讲解

```
1    class Complex:
2        def __init__(self,a = 0.0,b = 0.0):
3            self.__re = a
4            self.__im = b
5        def getRe(self):
6            return self.__re
7        def getIm(self):
8            return self.__im
9        def getReIm(self):
10           return (self.__re,self.__im)
11       def setRe(self,a = 0.0):
12           self.__re = a
13       def setIm(self,b = 0.0):
14           self.__im = b
15       def setReIm(self,a = 0.0,b = 0.0):
```

```
16              self.__re,self.__im = a,b
17          def myshow(self):
18              print(f'Complex: ({self.__re:.2f},{self.__im:.2f})')
19          def mydisp(self):
20              print(f'Complex: {self.getRe():.2f}{self.getIm(): + .2f}j')
21      if __name__ == '__main__':
22          c = Complex(1, - 2)
23          c.myshow()
24          c.mydisp()
25          c.setReIm(3, - 5)
26          c.myshow()
27          c.setRe(12)
28          c.mydisp()
```

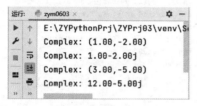

图 6-3　模块 zym0603 执行结果

程序段 6-3 的执行结果如图 6-3 所示。

在程序段 6-3 中,第 1～20 行定义了类 Complex (注意,首字母大写,Python 具有内置的复数类 complex)。

在复数类 Complex 内部,第 2～4 行为构造方法__init__,具有两个外部参数 a 和 b,构造方法将 a 赋给属性 self.__re(表示复数的实部),将 b 赋给属性 self.__im(表示复数的虚数),这里的实部和虚部成员均为私有成员,因为其带有前缀"__"(两个下画线)。在类的外部,私有成员无法借助"对象名.成员名"的方法访问。

第 5、6 行为 get 方法 getRe,获取私有数据成员 self.__re;第 7、8 行为 get 方法 getIm,返回私有数据成员 self.__im;第 9、10 行为 get 方法 getReIm,以元组的形式返回复数的实部 self.__re 和虚部 self.__im。

第 11、12 行为 set 方法 setRe,将外部参数 a 赋给私有数据成员 self.__re;第 13、14 行为 set 方法 setIm,将外部参数 b 赋给私有数据成员 self.__im;第 15、16 行为 set 方法 setReIm,将外部参数 a 和 b 分别赋给复数的实部 self.__re 和虚部 self.__im。

第 17、18 行为 myshow 方法,以形如"(实部,虚部)"的形式输出复数。第 19、20 行为 mydisp 方法,以形如"实部＋虚部 j"的形式输出复数。

第 22 行"c＝Complex(1,−2)"使用 Complex 类定义对象 c,自动调用构造方法将参数 1 和−2 分别赋给对象 c 的实部和虚部。第 23 行"c.myshow()"借助对象 c 调用其公有方法 myshow,输出"Complex:(1.00,−2.00)"。第 24 行"c.mydisp()"借助对象 c 调用其公有方法 mydisp,输出"Complex:1.00−2.00j"。第 25 行"c.setReIm(3,−5)"表示对象 c 调用其公有方法 setReIm 将 3 和−5 分别赋给对象 c 的实部和虚部。第 26 行"c.myshow()"表示对象 c 调用 myshow 方法输出新的复数,得到"Complex:(3.00,−5.00)"。第 27 行"c.setRe(12)"表示对象 c 调用公有方法 setRe 将其实部设为 12。第 28 行"c.mydisp()"输出新的复数值,得到"Complex:12.00−5.00j"。

在程序段 6-3 中,在类 Complex 的外部使用"c.__re"或"c.__im"访问这两个属性都是错误的,因为这两个属性为类的私有属性,只能在类的内部访问,类内部的方法均可以直接访问这些私有属性。

6.2.3 Property 属性

在程序段 6-3 所示的复数类 Complex 中，get 方法用于获取类内部的数据成员，set 方法用于向类内部的数据成员赋值。如果数据成员为私有成员，且类只有 get 方法，则这种数据成员具有只读特性；如果数据成员为私有成员，且类只有 set 方法，则这种数据成员具有只写属性。

在定义了私有数据成员的类中，可以借助"Property 属性"更便捷地访问这些私有数据成员，由于前文中"属性"和"数据成员"具有相同的含义，事实上，在类中属性就是指数据成员，而方法是指函数。所以这里使用"Property 属性"这一说法，而不使用通常的"属性"一词。

Property 属性的典型语法为：

    x = property(get 方法名, set 方法名, del 方法名, 表示提示信息的字符串)

此时，将 x 赋给其他变量，将自动调用"get 方法名"指定的 get 方法；向 x 赋值，将自动调用"set 方法名"指定的 set 方法；删除 x（即 del x）将自动调用"del 方法名"指定的 del 方法。property 的各个部分如果缺失，则以 None 填充其位置。

程序段 6-4 展示了 property 的用法。

程序段 6-4　文件 zym0604

视频讲解

```
1    class Complex:
2        def __init__(self,a = 0.0,b = 0.0):
3            self.__re = a
4            self.__im = b
5        def getRe(self):
6            return self.__re
7        def getIm(self):
8            return self.__im
9        def getReIm(self):
10           return (self.__re,self.__im)
11       def setRe(self,a = 0.0):
12           self.__re = a
13       def setIm(self,b = 0.0):
14           self.__im = b
15       def setReIm(self,a = 0.0,b = 0.0):
16           self.__re,self.__im = a,b
17       re = property(getRe,setRe,None,'This is a property for Real part.')
18       im = property(getIm,setIm,None,'This is a property for Imaginary part.')
19       def myshow(self):
20           print(f'Complex: ({self.__re:.2f},{self.__im:.2f})')
21       def mydisp(self):
22           print(f'Complex: {self.getRe():.2f}{self.getIm(): + .2f}j')
23   if __name__ == '__main__':
24       c = Complex(1, - 2)
25       c.myshow()
26       c.mydisp()
27       c.re,c.im = 3, - 5
28       c.myshow()
29       c.re = 12
30       c.mydisp()
```

在程序段 6-3 的基础上,程序段 6-4 添加了第 17、18 行,第 17 行"re＝property(getRe, setRe, None, 'This is a property for Real part. ')"使用 property 内置函数将 re 设置为 Property(属性),此时,读 re 将自动调用 getRe 函数,写 re 将自动调用 setRe 函数。第 18 行"im＝property(getIm, setIm, None, 'This is a property for Imaginary part. ')"使用 property 内置函数将 im 设置为 Property(属性),读 im 将自动调用 getIm,写 im 将自动调用 setIm。

在第 27 行"c. re,c. im＝3,－5"可以直接使用"对象名. Property 属性名"的形式访问 Property 属性,这里将 Property 属性 re 和 im 分别赋为 3 和－5,实际上是向对象 c 的私有成员 __re 和 __im 分别赋值 3 和－5。

第 29 行"c. re＝12"将 Property 属性 re 赋为 12,实际上是向对象 c 的私有成员 __re 赋值 12。

程序段 6-4 的执行结果与程序段 6-3 相同,如图 6-3 所示。

property 的另一种常用写法称为"装饰器"方法,如程序段 6-5 所示。

视频讲解

程序段 6-5　文件 zym0605

```
1     class Complex:
2         def __init__(self,a = 0.0,b = 0.0):
3             self.__re = a
4             self.__im = b
5         def getRe(self):
6             return self.__re
7         def getIm(self):
8             return self.__im
9         def getReIm(self):
10            return (self.__re,self.__im)
11        def setRe(self,a = 0.0):
12            self.__re = a
13        def setIm(self,b = 0.0):
14            self.__im = b
15        def setReIm(self,a = 0.0,b = 0.0):
16            self.__re,self.__im = a,b
17        @property
18        def re(self):
19            return self.__re
20        @re.setter
21        def re(self,v = 0.0):
22            self.__re = v
23        @re.deleter
24        def re(self):
25            del self.__re
26        @property
27        def im(self):
28            return self.__im
29        @im.setter
30        def im(self, v = 0.0):
31            self.__im = v
32        @im.deleter
33        def im(self):
34            del self.__im
```

```
35          def myshow(self):
36              print(f'Complex: ({self.__re:.2f},{self.__im:.2f})')
37          def mydisp(self):
38              print(f'Complex: {self.getRe():.2f}{self.getIm():+.2f}j')
39      if __name__ == '__main__':
40          c = Complex(1, -2)
41          c.myshow()
42          c.mydisp()
43          c.re,c.im = 3, -5
44          c.myshow()
45          c.re = 12
46          c.mydisp()
```

程序段 6-5 使用"装饰器"的方法配置类的 Property 属性,第 17～19 行定义了 Property 属性 re 的读特性,这里的"@property"相当于 getter 方法,即读 Property 属性 re 时执行的方法。第 18 行"def re(self):"中使用 Property 属性名 re 作为函数名,第 19 行"return self.__re"返回私有成员__re。

第 20～22 行为 Property 属性 re 的 setter 方法,即写 Property 属性 re 时调用的方法。以"@"开头的语句均称为"装饰器"(类似于编译指示器,使其后的函数具有特定的功能或含义)。第 21 行"def re(self,v=0.0):"中使用 Property 属性 re 作为函数名,具有一个外部参数 v,在第 22 行"self.__re=v"中将 v 赋给私有成员__re。

第 23～25 行为 Property 属性 re 的 deleter 方法,即删除 Property 属性 re 时自动调用的方法。第 24 行"def re(self):"使用 Property 属性 re 作为函数名,第 25 行"del self.__re"删除私有成员__re。

第 26～34 行与第 17～25 行的含义相似,只是第 26～34 行为 Property 属性 im 的 getter(由@property 表示)、setter 和 deleter 方法。

程序段 6-5 的执行结果与程序段 6-3 相同,如图 6-3 所示。

Property 属性一定是公有的,而且可通过"对象名. Property 属性名"访问。

6.2.4　数据成员与方法成员

在 Python 语言中公共成员,即属于类的可以借助类名访问的成员,也可以借助类中的方法访问,这一点和 C++语言的类的机制有很大区别。在程序段 6-6 中,演示了这种有些"随意"的成员调用情况。

程序段 6-6　文件 zym0606

```
1       class Complex:
2           __name = 'Complex'
3           coef = 1
4           def __init__(self,a = 0.0,b = 0.0):
5               self.re = a
6               self.im = b
7           def getName(self):
8               return Complex.__name
9           def setName(self,str):
10              Complex.__name = str
11          def __setRe(self,a = 0.0):
12              self.re = a
13          real = property(None, __setRe, None, '')
```

视频讲解

```
14          def myshow(self):
15              Complex.coef += 1
16              print(f'Complex: ({self.re * Complex.coef:.2f},{self.im * Complex.coef:.2f})')
17      if __name__ == '__main__':
18          c = Complex(1, -2)
19          print(c.getName())
20          c.setName("MyComplexClass")
21          print(c.getName())
22          c.myshow()
23          c.real = 12
24          c.myshow()
```

在程序段 6-6 中,第 1~16 行定义了类 Complex。第 2 行"__name = 'Complex'"定义私有公共数据成员__name,并赋值为"Complex"。在第 7、8 行的方法 getName 和第 9、10 行的方法 setName 中,借助"类名.私有公共数据成员名"的形式访问了__name。

第 3 行"coef = 1"定义了公有公共数据成员 coef。在第 14~16 行的方法 myshow 中借助"类名.公有公共数据成员名"的形式访问了 coef,这里第 15 行"Complex.coef+=1"表示每执行一次 myshow 方法,coef 的值累加 1,可以借助 coef 统计该方法的执行次数;第 16 行"print(f'Complex:({self.re * Complex.coef:.2f},{self.im * Complex.coef:.2f})')"输出复数的实部和虚部时,均将实部和虚部放大了 coef 倍。

在程序段 6-6 中,还定义了私有的 set 方法__setRe,在第 13 行"real = property(None, __setRe, None, None)"的 property 函数中将 real 设置为只写的 Property 属性。在第 23 行"c.real=12"中将 real 赋值 12,实质上是按第 13 行指示调用第 11、12 行的__setRe 方法将 re 赋给 12。这里等价于 c.re=12(由于 re 为公有数据成员)。

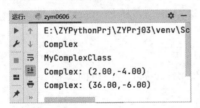

图 6-4　模块 zym0606 执行结果

程序段 6-6 的执行结果如图 6-4 所示。

Python 语言中类的这种成员间的"随意"调用,可能会让一些精通其他计算机语言的读者感到困惑,原因在于在其他计算机语言中,类本身仅是一种类型,不会占用内存空间;然而在 Python 语言中,类本身也像一个"对象",因为有专门的"类方法"和专门的类的"数据"。但是,请注意有一些关于类的基本规则在各个计算机语言中仍然是通用的,例如:①静态方法不能访问类的数据成员和方法成员(因为这些成员是动态成员),但是静态方法可以访问类中的公共成员;②类方法不能访问类的数据成员和方法成员,但是可以访问类中的公共成员。类的静态方法和"类方法"可以由类名调用,也可以由类定义的对象调用。

为了规范地表示类中的各个成员,现在规定凡是在 self 中的成员,即使用"self."访问的数据和使用"self"作为其参数的方法,都称为"数据成员"和"方法成员"。这两类都属于类的动态成员,即类定义了对象后,这些动态成员才建立起来。

凡是在类中直接出现的数据(无"self.")和不带有 self 的函数均称为公共数据或公共函数。公共数据如程序段 6-6 中的第 2、3 行的数据。这类公共数据和公共函数是静态的,定义了类后,这些静态的公共数据和公共函数就建立了。关于"不带有 self 的函数"需要再强调一下,使用了"装饰器"@staticmethod 和@classmethod 的静态方法和类方法可以用类名调用,也可以使用类定义的对象调用;但是没有使用"装饰器"的不带 self 的普通函数,只能使用类名调用。

此外,带有前缀"__"的成员为私有成员,只能在类内部访问;不带有前缀"__"的成员都是公有成员,可以在类外部,借助对象名(对于动态成员、静态方法和类方法等)或类名(对于静态成员)访问。

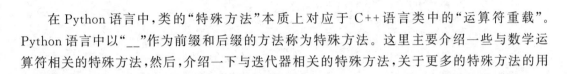

6.3 特殊方法

在 Python 语言中,类的"特殊方法"本质上对应于 C++ 语言类中的"运算符重载"。Python 语言中以"__"作为前缀和后缀的方法称为特殊方法。这里主要介绍一些与数学运算符相关的特殊方法,然后,介绍一下与迭代器相关的特殊方法,关于更多的特殊方法的用法请参考文档 The Python Language Reference,Data Model,Special method names。

作用于数值的特殊方法如表 6-1 和表 6-2 所示。

表 6-1　作用于数值的特殊方法-Ⅰ

序　号	方　法　名	含　义
1	__add__(self,other)	＋,例如,执行 x＋y 时,将自动调用 x. __add__(y),以下含义相同
2	__sub__(self,other)	－
3	__mul__(self,other)	*
4	__matmul__(self,other)	@,矩阵乘法运算符,但 Python 语言没有实现该运算符
5	__truediv__(self,other)	/
6	__floordiv__(self,other)	//
7	__mod__(self,other)	％
8	__divmod__(self,other)	divmod(),例如,执行 divmod(x,y) 时,将自动调用 x. __divmod__(y),返回元组形式的商和余数
9	__pow__(self,other,[,modulo])	pow()或 **
10	__lshift__(self,other)	<<(按位左移)
11	__rshift__(self,other)	>>(按位右移)
12	__and__(self,other)	&(按位与)
13	__xor__(self,other)	^(按位异或)
14	__or__(self,other)	|(按位或)

表 6-1 中的所有特殊方法均有一个对应的"对偶"方法,即方法名前面加上"r",例如,"__add__"的"对偶"方法为"__radd__"。如果执行"x＋y",当对象 x 中没有实现特殊方法"__add__",但是对象 y 中实现了特殊方法"__radd__"时,"x＋y"相当于"y. __radd__(x)"。因此,为了使运算无误,应在一个对象中同时实现特殊方法和它的对偶方法。

表 6-2　作用于数值的特殊方法-Ⅱ

序　号	方　法　名	含　义
1	__iadd__(self,other)	＋=,例如,执行 x＋=y 时,将自动调用 x. __iadd__(y),以下含义相同
2	__isub__(self,other)	－=

序　号	方　法　名	含　　义
3	__imul__(self,other)	*=
4	__imatmul__(self,other)	@=
5	__itruediv__(self,other)	/=
6	__ifloordiv__(self,other)	//=
7	__imod__(self,other)	%=
8	__ipow__(self,other[,modulo])	**=
9	__ilshift__(self,other)	<<=（按位左移复合赋值运算符）
10	__irshift__(self,other)	>>=（按位右移复合赋值运算符）
11	__iand__(self,other)	&=（按位与复合赋值运算符）
12	__ixor__(self,other)	^=（按位异或复合赋值运算符）
13	__ior__(self,other)	|=（按位或复合赋值运算符）
14	__neg__(self)	－,单目运算符（负）
15	__pos__(self)	＋,单目运算符（正）
16	__abs__(self)	abs()
17	__invert__(self)	~（按位取反）
18	__complex__(self)	complex()（强制转化为复数）
19	__int__(self)	int()（强制转化为整数）
20	__float__(self)	float()（强制转化为浮点数）
21	__index__(self)	operator.index()
22	__round__(self[,ndigits])	round()（四舍五入）
23	__trunc__(self)	trunc()（截断小数部分,对于正数相当于 floor,对于负数相当于 ceil）
24	__floor__(self)	floor()（向下取整）
25	__ceil__(self)	ceil()（向上取整）

下面程序段 6-7 以复数类为例介绍特殊方法的用法。

程序段 6-7　文件 zym0607

视频讲解

```
1    class Complex:
2        def __init__(self,a = 0.0,b = 0.0):
3            self.re = a
4            self.im = b
5        def getRe(self):
6            return self.re
7        def getIm(self):
8            return self.im
9        def setRe(self,a = 0.0):
10           self.re = a
11       def setIm(self,b = 0.0):
12           self.im = b
13       def __add__(self,other):
14           self.re = self.re + other.re
15           self.im = self.im + other.im
16           return self
17       def __radd__(self, other):
18           self.re = self.re + other.re
19           self.im = self.im + other.im
```

```
20              return self
21         def mydisp(self):
22              print(f'{self.re:.2f}{self.im: + .2f}j')
23     if __name__ == '__main__':
24         c1 = Complex(1, - 2)
25         c2 = Complex( - 8,10)
26         c3 = c1 + c2
27         c3.mydisp()
```

在程序段 6-7 中,第 1~22 行定义了复数类 Complex。第 2~4 行为构造方法。第 5~6 行为 get 方法 getRe,用于读取数据成员 re(表示实部);第 7、8 行为 get 方法 getIm,用于读取数据成员 im(表示虚部)。第 9~10 行为 set 方法 setRe,用于向数据成员 re 赋值;第 11、12 行为 set 方法 setIm,用于向数据成员 im 赋值。

第 13~16 行为特殊方法__add__。第 13 行"def __add__(self,other):"中的函数名必须与特殊方法名"__add__"相同,第一个参数必须为内部参数 self,第二个参数可以为任意合法的标识符。第 14 行"self. re＝self. re＋other. re"和第 15 行"self. im＝self. im＋other. im"将 self 的实部和虚部分别与 other 对象的实部和虚部相加,结果保存在 self 中。第 16 行"return self"返回 self。

第 17~20 行为特殊方法"__radd__",其为"__add__"的对偶方法,其实现的代码(第 18~20 行)与第 14~16 行完全相同。

第 24 行"c1＝Complex(1,－2)"定义复数对象 c1;第 25 行"c2＝Complex(－8,10)"定义复数对象 c2。第 26 行"c3＝c1＋c2"将 c1 与 c2 相加,其结果赋给 c3,这一行代码的执行实际上是调用了第 13~16 行的特殊方法。第 27 行"c3. mydisp()"输出 c3,其结果为"－7.00＋8.00j"。

在 Python 语言中,实现迭代器的两个特殊方法为__iter__(self)和__next__(self)方法。实现了特殊方法__iter__(self)的类可以创建迭代器对象,而特殊方法__next__(self)定义迭代器的迭代规则。在程序段 6-8 中介绍了迭代器的用法。

程序段 6-8　迭代器用法实例

视频讲解

```
1     class Range:
2         def __init__(self):
3              self.i = 0
4         def __iter__(self):
5              return self
6         def __next__(self):
7              self.i += 1
8              return self.i
9     class Fib:
10        def __init__(self):
11             self.a = 0
12             self.b = 1
13        def __iter__(self):
14             return self
15        def __next__(self):
16             self.a,self.b = self.b,self.a + self.b
17             return self.a
18    if __name__ == '__main__':
19        print('range:')
20        range1 = Range()
```

```
21          for e in range1:
22              if e <= 10:
23                  print(e, end = ' ')
24              else:
25                  break;
26          print('\nfib1:')
27          fib1 = Fib()
28          for e in range(1, 5 + 1):
29              print(f'{e:>4} --- {next(fib1):<8}')
30          print('fib2:')
31          fib2 = Fib()
32          i = 0
33          for e in fib2:
34              if e < 10:
35                  i += 1
36                  print(f'{i:>4} --- {e:<8}')
37              else:
38                  break
```

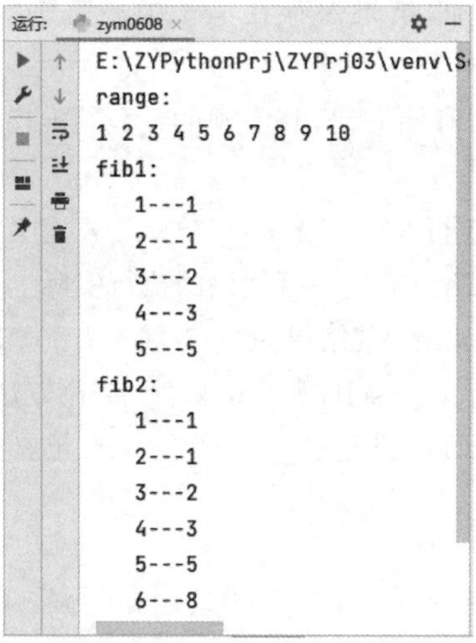

图 6-5 模块 zym0608 执行结果

程序段 6-8 的执行结果如图 6-5 所示。

在程序段 6-8 中,第 1~8 行定义类 Range,第 2、3 行为其构造方法;第 4、5 行为特殊方法"__iter__",该方法返回类定义的对象 self 本身。第 6、7 行为特殊方法"__next__",其迭代规则为数据成员 i 自增 1。

第 9~17 行定义了类 Fib,用于实现 Fibonacci 数,第 10~12 行为其构造方法;第 13、14 行为特殊方法"__iter__";第 15~17 行为特殊方法"__next__",其迭代规则为"原数据成员 b 赋给 a,同时原数据成员 a 与原数据成员 b 的和赋给 b"。

第 20 行"range1 = Range()"借助 Range 类定义可迭代对象 range1(这里使用名称 range1 的原因在于 Python 语言有 range 类,如第 28 行所示)。第 21~25 行为一个 for 结构,第 21 行"for e in range1:"使 e 遍历 range1 对象,每次遍历将调用 range1 对象的__next__方法一次,__next__方法的返回值将赋给 e。第 22~25 行为一个 if-else 结构,输出小于或等于 10 的 e。

第 27 行"fib1 = Fib()"使用类 Fib 定义对象 fib1。第 28、29 行为一个 for 结构,当 e 从 1 按步长 1 递增到 5 的过程中,循环执行第 29 行"print(f'{e: >4}---{next(fib1): <8}')",这里调用 next(fib1)执行 fib1 对象的__next__方法,并得到__next__方法的返回值。

第 31 行"fib2 = Fib()"使用类 Fib 定义对象 fib2。第 33~38 行为一个 for 结构,使 e 遍历对象 fib2,每次遍历将执行 fib2 的__next__方法,并将__next__方法的返回值赋给 e。然后,在第 34~38 行的 if-else 结构中,输出小于 10 的 Fibonacci 数。

上述 next 函数不但可以作用于迭代器对象,而且可以作用于生成器函数。所谓生成器 (Generator)函数是指使用 yield 而非 return 返回函数值的函数。return 语句可返回值或空 (None),从函数中返回(结束函数运行);而 yield 返回函数的值后,将暂停函数的执行(程序执行权交给调用该函数的程序代码,不影响总的程序执行)。程序段 6-9 介绍了生成器函数和 next 函数的用法。

程序段 6-9　生成器函数和 next 函数

```
1    def mygen1(a):
2        yield a + 1
3    def mygen2(a):
4        while True:
5            yield a
6            a += 1
7    if __name__ == '__main__':
8        b1 = mygen1(1)
9        print(next(b1))
10       b2 = mygen2(1)
11       print(next(b2))
12       print(next(b2))
13       print(next(b2))
```

在程序段 6-9 中,第 1~2 行定义了函数 mygen1,包括一条语句,即第 2 行"yield a+1"。在第 8 行"b1=mygen1(1)"中,创建一个生成器"对象",然后,第 9 行"print(next(b1))"中,next(b1)将调用生成器函数 mygen1 中的语句(注意:不是调用函数 mygen1,而是进入函数中执行其中的语句,遇到 yield 暂停,"暂停"也只是暂停在 mygen1 函数中的执行,不影响程序中其他部分的执行),此时,返回 2。如果再次调用"next(b1)",将触发 StopIteration 异常(异常将在第 7 章介绍),这是因为生成器函数 mygen1 中 yield 语句只能执行一次。

在第 3~6 行的 mygen2 函数中,第 4~6 行为无限循环体,每次执行时,第 5 行"yield a"输出 a,然后,第 6 行"a+=1"中 a 累加 1。第 10 行"b2 = mygen2(1)"定义生成器"对象"b2,第 11~13 行中每调用一次 next(b2)将执行一次生成器函数"mygen2"中的语句(注意,第一次调用 next(b2)是调用生成器函数 mygen2,遇到 yield 语句后暂停;后续调用 next(b2)是从 yield 语句之后的语句继续执行,到再次遇到 yield 语句后暂停,以此类推)。

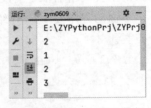

图 6-6　模块 zym0609 执行结果

程序段 6-9 的执行结果如图 6-6 所示。

6.4　继承

类是一种数据类型,在现有的类的基础上扩展一种新的类型,使其具有更多的数据成员和方法成员,这种方式称为继承。被继承的类称为基类或父类,父类派生的类称为子类或派生类。在 Python 语言,可以由一个类派生出多个类,也可以由多个类共同派生一个类(称多重继承)。

如果一个类 B 继承了类 A,那么类 B 将继承类 A 中的全部成员(包括其私有成员,尽管子类 B 不能直接访问父类 A 中的这些私有成员)。关于继承需要注意的问题如下。

(1) 子类 B 可以访问父类的全部公有成员。

(2) 子类 B 不能直接访问父类的私有成员,但可以通过父类的公有方法访问那些私有成员。

(3) 使用子类 B 的用户,无须关心子类 B 的继承关系,即该用户无须了解子类 B 是由哪些类派生来的,用户只需要了解子类 B 有多少公有方法成员(或公有数据成员),以及实现的功能即可。

(4) 子类 B 继承了父类 A 后,在子类 B 的构造方法中应完成对其所有的父类的数据成员的构造,即在子类 B 中应调用其所有父类的构造方法。

(5) 子类 B 具有和其父类 A 相同的公有方法时,子类 B 定义的对象将调用子类 B 中定义的方法。一般地,称子类 B 中的方法"覆盖"了其父类的方法。

(6) 子类 B 继承了父类 A 之后,这两个类均可以独立使用。类是一种数据类型,对于用户来说,如果使用类 B 创建了一个对象 b,使用了类 A 创建了一个对象 a,这两个对象 a 和 b 间毫无关系。

(7) 类的继承只是扩展了原有的类,并不是替换掉原来的类。新派生的各个子类,也只是一种数据类型。

(8) 当一个子类 B 继承自多个父类(例如,A1、A2、A3)时,使用语法"class B(A1,A2,A3):"(这里的"A1,A2,A3"为继承列表)定义子类 B,此时子类 B 将拥有所有父类的成员(含私有成员)。若 A1、A2 和 A3 中有同名的公有方法,子类 B 在调用该公有方法时,按照父类在继承列表中的顺序搜索,优先使用先搜索到的公有方法。

(9) 类中的数据成员可以是其他类的对象。

Python 语言支持多重继承,建议除非所实现的功能需要,尽量不使用多重继承,这是因为多重继承易产生交叉继承。例如,类 B1 继承自类 A1、A2 和 A3,类 B2 继承自类 A2、A3 和 A4,然后,类 B1、B2 和 A2 共同派生出类 D,类 D 将有三条不同的路径继承类 A2。因此,多重继承大大增加了子类设计的难度,仅适合于从事计算机语言开发的专业人士。

下面的程序段 6-10 介绍了继承的用法。这里从一个圆类派生一个扇形类,并使用了一个点类。

视频讲解

程序段 6-10　类的继承实例

```
1    import math
2    class Point:
3        def __init__(self,a = 0.0,b = 0.0):
4            self.x = a
5            self.y = b
6    class Circle:
7        def __init__(self,a = 0.0,b = 0.0,v = 0.0):
8            self.p = Point(a,b)
9            self.r = v
10       def myarea(self):
11           return 3.14 * self.r * self.r
12       def myperi(self):
13           return 2 * 3.14 * self.r
14       def mydist(self,c):
15           return math.sqrt((self.p.x - c.p.x) ** 2 + (self.p.y - c.p.y) ** 2)
16   class Sector(Circle):
17       def __init__(self,a = 0.0,b = 0.0,v = 0.0,theta = 0.0):
18           super().__init__(a, b, v)
19           self.t = theta
20       def myarea(self):
21           return 0.5 * self.t * self.r * self.r
22       def mysperi(self):
23           return self.myperi() * self.t/(2 * 3.14) + self.r * 2.0
24       def mydist(self,c):
```

```
25              return super().mydist(c)
26      if __name__ == '__main__':
27          c1 = Circle(2,3,5.0)
28          c2 = Circle(6,6,12.0)
29          print(f'Area of c1: {c1.myarea():.2f}')
30          print(f'Perimeter of c1: {c1.myperi():.2f}')
31          print(f'Distance between c1 and c2: {c1.mydist(c2):.2f}.')
32          s1 = Sector(1.5,3.5,2,1.57)
33          print(f'Area of s1: {s1.myarea():.2f}')
34          print(f'Perimeter of s1: {s1.mysperi():.2f}')
35          print(f'Distance between s1 and c2: {s1.mydist(c2):.2f}.')
```

程序段 6-10 的执行结果如图 6-7 所示。

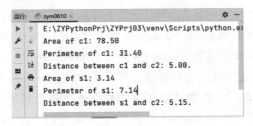

图 6-7　模块 zym0610 执行结果

在程序段 6-10 中,第 2～5 行定义了类 Point,表示二维图形中的点,第 3～5 行为其构造方法,具有两个公有数据成员 x 和 y,由于这里使用了公有成员,所以没有为类 Point 编写 get 方法和 set 方法。

第 6～15 行定义了类 Circle,第 7～9 行为其构造方法,具有两个公有数据成员 p 和 r,其中 p 为 Point 类型的对象,表示圆心坐标;r 表示圆的半径。第 10、11 行定义了公有方法 myarea,获取圆的面积。第 12、13 行定义了公有方法 mysperi,获取圆的周长。第 14 行定义了公有方法 mydist,具有一个外部参数 c(表示其他的圆),该方法计算当前类定义的对象与 c 表示的圆之间的圆心距。

第 16～25 行定义了类 Sector,表示扇形,继承了类 Circle。第 17～19 行为其构造方法,在其中,调用了 super().__init__方法(即父类的构造方法)初始化继承自父类的数据成员。第 20、21 行定义了公有方法 myarea,计算扇形的面积,其中使用了继承自父类的数据成员 r。第 22、23 行定义了公有方法 mysperi,其中,调用了父类的方法 mysperi,并使用了父类的数据成员 r。第 24、25 行定义了公有方法 mydist,具有一个外部参数 c,计算当前类定义的扇形与 c 表示的圆或扇形的圆心距,这里使用了父类的同名方法 mydist,故使用了调用形式"super().mydist(c)"。这里的第 24、25 行仅是为了说明子类中调用父类同名方法的办法,其对应的 mydist 方法可省略,对子类和程序功能无影响。

第 27 行"c1=Circle(2,3,5.0)"定义 Circle 类型的对象 c1,圆心坐标为(2,3),半径为 5。

第 28 行"c2=Circle(6,6,12.0)"定义 Circle 类型的对象 c2,圆心坐标为(6,6),半径为 12。

第 29 行"print(f'Area of c1：{c1.myarea()：.2f}')"输出圆 c1 的面积。

第 30 行"print(f'Perimeter of c1：{c1.myperi()：.2f}')"输出圆 c1 的周长。

第 31 行"print(f'Distance between c1 and c2：{c1.mydist(c2)：.2f}.')"输出圆 c1 和 c2 的圆心距。

第 32 行"s1=Sector(1.5,3.5,2,1.57)"定义扇形 s1,圆心在(1.5,3.5),半径为 2,扇形

的圆心角为 1.57 弧度。

第 33 行"print(f'Area of s1：{s1.myarea()：.2f}')"输出扇形 s1 的面积。

第 34 行"print(f'Perimeter of s1：{s1.mysperi()：.2f}')"输出扇形 s1 的周长。

第 35 行"print(f'Distance between s1 and c2：{s1.mydist(c2)：.2f}.')"输出扇形 s1 和圆 c2 的圆心距。

由程序段 6-10,可得以下结论。

(1) 子类继承父类后,子类可以直接使用父类的公有数据成员和公有方法成员,借助形式"self.父类数据成员名"和"self.父类方法成员名(参数表)"访问。不能在子类中定义与父类同名的公有数据成员,因为子类的作用在于扩展父类的功能,尤其是扩展父类的数据成员。

(2) 当子类与父类具有相同的方法时,子类的方法将覆盖父类的方法,即子类对象调用该方法时将调用子类中定义的方法。如果子类的方法实现代码中使用了父类的同名方法,此时,使用形如"super().父类同名方法名(参数表)"的形式调用。

(3) 子类的构造方法的参数表中,必须包含父类的构造方法的参数,并在子类的构造方法中调用"super().__init__(参数表)"对父类的数据成员进行初始化。这里的"super().__init__"指父类的构造方法。

6.5 本章小结

Python 语言中,类的定义和应用比其他计算机语言更加灵活方便。类可以具有数据成员和方法成员,也可以具有"类数据成员"和"类方法成员"。在类中,借助 self 访问的数据或方法(出现在子类中),或者以 self 为内部参数的方法,均为动态成员,这些成员在类创建对象后才创建,属于对象,使用"对象名.数据成员名"或"对象名.方法成员名(参数表)"的形式访问。在类中,不属于 self 的数据属于"类数据成员",可以借助"类名.数据名"或"对象名.数据名"的形式访问。类中不使用 self 参数的方法有三种：①使用@statismethod 指定的静态方法,这个方法属于类,需使用"类名.静态方法名(参数表)"的形式访问,也可以借助"对象名.静态方法名(参数表)"的形式访问；②使用@classmethod 指定的类方法,这个方法属于类,具有一个内部参数 cls(class 的缩写),使用"类名.类方法(参数表)"的形式访问,也可以使用"对象名.类方法(参数表)"的形式访问；③普通方法,这类方法既没有 self 内部参数,也没有@staticmethod 和@classmethod 装饰符,这类方法只能使用"类名.普通方法名(参数表)"的形式访问,不能通过对象名访问。

类是一种数据类型。一个子类继承自一个父类时,子类将拥有父类的全部数据和方法(包括私有成员),但是子类只能直接访问父类中的公有成员。对于用户而言,使用子类时并不需要关心该类的继承关系,只需要知道该类的接口就行。子类也是一种数据类型。从数据类型的角度出发,继承了父类的子类和原来的父类没有关系,子类定义的对象和其父类定义的对象也没有关系。继承可以视为一种定义数据类型的代码的复用方式。

Python 语言中,类具有大量的特殊方法,这些方法均为私有方法,无法直接访问,但均可以被特定的运算符(或函数)触发而自动执行。例如,"__add__"特殊方法,当在两个对象上执行"+"运算时,"__add__"被自动执行。这些特殊方法使得程序的执行方式更加方便和"专业"。在学习了类之后,完善了 Python 语言程序(模块)的结构,即

```
class 类 1:
    语句组
……
class 类 n:
    语句组
class 子类 1(父类列表):
    语句组
……
class 子类 m(父类列表):
    语句组
def 函数 1(参数表):
    语句组
……
def 函数 k(参数表):
    语句组
if __name__ == '__main__':
    语句组
```

第 7 章将介绍异常和文件操作。

习题

1. 将圆抽象为一个类,圆的半径和圆心坐标为类的数据成员,求圆的面积为类的公有方法成员,并编写构造方法、set 方法和 get 方法。

2. 将三角形抽象为一个类,三角形的三个顶点坐标为类的数据成员,求三角形的周长为类的公有方法成员,并编写构造方法、set 方法和 get 方法。

3. 编写一个学生类,其中学生的姓名、性别、学号和 9 门课的成绩(使用字典类型)作为数据成员,输入和输出学生的信息作为公有方法成员。

4. 编写一个扇形类,扇形的圆心坐标、半径和圆心角为类的数据成员,计算扇形的面积作为类的公有方法成员,并编写带默认参数的构造方法、set 方法和 get 方法。然后,编写主程序计算一个扇形的面积。

5. 编写一个整数类,类的数据成员为两个整数,类的公有方法成员为实现两个整数间的四则运算,同时编写带默认参数的构造方法、set 方法和 get 方法。

6. 编写一个复数类,类的数据成员为复数的实部和虚部(用浮点数表示),实现两个复数间的加、减、乘和除法运算作为类的四个公有方法成员,同时编写构造方法、set 方法、get 方法和特殊方法。编写主程序文件实现两个复数间的各种运算。

7. 编写一个饮料类作为基类,具有一个称为单价 price 的数据成员、一个称为数量 number 的数据成员和一个称为 cost 的公有方法成员,使用该基类派生两个子类,分别称为奶茶类和橙汁类,这两个类都具有一个数据成员 discount(表示折扣)和一个覆盖的方法成员 cost。编写主程序,要求输入奶茶和橙汁的数量,输出所需的费用。

8. 编写一个 Person 类作为基类,具有姓名 name 和年龄 age 两个数据成员,具有一个输出信息的公有方法成员。由 Person 类派生出 Student 类和 Teacher 类,Student 类具有一个专有的学习科目数据成员和各科成绩的数据成员(用字典类型表示),Teacher 类具有一个专有的教授科目的数据成员(用列表类型表示)。编写主程序,创建 Student 类和 Teacher 类的对象,并输出所有对象的信息。

文件操作与异常

Python 语言具有读写磁盘文件的能力。Python 语言读写文件的方式与操作系统无关,具有一整套独立的文件读写处理系统。一般地,将这些文件分成三种,即文本文件、普通二进制文件和缓冲二进制文件(一种快速的二进制文件读写模式)。文本文件是由 ASCII 码组成的可读文件(即内容可理解的文件),这里重点介绍文本文件和 Excel 文件的读写操作,其中 Excel 文件的操作需要安装外部模块 openpyxl(最新版本 3.0.10,支持 Excel 2010)。

计算机程序在执行过程中可能遇到各种各样的错误,甚至有些错误是不可预见的,例如,向文件写入内容时发现内存不足等,这些非人为的错误称为程序异常。早期的计算机语言没有异常处理功能,主要是因为当时的计算机程序的代码量较少。但随着计算机、操作系统和计算机语言的发展,计算机程序越来越庞大,特别是文件操作必须进行访问安全性检查,所以后续的计算机语言如 Python、C++ 和 C♯ 等均具有异常管理能力。

本章的学习重点:

(1) 掌握文本文件、二进制文件和 Excel 文件的读写方法。

(2) 掌握标准异常处理方法。

(3) 学会应用异常进行安全文件处理。

7.1 文件操作

文件的写操作主要有以下三个步骤。

(1) 创建并打开文件,或者打开一个已存在的磁盘文件,借助 open 函数实现。

(2) 从文件头开始向文件中写入数据,或者定位到文件的特定位置后从该位置开始写入数据,借助函数 write、writeline 和 seek 等实现。

(3) 完成数据写入后,关闭文件,借助函数 close 实现。关闭文件是必不可少的操作,Python 语言程序的文件写入操作,是直接写入内存中为文件划定的一块区域,而关闭文件操作,才将这个内存区域中的内容写入磁盘文件中去,因此文件操作必须以 close 关闭文件结束(注意:下文的 with 结构将隐式调用 close 方法)。

文件的读操作也主要有以下三个步骤。

(1) 打开一个已存在的文件,借助 open 函数实现。

(2) 打开文件后,文件中的"读指针"指向文件开头,此时可以借助 read 或 readline 从文件开头读取文件内容,也可以借助 seek 函数将文件中的"读指针"定位于文件中任意需要的位置,从该位置读出文件内容。

(3)完成读文件操作后,借助 close 函数关闭文件。在文件读操作中,close 关闭文件操作也必不可少,读文件操作将创建一个文件在内存中的映射空间,读文件实质上是从这个内存中读取文件的内容,close 关闭文件操作将清空这个内存区域,从而释放这块空间。

在 Python 语言中,文件和目录的管理工作,例如,创建目录和删除文件等,由模块 os 管理。

7.1.1 磁盘文件读写操作

打开文件 open 函数的语法为:

> file = open(待打开的文件名, 读写方式(默认为只读方式), 其他参数)

函数 open 打开"待打开的文件名"表示打开成功,则返回文件对象,赋给 file;如果打开失败,将触发 OSError 异常。"待打开的文件名"为字符串,其中的目录分界符使用"\\"或使用带前缀 r 的字符串(其中目录分界符为"\"),打开文件时的读写方式如表 7-1 所示。

表 7-1 打开文件时的读写方式

序 号	读写方式符号	含 义
1	r	以只读方式打开文件(默认方式)
2	w	创建并以只写方式打开文件(若文件存在,则删除原文件内容)
3	x	创建并打开一个新文件(如果文件存在,则打开失败)
4	a	打开一个文件(如果文件存在,则在其后追加内容)
5	b	以二进制形式打开文件,可与 r 或 w 联合使用,例如 rb 表示以只读方式打开二进制文件
6	t	以文本形式打开文件(默认方式)
7	+	以可读可写方式打开文件,例如,w+或 r+表示打开一个文件可读可写

除了 open 函数外,其余常用的文件对象方法如表 7-2 所示。

表 7-2 常用的文件对象方法

序 号	方 法 名	含 义
1	close	关闭文件,在写文件操作中,将缓冲区的内容写入磁盘文件中,释放文件对象;在读文件操作中,清空文件缓冲区,释放文件对象
2	read	从文本文件中读取字符。read(size)将读出 size 个字符;无参数(默认为-1)将读出整个文件内容(即读到文件末尾)
3	readline	从文件中读取一行字符
4	write	向文件中写入字符串,参数为字符串
5	writelines	向文件中写入字符串序列(不添加换行符),参数为字符串序列(可迭代对象)
6	tell	读取文件中当前文件"指针"的位置
7	seek	移动文件指针,调用方式为 seek(偏移量, 相对位置),"相对位置"可取 0(默认位置)、1 和 2,分别表示文件头、当前位置和文件尾;偏移量为正整数时表示向前(即向文件夹尾)移动文件"指针",为负整数时表示向后(即向文件夹头)移动文件"指针"(当前版本不支持向后移动),单位为字节

下面的程序段 7-1 为标准方式的文件读写操作实例。

程序段 7-1　文件读写实例

```
1     if __name__ == '__main__':
2         f1 = open('zy.txt','w')
3         f1.write('Our class has 38 students.')
4         f1.close()
5         f2 = open('zy.txt','r')
6         str = f2.readline()
7         f2.close()
8         print(str)
9         f3 = open('zy.txt','r')
10        f3.seek(0,0)
11        f3.seek(15)
12        str = f3.read(2)
13        f3.close()
14        print('The number:',str)
```

在程序段 7-1 中,第 2 行"f1=open('zy.txt','w')"以只写方式打开文件 zy.txt,如果该文件不存在,则创建该文件,该文件位于当前工程所在目录(这里为"E:\ZYPythonPrj\ZYPrj03")。第 3 行"f1.write('Our class has 38 students.')"向文件对象 f1 指向的文件写入字符串"Our class has 38 students."。第 4 行"f1.close()"调用 close 函数关闭文件对象 f1。

第 5 行"f2=open('zy.txt','r')"以只读方式打开文件 zy.txt,该文件中只有第 3 行写入的一行字符串。第 6 行"str=f2.readline()"从 f2 对象指向的文件中读出一行字符串,赋给 str。第 7 行"f2.close()"关闭 f2 文件对象。第 8 行"print(str)"输出 str,得到"Our class has 38 students."。

第 9 行"f3=open('zy.txt','r')"以只读方式打开文件 zy.txt,将文件对象赋给 f3。第 10 行"f3.seek(0,0)"将文件内部"指针"指向文件头,这里的"0,0"中第一个 0 表示偏移 0 字节,第二个 0 表示相对于文件头计算偏移量。文件对象刚打开时,文件内部"指针"自动指向文件头部。第 11 行"f3.seek(15)"相当于"f3.seek(15,0)",表示相对于文件头将文件内部"指针"移动到第 15 字节处(字符串"Our class has 38 students."的字符"3"位置处)。第 12 行"str=f3.read(2)"从文件对象 f3 指向的文件的当前位置读取 2 字节长的字符串,赋给 str。第 13 行"f3.close()"关闭 f3 文件对象。第 14 行"print('The number:',str)"输出读出的字符串 str。

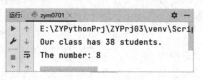

图 7-1　模块 zym0701 执行结果

程序段 7-1 的执行结果如图 7-1 所示。

一般常借助 with 结构进行文件读写操作,with结构在文件读写完成后,将隐式调用 close 方法关闭文件。将程序段 7-1 中的文件读写使用 with 结构表示,如程序段 7-2 所示。

程序段 7-2　with 结构进行文件读写

```
1     if __name__ == '__main__':
2         with open('zy.txt','w') as f1:
3             f1.write('Our class have 38 students.')
4         with open('zy.txt','r') as f2:
5             str = f2.readline()
```

```
6                print(str)
7          with open('zy.txt','r') as f3:
8                f3.seek(0,0)
9                f3.seek(15)
10               str = f3.read(2)
11               print('The number:',str)
```

程序段 7-2 与程序段 7-1 实现完全相同的功能,以 with 结构进行文件的读写操作,运行结果也如图 7-1 所示。

在程序段 7-2 中,第 2、3 行为一个 with 结构,第 2 行"with open('zy.txt','w') as f1:"调用 open 函数以只写方式打开文件 zy.txt,将文件对象赋给 f1。第 3 行执行文件对象 f1 的 write 操作。第 4~6 行为一个 with 结构,与程序段 7-1 中第 5~8 行的代码含义相同。第 7~11 行为一个 with 结构,与程序段 7-1 中第 9~14 行的语句含义相同。

7.1.2　os 模块

os 模块是 Python 语言内置的一个模块,提供了与操作系统相关的文件管理操作,使用 os 模块的函数或方法时,必须调用"import os"装载 os 模块。模块 os 中常用的文件和目录管理函数如表 7-3 所示。

表 7-3　模块 os 中常用的文件和目录管理函数

序　号	函　数　名	作　　　　用
1	getcwd	返回当前工作目录(cwd 为 Current Working Directory 的首字母缩写)
2	mkdir	创建一个目录,表示目录名的字符串为该函数参数
3	rmdir	删除一个空目录,表示目录名的字符串为该函数参数
4	remove	删除一个文件,表示文件路径的字符串为该函数参数
5	path.exists	判断目录或文件是否存在,存在则返回 True;否则,返回 False。目录或文件路径为该函数参数
6	path.isfile	判断文件是否存在,存在则返回 True;否则,返回 False。文件路径为该函数参数
7	path.isdir	判断目录是否存在,存在则返回 True;否则,返回 False。目录为该函数参数

下面程序段 7-3 展示了 os 模块中的部分常用函数的用法。

程序段 7-3　文件 zym0703

视频讲解

```
1     import os
2     if __name__ == '__main__':
3         name = os.getcwd() + '\\zy.txt'
4         if os.path.exists(name):
5             f1 = open(name)
6             str = f1.readline()
7             f1.close()
8             print(str)
9         else:
10            print(f"File {name} doesn't exist.")
```

在程序段 7-3 中,第 1 行"import os"装载模块 os。第 3 行"name = os.getcwd() + '\\zy.txt'"调用 getcwd 函数获取表示当前工程所在目录的字符串,并在该字符串后添加

"\\zy. txt"以形成完整的文件路径名。第 4 行"if os. path. exists(name)："调用 path 模块的 exists 方法判断 name 表示的文件是否存在,如果存在,则执行第 5~8 行；否则,执行第 10 行"print(f"File {name} doesn't exist. ")"输出文件不存在。

第 5 行"f1=open(name)"以默认的只读方式打开 name 表示的文件,将文件对象赋给 f1。第 6 行"str=f1. readline()"从文件对象 f1 读取一行字符串,赋给 str。第 7 行"f1. close()"关闭文件对象 f1。第 8 行"print(str)"打印 str 字符串,输出"Our class has 38 students. "。

7.1.3　Excel 文件读写操作

Python 语言对 Excel 文件进行操作需要借助外部模块 openpyxl。在 openpyxl 模块中,Workbook 函数将创建一个工作表对象,该工作表对象的 create_sheet 方法将创建表单对象,表单对象名为 create_sheet 方法的参数。不妨设表单对象名为 sheet1,则访问表单中的单元格可借助形式"sheet1['单元格位置']",例如,"sheet1['A1']"表示第 A 列第 1 行的单元格；或者通过"sheet1. cell"方法访问,例如,"sheet1. cell(row=1,column=1,value= '3.0')"表示向第 A1 号单元格写入字符串"3. 0"。然后,工作表对象的 save 方法将工作表保存为 Excel 表格文件。

下面程序段 7-4 介绍了借助包 openpyxl 创建一个 Excel 文件 zy. xlsx 的方法。

程序段 7-4　文件 zym0704

视频讲解

```
1    import openpyxl as excel
2    if __name__ == '__main__':
3        name = 'zy. xlsx'
4        book = excel. Workbook()
5        sheet1 = book. create_sheet('Sheet1')
6        sheet1['A1'] = '编号'
7        sheet1['B1'] = '品名'
8        sheet1['C1'] = '单价'
9        for row in range(2, 11 + 1):
10            for col in ['A', 'B', 'C']:
11                match col:
12                    case 'A':
13                        sheet1. cell(row = row, column = 1, value = str(row - 1))
14                    case 'B':
15                        sheet1. cell(row = row, column = 2, value = 'Grade' + str(row - 1))
16                    case 'C':
17                        sheet1. cell(row = row, column = 3, value = f'{(row - 1) * 0.75:.2f}')
18                    case _:
19                        pass
20        book. save(name)
```

程序段 7-4 的执行结果如图 7-2 所示。

在程序段 7-2 中,第 1 行"import openpyxl as excel"装入包 openpyxl,并赋别名 excel。

第 3 行"name= 'zy. xlsx'"设定文件名为 zy. xlsx,赋给 name。

第 4 行"book=excel. Workbook()"调用 Workbook 函数创建工作表对象,赋给 book。

第 5 行"sheet1=book. create_sheet('Sheet1')"调用 create_sheet 方法创建表单对象,赋给 sheet1。

第 6 行"sheet1['A1']= '编号'"表示第 A1 单元格写入"编号"；第 7 行"sheet1['B1']=

'品名'"表示第 B1 单元格写入"品名";第 8 行"sheet1
['C1']='单价'"表示第 C1 单元格写入"单价"。

第 9～19 行为一个二重 for 结构,外层 for 循环
表示行 row 从 2 至 11 且按步长 1 递增(第 9 行),内
层 for 循环表示列 col 从 A 至 C(第 10 行),在每次循
环中,判断 col 的值(第 11 行),如果 col 为 A,则执行
第 13 行"sheet1.cell(row=row,column=1,value=
str(row-1))"将"row-1"赋给第 row 行第 1 列的
单元格;如果 col 为 B,则执行第 15 行"sheet1.cell
(row=row,column=2,value='Grade'+str(row-
1))"将"Grade"与 row-1 的连接字符串赋给第 row
行第 2 列的单元格;如果 col 为 C,则执行第 17 行

图 7-2 文件 zy.xlsx 内容

"sheet1.cell(row=row,column=3,value=f'{(row-1)*0.75:.2f}')"将 0.75(row-1)
的值赋给第 row 行第 3 列的单元格。

下面的程序段 7-5 介绍读取 Excel 电子表格文件的方法。

程序段 7-5   文件 zym0705

```
1    import openpyxl as excel
2    import os.path as path
3    if __name__ == '__main__':
4        name = 'zy.xlsx'
5        if path.exists(name):
6            book = excel.load_workbook(name,data_only = True)
7            sheet = book.worksheets[1]
8            m = len(list(sheet.rows))
9            n = len(list(sheet.columns))
10           print('---------------------- ')
11           for col in ['A', 'B', 'C']:
12               print(sheet[col + '1'].value, end = '    ')
13           print()
14           print('---------------------- ')
15           isfirst = True
16           for row in sheet.rows:
17               if isfirst:
18                   isfirst = False
19               else:
20                   for col in range(n):
21                       if col == 0:
22                           print(f'{row[col].value:<5}', end = '')
23                       elif col == 1:
24                           print(f'{row[col].value:<8}',end = '')
25                       else:
26                           print(f'{row[col].value:>5}', end = '')
27                   print()
28           print('---------------------- ')
```

程序段 7-5 的执行结果如图 7-3 所示。

在程序段 7-5 中,第 1 行"import openpyxl as excel"装载包 openpyxl,并赋以别名

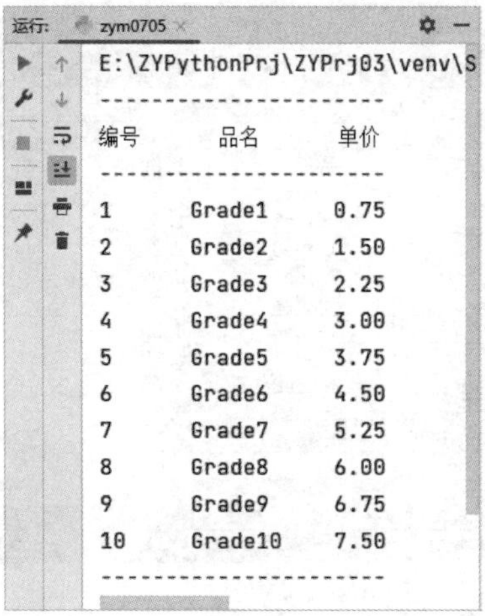

图 7-3　模块 zym0705 执行结果

excel；第 2 行"import os. path as path"装载模块 os. path，并赋以别名 path。

第 4 行"name = 'zy. xlsx'"将文件名 zy. xlsx 赋给 name。

第 5 行"if path. exists(name)："调用 exists 方法判断 name 表示的 Excel 文件是否存在于当前工程目录下，如果存在，则执行第 6~28 行。

第 6 行"book = excel. load_workbook(name,data_only = True)"调用 load_workbook 方法从 name 表示的文件中读入整个表格，赋给 book，这里的关键字参数"data_only = True"表示仅读出数值(对于那些内容为公式的格式有效)。第 7 行"sheet = book. worksheets[1]"从 book 对象中读入表单 1(Excel 表格文件中本身具有一个默认表单，其编号为 0，但用户写入或读出的表单从 1 开始编号)，赋给 sheet 对象。

第 8 行"m = len(list(sheet. rows))"获取表单对象 sheet 包含的行数，赋给 m。

第 9 行"n = len(list(sheet. columns))"获取表单对象 sheet 包含的列数，赋给 n。

第 10 行、第 14 行和第 28 行输出一条虚线，作为三线表的分界线。

第 11、12 行为一个 for 结构，输出表单对象的第一行，注意，在使用 sheet[' A1']这种形式访问单元格时，列用 A、B、C 等(或用小写字母 a、b、c 等，注意，从 A 或 a 开始)，行用数字 1、2、3 等(注意，从 1 开始)。这里第 11、12 行输出"编号　品名　单价"。

第 15 行"isfirst = True"将 True 赋给 isfirst，用于控制第 16~27 行的 for 结构中不输出表单 sheet 的第 1 行。在第 16~27 行的 for 结构中，当遍历表单 sheet 的所有行(第 16 行)时，如果为第一行(第 17 行为真)，则第 18 行"isfirst = False"设为假。如果 isfirst 为假，则循环执行第 20~27 行，用于输出表单对象 sheet 的第 2~m 行。

第 20~27 行为一个 for 结构，表示列 col 从第 0 列至第 n−1 列(注意，使用 row 对象访问单元格时，列的序号从 0 开始)时，依次输出表单对象 sheet 的第 row 行的各个单元格的数据。例如，第 22 行"print(f'{row[col]. value：<5}', end = '　')"输出第 row 行第 col 列的值，"<5"表示显示时左对齐且显示列宽为 5 个字符。

上述程序段 7-5 实际上介绍了两种访问 Excel 电子表格的表单数据的方法，其一为借助形如"sheet['A1']"的形式访问表单的第 A1 个单元格，其中的 sheet 为用户定义的表单对象；其二为借助形如"row[col]"的形式访问第 row 行第 col 列的单元格，这里的 row 为 sheet. rows 对象，col 从 0 开始索引，如果 row 代表第 1 行的对象，则 row[0]表示第 A1 个单元格。

▊▊ 7.2　异常 ◆

程序在执行过程中偶然发生的错误，称为异常。有些异常是可以考虑到的，例如，除数可能为 0 的情况，有些异常则是无法提前预知的，例如，内存访问溢出等。异常的特点在于异常一旦发生(或被触发)，将终止整个程序的运行，原因在于程序已经"跑飞"了("跑飞"是指指挥程序运行的"程序计数器指针"不在程序有效指令范围内搜索指令了)。

异常处理机制是指当程序运行过程中遇到异常时,将会跳转到异常处理程序进行"补救",从而使程序恢复正常运行状态的技术。异常处理机制包括两种方式,其一为对于可预知的运行错误,例如除数为0等,遇到这类异常时可通过raise语句人为抛出异常,调用异常处理程序处理这种异常,这种方式称主动控制型异常处理,如7.2.1节所述;其二为对于不可预知的运行异常,借助异常处理机制,由系统抛出运行异常,程序被动地接收和处理异常,这种方式称被动防御型异常处理,如7.2.2节所述。

系统抛出的异常名以"Error"结尾,常见的异常如下。

(1) ZeroDivisionError表示除数为0异常。

(2) OSError表示系统异常,其中,FileNotFoundError异常是OSError的子类。

(3) IndexError表示索引越界异常。

(4) KeyError表示字典关键字错误异常。

(5) NameError表示"标签"或变量错误异常,主要是指变量名不存在。

(6) AssertionError表示由断言assert抛出的异常,这类异常也属于主动控制型异常处理,例如,"assert a>3:"当a不大于3时将抛出AssertionError异常。

(7) AttributeError表示对象属性错误异常。

(8) TypeError表示数据类型使用错误异常。

(9) ValueError表示表达式运算出错异常或函数参数值出错异常。

7.2.1 自定义异常

进行程序设计的过程中在预计可能出现的错误的地方添加raise语句,可以抛出异常(直观上讲,可以认为异常不被"抛出"将终止程序的执行)。抛出的异常被try结构处理,典型的try结构为:

```
try:
    可能会遇到错误的执行语句
except Exception as e:
    异常处理语句
```

在try结构中,try与except间的语句出现异常时,将被try结构捕获。这里的"Exception"是所有异常的基类,可以捕获所有被触发的异常;"as e"可以省略,添加上时,e作为Exception的对象,可用于"异常处理语句"中。

在程序段7-6中介绍了自定义异常的处理方法。

程序段7-6 自定义异常处理实例

```
1    if __name__ == '__main__':
2        a = int(input('Please input an integer:'))
3        try:
4            if a < 0:
5                raise Exception('a < 0')
6            elif a < 3:
7                raise Exception('0 < = a < 3')
8            elif a < 10:
9                raise Exception('3 < = a < 10')
10           else:
11               print(f'a1 = {a}')
```

视频讲解

```
12              print(f'a2 = {a}')
13         except Exception as e:
14              print(e)
15     print(f'a3 = {a}')
```

在程序段 7-6 中,第 2 行"a=int(input('Please input an integer: '))"提示输入一个整数,赋给 a。第 3~14 行为 try 结构,监督并捕获第 4~12 行可能发生的异常。第 4~11 行为一个 if-elif-else 结构,当 a 为负整数时,第 5 行"raise Exception('a<0')"抛出异常对象,这里"Exception('a<0')"调用 Exception 类的构造方法创建一个异常对象;当 a 大于或等于 0 且小于 3 时,第 7 行抛出一个异常对象,初始化对象的字符串为"0<=a<3";当 a 大于或等于 3 且小于 10 时,第 9 行抛出一个异常对象,初始化对象的字符串为"3<=a<10";当 a 大于或等于 10 时,第 11 行"print(f'a1={a}')"输出整数 a 的值。

如果第 2 行输入的 a 的值小于 10,均将抛出异常,程序将直接跳转到第 13 行执行,第 12 行的语句不会被执行。只有当 a 大于或等于 10 时,即第 11 行得到执行的情况下,第 12 行才会被执行。

当 raise 抛出异常时,将自动进入第 13、14 行的异常处理部分,这里的异常被捕获,并赋给 Exception 类的对象 e。第 14 行"print(e)"输出异常对象。由于使用了异常处理机制,尽管程序触发了异常,异常处理语句后的语句仍然正常执行,即第 15 行"print(f'a3={a}')"无论有无异常,均正常执行,输出 a 的值。

程序段 7-6 的执行结果如图 7-4 所示。

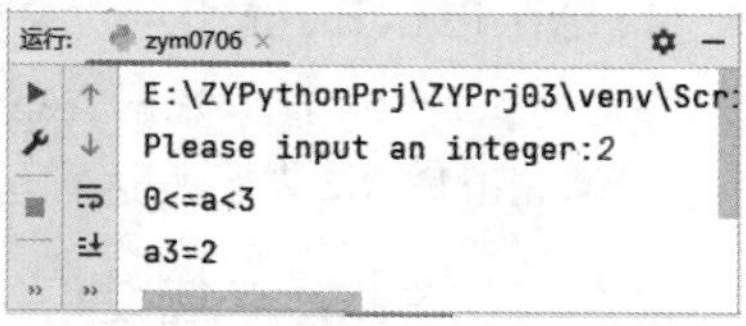

图 7-4　模块 zym0706 执行结果

7.2.2　标准异常处理

Python 语言的被动式异常处理有如下三种情况。

(1) 通用型。

在不能预知异常类型的情况下,使用"通用型"捕获全部异常,其形式为:

```
try:
    被监督的可执行语句
except Exception as e:
    异常处理语句
```

这里的异常对象"e"的名称可以为任意合法的对象名。在这种结构下,当"被监督的可执行语句"中有语句触发异常时,将跳到"异常处理语句"处执行。

try 结构可以带有 else 部分,如下:

```
try:
    被监督的可执行语句
except Exception as e:
    异常处理语句
else:
    try 部分没有发生异常时执行的语句
```

这里的"else"部分只有 try 语句没有异常时才能执行到,如果有异常触发了,则 else 部分不会被执行到。

(2) 多异常捕获型。

在这种情况下,在捕获部分要罗列尽可能多的异常,以精细地进行异常捕获,其形式如下所示：

```
try:
    被监督的可执行语句
except 异常类型 1 as e1:
    异常处理语句
......
except 异常类型 n as en
    异常处理语句
except Exception as e:
    异常处理语句
else:
    try 部分没有发生异常时执行的语句
```

上述结构中，具有 n 个明确的异常类型捕获和处理部分，如果"被监督的可执行语句"触发的异常不属于上述 n 个异常类型，则将触发"Exception"通用异常，执行其下的异常处理语句。"else"部分为可选部分，当这部分存在时，如果没有异常触发，将执行"else"部分，否则，"else"部分不被执行。

注意：在多异常捕获型异常处理结构中，只要异常被其中一个异常处理语句捕获，则该异常将不再被其他异常处理语句所捕获，而是执行异常处理结构后续的语句。

（3）带 finally 的异常捕获结构。

这种结构中不能再带 else 部分，而是将 else 部分替换为 finally 部分，其形式如下：

```
try:
    被监督的可执行语句
except 异常类型 1 as e1:
    异常处理语句
......
except 异常类型 n as en
    异常处理语句
except Exception as e:
    异常处理语句
finally:
    无论 try 部分有没有发生异常，这部分语句始终被执行
```

下面程序段 7-7 展示了上述异常处理结构。

程序段 7-7　标准异常处理结构实例

```
1    if __name__ == '__main__':
2        a = 3
3        b = 0
4        try:
5            c = a / b
6            print(c)
7        except Exception as ex:
8            print(f'ex = {ex}')
9        try:
10           c = a/b
11           print(c)
12       except ZeroDivisionError as e1:
13           print(f'e1 = {e1}')
14       except ValueError as e2:
15           print(f'e2 = {e2}')
```

视频讲解

```
16        except Exception as e:
17            print(f'e = {e}')
18        else:
19            print(f'c = {c}.')
20        try:
21            c = a / b
22            print(c)
23        except Exception as ep:
24            print(f'ep = {ep}')
25        finally:
26            print(f'a = {a},b = {b}.')
```

在程序段 7-7 中,第 2 行"a=3"将 3 赋给 a;第 3 行"b=0"将 0 赋给 b。

第 4~8 行为通用型的异常处理结构,第 5 行"c = a / b"执行时由于 b 为 0 触发 ZeroDivisionError 异常,该异常类为 Exception 的子类,将被第 7、8 行的异常处理部分捕获,第 8 行"print(f'ex={ex}')"输出异常描述。

第 9~19 行为多异常捕获型的异常处理结构,这里第 10 行的除数为 0 异常将第 12、13 行的 ZeroDivisionError 异常处理部分精准捕获,第 13 行"print(f'e1={e1}')"输出异常描述信息。然后,跳至第 20 行执行,即其他异常处理部分将不再捕获该异常。

第 20~26 行为带 finally 部分的异常处理结构,其监督执行的语句为第 21、22 行,这里

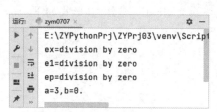

图 7-5　模块 zym0707 执行结果

第 21 行"c = a / b"由于 b 为 0 触发除数为 0 异常,该异常导致程序跳转到第 23 行被 Exception 类的对象 ep 捕获,并执行第 24 行"print(f'ep={ep}')"输出异常描述信息。无论是否有异常发生,第 25、26 行均被执行,第 26 行"print(f'a={a},b={b}.')"输出 a 与 b 的值。模块 zym0707 执行结果如图 7-5 所示。

7.2.3　安全文件处理

借助 with 结构进行文件的读写操作是一种安全的文件处理方式,但是 with 结构隐藏了文件读写的安全控制细节,所以本节介绍的借助带 finally 部分的异常处理机制进行安全文件读写的方式更具有实用性。

在带有 finally 部分的异常处理结构中,finally 部分无论有无异常触发总被执行到,这一点特别适合于文件的安全读写处理。当文件操作出现错误(或称异常)时,会直接终止程序执行,这时由于没有执行关闭文件操作,会导致内存碎片等问题,因此文件读写必须进行异常监督和管理。程序段 7-8 介绍了文件的安全读写操作方法。

程序段 7-8　文件安全读写操作

```
1    if __name__ == '__main__':
2        fw = None
3        name = 'xt.txt'
4        try:
5            fw = open(name, 'w')
6            fw.write("Today is Tuesday.")
7        except Exception as e:
8            print(e)
```

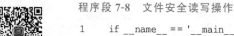

视频讲解

```
9         finally:
10            if(fw!= None):
11                fw.close()
12        fr = None
13        str = None
14        try:
15            fr = open(name)
16            str = fr.read()
17        except Exception as e:
18            print(e)
19        finally:
20            if fr!= None:
21                fr.close()
22        if str!= None:
23            print(f'str = {str}')
```

在程序段 7-8 中,第 2 行"fw＝None"将 None 赋给 fw;第 3 行"name ＝ 'xt. txt'"将文件名 xt. txt 赋给 name。

第 4～11 行为带 finally 部分的 try 结构,监督第 5、6 行的文件打开和写入数据操作,第 5 行"fw＝open(name,'w')"以只读方式打开 name 表示的文件,赋给对象 fw;第 6 行 "fw. write("Today is Tuesday. ")"向 fw 文件对象写入字符串"Today is Tuesday. "。无论是否发生异常,只要 fw 文件对象存在,则第 9～11 行就会被执行,将文件对象 fw 关闭。

第 12 行"fr＝None"将 None 赋给 fr;第 13 行"str＝None"将 None 赋给 str。

第 14～21 行为带有 finally 部分的 try 结构,用于监督第 15、16 行的语句,第 15 行"fr＝ open(name)"以只读方式打开 name 表示的文件,赋给对象 fr;第 16 行"str＝fr. read()"读出文件对象 fr 中的全部数据,赋给 str。这个过程中无论是否触发异常,都将执行第 19～21 行,如果 fr 不为 None,则关闭文件对象 fr。第 22、23 行判断如果 str 不为 None,则输出 str。

上述这种读写文件的方法是一种安全的方式,可以确保文件在读写过程中遇到异常时,仍然能够关闭文件对象。针对文件的写入和读出大量数据的操作需要磁盘操作,一般比较费时,建议在写入数据时,先将需要写入文件的数据保存在一个列表中,最后一次性将列表中的数据写入磁盘文件中;读出文件数据时,一次性读出全部数据(如果数据量太大,则分块读出)保存在内存的列表中,然后再对列表数据进行算法处理。

7.3　本章小结

在学习了文件之后,程序的运行结果,特别是非常耗时的程序的运行结果应该保存在文件中,以供后续实验分析。Python 语言的文件操作除包括文本文件读写和二进制文件读写外,还可以访问 Excel 文件和 Word 文档,若借助外部模块则可以访问几十种文件格式,读者可以根据需要读写相应的文件。

异常处理是大规模程序必须考虑的程序设计方法,只有通过异常处理,才能准确地了解各个运行错误的原因,并及时改正。大部分的程序运行错误在程序测试阶段就会被发现,并及时更正,但仍可能有一小部分错误是被程序用户所发现,并带来严重影响。异常处理可以保证程序及时反馈出错原因,同时使程序具有回归到正常运行状态的能力。

习题

1. 新建一个文件,文件名为 a1.txt,向其中写入一个列表[3,7,8,10,11,15,4,2,9,1](只写入列表中的数据)。然后,再从文件 a1.txt 中读出其中的数据,组合为一个列表,并求出该列表中全部元素的和。

2. 新建一个 Excel 表格文件,文件名为 b1.xlsx,第一列为"编号",从 1 至 10;第二列为"数值",依次为"9,12,17,20,24,18,6,13,22,8";第三列为"平方值",为第二列对应行上的数值的平方值,使用形如公式"=B2 * B2"的方式计算这一列的值。借助 Excel 软件打开创建的文件 b1.xlsx。

3. 在第 2 题的基础上,新建 Python 程序,打开 b1.xlsx 文件,并以表格的形式显示 b1.xlsx 文件中的内容。

第8章 图形用户界面设计

CHAPTER 8

早期的计算机工作界面就如现在的"控制台应用"一般,并无图形用户界面,甚至不是多线程多任务的工作环境。计算机处理器技术和显示技术的发展,推动了图形用户界面(Graphical User Interface,GUI)的蓬勃发展。Windows 视窗操作系统就是一个典型的图形用户界面系统,图形用户界面使计算机操作变得友好且直观。图形用户界面按其作用不同主要分为两类,其一,作为程序的控制和显示界面而存在的图形用户界面,例如,窗体和控件等;其二,作为计算结果而存在的图形用户界面,例如,画布和图形等。Python 语言中,实现图形用户界面设计的包称为 Tkinter,Tkinter 是 Python 自带的一个标准 GUI 包。本章主要介绍借助 Tkinter 进行图形用户界面设计的技巧。

本章的学习重点:

(1) 了解 Tkinter 包中常用的控件及其用法。

(2) 掌握静态文本框、命令按钮、编辑框、单选按钮和复选按钮等控件的用法。

(3) 掌握画布及基于画布的常用绘图方法。

(4) 学会自定义事件及事件绑定技术。

8.1 视窗设计

使用 Tkinter 进行图形用户界面设计,需要装载 tkinter 包,创建一个空的窗体的程序如程序段 8-1 所示。

程序段 8-1 创建一个空的窗体实例(文件 zym0801.py)

视频讲解

```
1    import tkinter as tk
2    if __name__ == '__main__':
3        mainform = tk.Tk()
4        mainform.title('复数计算器')
5        mainform.geometry('500x300 + 100 + 100')
6        mainform.mainloop()
```

程序段 8-1 的执行结果如图 8-1 所示。

在程序段 8-1 中,第 1 行"import tkinter as tk"装载 tkinter 包,并赋以别名 tk。第 3 行"mainform=tk.Tk()"创建一个 Tk 类的窗口对象,赋给 mainform。第 4 行"mainform.title('复数计算器')"设置 mainform 窗口的标题为"复数计算器"。第 5 行"mainform.geometry('500 x 300+100+100')"设置窗口的大小为宽 500 像素点、高 300 像素点、窗口

图 8-1   模块 zym0801 执行结果

左上角(x,y)为(100,100),大小格式为"宽度 x 高度＋左上角 x 坐标＋左上角 y 坐标"(其中,"宽度 x 高度"中间的"x"为小写的字母 x)。第 6 行"mainform. mainloop()"调用 mainloop 函数启动窗口,等待系统发送事件。

图形用户界面程序的设计方法:①设置主窗口,并为主窗口设置标题(和图标);②在主窗口上放置各类控件,有些控件本身是容器类控件(用于摆放其他控件),然后,为这些控件编写事件响应程序;③启动窗口后,等待操作系统向窗口发送消息或触发特定的事件,程序收到事件后执行相应的任务。因此,图形用户界面程序启动后,一直处于等待外部事件和输入(包括键盘和鼠标输入等)的状态,收到外部输入(事件)后将执行相应的功能。

在 Python 语言中应借助类实现图形用户界面程序的设计,如程序段 8-2 所示。程序段 8-2 实现了与程序段 8-1 相同的功能,其执行结果也如图 8-1 所示。

视频讲解

程序段 8-2   基于类创建空窗体实例(文件 zym0802. py)

```
1    import tkinter as tk
2    class MainForm(tk.Tk):
3        def __init__(self):
4            super().__init__()
5            self.title('复数计算器')
6            self.geometry('500x300 + 100 + 100')
7    if __name__ == '__main__':
8        mainform = MainForm()
9        mainform.mainloop()
```

在程序段 8-2 中,第 1 行"import tkinter as tk"装载 tkinter 包,并赋以别名 tk。

第 2~6 行定义类 MainForm,继承了父类 tk. Tk,MainForm 作为主窗口控件(也称主窗体)。第 3~6 行为类 MainForm 的构造方法。第 4 行"super(). __init__()"调用父类的构造方法;第 5 行"self. title('复数计算器')"设置主窗口的标题为"复数计算器"。第 6 行"self. geometry('500x300＋100＋100')"设置主窗口的大小为 500×300,左上角的坐标为(100, 100),这里的"＋100＋100"可以省略,由系统确定窗口的位置。

第 8 行"mainform＝MainForm()"调用 MainForm 类定义窗口对象 mainform。第 9 行"mainform. mainloop()"启动图形用户界面程序,等待用户输入或系统事件。

视窗常用的方法还有以下几种。

(1) configure。

用于设置窗口样式,其中最常用的参数为 bg,为设置窗口背景色,例如:

```
mainform.configure(bg = 'lightblue')
```

将上述代码插入程序段 8-2 的第 5 行和第 6 行之间，可将窗口 mainform 的背景设为淡蓝色。

（2）iconbitmap。

用于设置窗口的图像，例如：

```
mainform.iconbitmap('fly.ico')
```

在当前的工程目录下要有图标 fly.ico 文件（可使用 HyperSnap 7 抓图软件随意抓一幅图片，将大小修改为 128 * 128，然后，另存为 fly.ico 文件），将上述代码插入程序段 8-2 的第 5、6 行之间，将使得标题栏的图标变为 fly.ico 表示的图像，如图 8-2 所示。

图 8-2 图标替换为 fly.ico 文件

注意：图标文件的扩展名为 .ico。

（3）resizable。

用于设置窗口是否可调整大小，具有两个参数，第一个参数为真，则窗口宽度可调大小，为假，则窗口宽度大小不可调；第二个参数为真，则窗口高度可调节大小，为假，则高度不可调节大小。例如：

```
mainform.resizable(False,False)
```

将上述代码插入程序段 8-2 的第 5 行和第 6 行之间，则得到的窗口大小不可调节。

8.2 界面布局设计

现在拟在 8.1 节程序段 8-2 的基础上，设计一个"复数计算器"，其界面设计如图 8-3 所示。

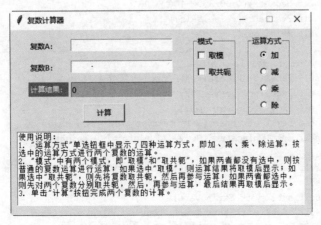

图 8-3 "复数计算器"界面

图 8-3 所示的复数计算器包含的控件如表 8-1 所示。

表 8-1　复数计算器包含的控件

序　号	控 件 名	类　　名	属性及内容
1	mainform	MainForm	继承 tk.Tk 类,为主窗口,标题为"复数计算器"
2	label1	Label	静态文本框(也可以显示图像),显示"复数 A:"
3	stxt1	Entry	(单行)编辑框控件,用于接收键盘数据输入,输入值用作第一个复数
4	label2	Label	静态文本框(也可以显示图像),显示"复数 B:"
5	stxt2	Entry	(单行)编辑框控件,用于接收键盘数据输入,输入值用作第二个复数
6	label3	Label	静态文本框(也可以显示图像),显示"计算结果:"
7	stxt3	Entry	(单行)编辑框控件,设为只读模式,用于显示两个复数的计算结果
8	checkboxgroup	LabelFrame	带标签的框架控件,用作容器,存放两个复选框,这两个复选框的值保存在 checkboxvalue 列表中
9	cb	Checkbutton	复选框控件,用于 for 结构中,共有 2 个复选框
10	radiogroup	LabelFrame	带标签的框架控件,用作容器,存放 4 个单选按钮(也称收音机控件),这四个单选按钮只有一个处于选中状态,其值保存在 radiovalue 中
11	rb	Radiobutton	单选按钮控件,用于 for 结构中,共有 4 个单选按钮
12	btn1	Button	命令按钮,接收用户的单击事件后,将执行 btn1cal 方法
13	btxt	Text	多行文本框控件,设为"不使能"状态,即不接收用户输入,这里用于显示程序的功能和使用方法

使用表 8-1 中的控件生成图 8-3 所示的图形用户界面的程序如程序段 8-3 所示。

程序段 8-3　生成"复数计算器"的图形用户界面的程序(文件 zym0803.py)

```
1      import tkinter as tk
2      class MainForm(tk.Tk):
3          def __init__(self):
4              super().__init__()
5              self.title('复数计算器')
6              self.geometry('500x300 + 100 + 100')
7              self.resizable(False, False)
8              self.myinitgui()
9
10         def myinitgui(self):
11             self.label1 = tk.Label(self, text = '复数 A:')
12             self.label1.place(x = 30, y = 15)
13             self.txt1 = tk.StringVar()
14             self.stxt1 = tk.Entry(self, textvariable = self.txt1)
15             self.stxt1.place(x = 100, y = 15, width = 170, height = 20)
16
17             self.label2 = tk.Label(self, text = '复数 B:')
18             self.label2.place(x = 30, y = 50)
19             self.txt2 = tk.StringVar()
20             self.stxt2 = tk.Entry(self, textvariable = self.txt2)
21             self.stxt2.place(x = 100, y = 50, width = 170, height = 20)
22
23             self.label3 = tk.Label(self, text = '计算结果:',
24                         background = '#20B2AA', foreground = 'white')
```

视频讲解

```
25              self.label3.place(x = 30, y = 85)
26              self.txt3 = tk.StringVar(value = '0')
27              self.stxt3 = tk.Entry(self, textvariable = self.txt3, readonlybackground = '
                lightblue')
28              self.stxt3.configure(state = 'readonly')
29              self.stxt3.place(x = 100, y = 85, width = 170, height = 25)
30              self.txt3.set(str(0))
31
32              self.checkboxgroup = tk.LabelFrame(self, text = '模式')
33              self.checkboxgroup.place(x = 305, y = 10, width = 70, height = 130)
34              self.checkboxvalue = [tk.IntVar(value = 0), tk.IntVar(value = 0)]
35              self.checkboxtitle = ['取模', '取共轭']
36              for i in [0, 1]:
37                  cb = tk.Checkbutton(self.checkboxgroup, text = self.checkboxtitle[i],
38                              variable = self.checkboxvalue[i])
39                  cb.pack(anchor = tk.W)
40
41              self.radiogroup = tk.LabelFrame(self, text = '运算方式')
42              self.radiogroup.place(x = 395, y = 10, width = 70, height = 130)
43              self.radiovalue = tk.IntVar()
44              self.radiovalue.set(1)
45              for e, n in [('加', 1), ('减', 2), ('乘', 3), ('除', 4)]:
46                  rb = tk.Radiobutton(self.radiogroup, text = e, variable = self.radiovalue,
                    value = n)
47                  rb.pack(anchor = tk.CENTER)
48
49              self.btn1 = tk.Button(self, text = '计算', command = self.btn1cal)
50              self.btn1.place(x = 120, y = 120, width = 70, height = 30)
51
52              self.btxt = tk.Text(self)
53              self.btxt.place(x = 10, y = 165, width = 478, height = 120)
54              self.btxt.insert(tk.INSERT, '使用说明:\n')
55              self.btxt.insert(tk.INSERT, '1. "运算方式"单选按钮框中显示了四种运算方式,'
56                              '即加、减、乘、除运算, 按选中的运算方式'
57                              '进行两个复数的运算.\n')
58              self.btxt.insert(tk.INSERT, '2. "模式"中有两个模式, 即"取模"和"取共轭",'
59                              '如果两者都没有选中, 则按普通的复数运算'
60                              '进行运算; 如果选中"取模", 则运算结果将'
61                              '取模后显示; 如果选中"取共轭", 则先将复'
62                              '数取共轭, 然后再参与运算; 如果两者都选中,'
63                              '则先对两个复数分别取共轭, 然后, 再参与'
64                              '运算, 最后结果再取模后显示.\n')
65              self.btxt.insert(tk.INSERT, '3. 单击"计算"按钮完成两个复数的计算.')
66              self.btxt.configure(state = 'disabled')
67
68          def btn1cal(self):
69              pass
70
71      if __name__ == '__main__':
72          mainform = MainForm()
73          mainform.mainloop()
```

在程序段 8-3 中, 第 1 行 "import tkinter as tk" 装载 tkinter 包, 并赋以别名 tk。

第 2～69 行定义了类 MainForm, 继承了 tk.Tk 类。

第 3～8 行为类 MainForm 的构造方法。第 4 行"super().__init__()"调用父类的构造方法。第 5 行"self.title('复数计算器')"设置窗口的标题为"复数计算器"。第 6 行"self.geometry('500 x 300 ＋100＋100')"设置窗口的大小为 500×300(注意,语句中为小写的字母 x),窗口初始位置为屏幕的(100,100)坐标处,表示窗口左上角位于屏幕的(100,100)坐标处。第 7 行"self.resizable(False,False)"设置窗口大小不可调整。第 8 行"self.myinitgui()"调用 myinitgui 方法设置窗口内的各个控件。

第 10～66 行为 myinitgui 方法,用于布局窗口中的各个控件。这里将各个控件均设为 self 的成员。参照图 8-3,第 11 行"self.label1=tk.Label(self,text='复数 A：')"定义静态文本框控件,显示"复数 A：";第 12 行"self.label1.place(x＝30,y＝15)"调用控件 label1 的 place 方法,将控件放置在窗口内部坐标(30,15)处,这里使用了绝对坐标,如果窗口大小改变,静态文本框控件的大小和位置不变,为了使控件和窗口一起改变大小,可以使用相对坐标和相对大小。图 8-3 中,窗口大小被锁定(第 7 行),所以,这里使用了绝对坐标和绝对大小。第 13 行"self.txt1 ＝ tk.StringVar()"定义 tk 模块的字符串变量对象,用于编辑框 Entry 或静态文本框 Label1 中的显示内容。第 14 行"self.stxt1 ＝ tk.Entry(self,textvariable＝self.txt1)"创建编辑框对象 stxt1,并显示 txt1 中的内容,用于输入第 1 个复数。第 15 行"self.stxt1.place(x＝100，y＝15，width＝170，height＝20)"设置 stxt1 编辑框对象的显示位置、宽度和高度。

第 17 行"self.label2 ＝ tk.Label(self,text＝'复数 B：')"创建静态文本框控件 label2,显示"复数 B："。第 18 行"self.label2.place(x＝30，y＝50)"将 label2 控件放置在窗口内部坐标(30,50)处。第 19 行"self.txt2 ＝ tk.StringVar()"定义 tk 模块的字符串变量对象 txt2。第 20 行"self.stxt2 ＝ tk.Entry(self,textvariable＝self.txt2)"定义编辑框 stxt2,显示内容为 txt2,用于输入第 2 个复数。第 21 行"self.stxt2.place(x＝100，y＝50，width＝170，height＝20)"调用 stxt2 的 place 方法设置控件 stxt2 的位置、宽度和高度。

第 23、24 行"self.label3 ＝ tk.Label(self,text ＝ '计算结果：', background ＝ '♯20B2AA', foreground ＝ 'white')"定义静态文本框 label3,显示内容为"计算结果：","background＝ '♯20B2AA',"用于设定背景色,颜色的表示为"♯RRGGBB",这里的,RR、GG 和 BB 均为十六进制数,从 00 至 FF,分别表示红色、绿色和蓝色的分量,该参数可以缩写为"bg＝'♯20B2AA'"。"foreground ＝ 'white'"用于设定前景色为白色,可以使用能被系统识别的颜色英文单词,例如,blue、red 等,可以缩写为"fg＝ 'white'"。第 25 行"self.label3.place(x＝30，y＝85)"调用 label3 的 place 方法放置静态文本框。第 26 行"self.txt3 ＝ tk.StringVar(value＝'0')"定义 tk 模块的字符串变量对象 txt3,用于保存编辑框(或静态文本框)中的内容。第 27 行"self.stxt3 ＝ tk.Entry(self, textvariable ＝ self.txt3, readonlybackground＝'lightblue')"定义编辑框 stxt3,显示内容为 txt3,只读的背景为浅蓝色。第 28 行"self.stxt3.configure(state＝'readonly')"设置 stxt3 编辑框为只读控件。第 29 行"self.stxt3.place(x＝100，y＝85，width＝170，height＝25)"在窗口中放置 stxt3 控件。第 30 行"self.txt3.set(str(0))"设置显示内容为 0。

第 32 行"self.checkboxgroup＝tk.LabelFrame(self,text＝'模式')"定义带标签的框架 checkboxgroup,用作两个复选框的容器。第 33 行"self.checkboxgroup.place(x＝305，y＝10，width ＝ 70，height ＝ 130)"在窗口中放置框架 checkboxgroup。第 34 行"self.

checkboxvalue=［tk. IntVar(value＝0), tk. IntVar(value＝0)］"定义两个复选框的数据列表 checkboxvalue，每个复选框的数据为 tk 模块的 IntVar 对象(称为整型变量对象)。第 35 行"self. checkboxtitle＝［'取模','取共轭'］"定义列表 checkboxtitle 作为两个复选框显示的内容。第 36～39 行为一个 for 结构，循环两次设置两个复选框的标题和内容。第 39 行"cb. pack(anchor＝tk. W)"调用 cb 的 pack 方法放置复选框，这里的参数"anchor＝tk. W"表示左对齐，"W"是"West"的首字母。

第 41 行"self. radiogroup＝tk. LabelFrame(self, text＝'运算方式')"定义一个带标签"运算方式"的框架 radiogroup，用作四个单选按钮的容器。第 42 行"self. radiogroup. place(x＝395, y＝10，width＝70, height＝130)"放置框架 radiogroup。四个单选按钮为一组，每次只能有一个被选中，需要为这四个单选按钮设定一个共享的取值对象，即第 43 行"self. radiovalue＝tk. IntVar()"，设定一个 radiovalue 对象。第 44 行"self. radiovalue. set(1)"设定 radiovalue 的值为 1，由第 45～47 行可知，四个单选按钮的值(value)依次为 1、2、3、4，所以，这里 radiovalue 的值为 1 表示 value 值为 1 的单选按钮被选中。第 45～47 行为一个 for 结构，用于设置四个单选按钮的显示内容和(选中时的)返回值。第 47 行"rb. pack(anchor＝tk. CENTER)"将每个单选按钮居中放置。

第 49 行"self. btn1＝tk. Button(self, text＝'计算', command＝self. btn1cal)"定义命令按钮 btn1，显示"计算"，当按下该按钮时，调用函数 btn1cal。这种按下按钮将调用的函数称为"回调函数"，这是因为函数定义好后在系统中"注册"了，所谓"注册"是指该函数与特定的事件相关联，例如，使一个函数与鼠标的左键被按下相关联，这样当系统识别到鼠标左键被按下时，将调用相关的被"注册"好的函数，这个过程必须有操作系统的干预，因此称为"回调"。这里的 btn1cal 函数也是"回调函数"，表面上没有调用入口，实质上是由操作系统识别到 btn1 被单击时，操作系统调用的。这里的"command＝self. btn1cal"执行的是"注册"函数的过程。第 50 行"self. btn1. place(x＝120, y＝120, width＝70, height＝30)"摆放命令按钮 btn1。

第 52 行"self. btxt＝tk. Text(self)"定义文本框 btxt；第 53 行"self. btxt. place(x＝10, y＝165，width＝478，height＝120)"放置文本框 btxt；第 54～65 行向文本框 btxt 内写入显示内容，其中的"INSERT"表示从当前光标位置插入文本。第 66 行"self. btxt. configure(state＝'disabled')"将 btxt 设为"不使能"(即不可编辑、不接收光标(或焦点))。

第 68、69 行定义方法 btn1cal，内容为空。

第 72 行"mainform＝MainForm()"创建 MainForm 类的对象 mainform。第 73 行"mainform. mainloop()"调用 mainloop 方法，使图形用户界面程序处于等待事件(或消息)状态。

图形用户界面程序的最后一条语句一定是调用 mainloop 方法，将程序的控制权交给操作系统，由操作系统管理用户输入或鼠标按键，并将这个输入转化为事件(或消息)，触发图形用户界面程序中的相应控件执行相关的"回调"函数(或方法)，并输出执行结果。

8.3 "复数计算器"程序算法设计

在程序段 8-3 的方法 myinitgui 中，将各个控件均作为 self 的成员，这是一种标准的设计方法，但由于各个控件创建好后本身不需要管理，所以可将各个控件设为方法中的局部

"变量",这样只需要将与各个控件的数据相关的对象作为 self 的成员即可。例如,程序段 8-3 的第 14～15 行:

```
14          self.stxt1 = tk.Entry(self,textvariable = self.txt1)
15          self.stxt1.place(x = 100,y = 15,width = 170,height = 20)
```

可以写为:

```
14          stxt1 = tk.Entry(self,textvariable = self.txt1)
15          stxt1.place(x = 100,y = 15,width = 170,height = 20)
```

进一步可以写为一行,即

```
            tk.Entry(self, textvariable = self.txt1). place(x = 100, y = 15, width = 170,
            height = 20)
```

按照上述方法重新改写了程序段 8-3,如程序段 8-4 所示。同时,在程序段 8-4 中,添加了方法 btn1cal 的代码,完成了两个复数间的四则运算。

程序段 8-4　优化的程序段 8-3(文件名 zym0804)

```
1     import tkinter as tk
2     class MainForm(tk.Tk):
3         def __init__(self):
4             super().__init__()
5             self.title('复数计算器')
6             self.geometry('500x300 + 100 + 100')
7             self.resizable(False,False)
8             self.myinitgui()
9
10        def myinitgui(self):
11            tk.Label(self,text = '复数 A:').place(x = 30,y = 15)
12
13            self.txt1 = tk.StringVar()
14            tk.Entry(self,textvariable = self.txt1).place(x = 100,y = 15,width = 170,height = 20)
15
16            tk.Label(self, text = '复数 B:').place(x = 30, y = 50)
17
18            self.txt2 = tk.StringVar()
19            tk.Entry(self, textvariable = self.txt2). place(x = 100, y = 50, width = 170, height = 20)
20
21            tk.Label(self, text = '计算结果:',
22                    background = '#20B2AA',foreground = 'white').place(x = 30, y = 85)
23
24            self.txt3 = tk.StringVar(value = '0')
25            stxt3 = tk. Entry ( self, textvariable = self. txt3, readonlybackground = 'lightblue')
26            stxt3.configure(state = 'readonly')
27            stxt3.place(x = 100, y = 85, width = 170, height = 25)
28            self.txt3.set(str(0))
29
30            checkboxgroup = tk. LabelFrame(self,text = '模式')
31            checkboxgroup. place(x = 305,y = 10,width = 70,height = 130)
32            self.checkboxvalue = [tk. IntVar(value = 0),tk. IntVar(value = 0)]
33            checkboxtitle = ['取模','取共轭']
```

```
34          for i in [0,1]:
35              cb = tk.Checkbutton(checkboxgroup, text = checkboxtitle[i],
36                              variable = self.checkboxvalue[i])
37              cb.pack(anchor = tk.W)
38
39          radiogroup = tk.LabelFrame(self, text = '运算方式')
40          radiogroup.place(x = 395, y = 10, width = 70, height = 130)
41          self.radiovalue = tk.IntVar()
42          self.radiovalue.set(1)
43          for e,n in [('加',1),('减',2),('乘',3),('除',4)]:
44              rb = tk.Radiobutton(radiogroup, text = e, variable = self.radiovalue, value = n)
45              rb.pack(anchor = tk.CENTER)
46
47          tk.Button(self, text = '计算',
48                  command = self.btn1cal).place(x = 120, y = 120, width = 70, height = 30)
49
50          btxt = tk.Text(self)
51          btxt.place(x = 10, y = 165, width = 478, height = 120)
52          btxt.insert(tk.INSERT, '使用说明:\n')
53          btxt.insert(tk.INSERT, '1. "运算方式"单选按钮框中显示了四种运算方式,'
54                              '即加、减、乘、除运算,按选中的运算方式'
55                              '进行两个复数的运算.\n')
56          btxt.insert(tk.INSERT, '2. "模式"中有两个模式,即"取模"和"取共轭",'
57                              '如果两者都没有选中,则按普通的复数运算'
58                              '进行运算;如果选中"取模",则运算结果将'
59                              '取模后显示;如果选中"取共轭",则先将复'
60                              '数取共轭,然后再参与运算;如果两者都选中,'
61                              '则先对两个复数分别取共轭,然后,再参与'
62                              '运算,最后结果再取模后显示.\n')
63          btxt.insert(tk.INSERT, '3. 单击"计算"按钮完成两个复数的计算.')
64          btxt.configure(state = 'disabled')
65
66      def btn1cal(self):
67          try:
68              a = complex(self.txt1.get())
69              b = complex(self.txt2.get())
70          except Exception as e:
71              print(e)
72          else:
73              if self.checkboxvalue[1].get() == 1:
74                  a = a.real - a.imag * 1j
75                  b = b.real - b.imag * 1j
76              match self.radiovalue.get():
77                  case 1:
78                      c = a + b
79                  case 2:
80                      c = a - b
81                  case 3:
82                      c = a * b
83                  case 4:
84                      c = a/b
85                  case _:
86                      c = a + b
87
88              if self.checkboxvalue[0].get() == 1:
89                  c = abs(c)
```

```
90              self.txt3.set(str(c))
91    if __name__ == '__main__':
92        mainform = MainForm()
93        mainform.mainloop()
```

在程序段 8-4 中,第 2～90 行定义了类 MainForm。第 3～8 行为 MainForm 类的构造方法。第 10～64 行为界面设计方法 myinitgui,这里的"变量"设置原则为:如果变量被类的其他方法使用,例如保存控件内容的变量,则该变量设置为数据成员,即该变量作为 self 中的变量;如果变量不再被类的其他方法调用,例如与控件的界面设计相关的变量,使用局部变量形式,即该变量不作为 self 中的变量。

程序段 8-4 的显示界面与程序段 8-3 完全相同,如图 8-3 所示。推荐使用程序段 8-4 中的程序设计方法。

第 66～90 行为方法 btn1cal,使用了 try-except-else 结构。try 部分为第 68、69 行,第 68 行"a=complex(self.txt1.get())"读取 txt1 编辑框中的数据并转化为复数,保存在 a 中,这里的"get"方法用于获取控件的内容。第 69 行"b=complex(self.txt2.get())"读取 txt2 编辑框中的数据并转化为复数,保存在 b 中。try 部分监督第 68、69 行的代码,如果遇到异常则执行第 70、71 行,第 71 行"print(e)"在命令行窗口输入异常提示信息。注意:在图形用户界面程序下,这个异常输出不显示;在使用 PyCharm 运行模式下,若有异常输出,可以在 PyCharm 的命令行窗口中查看异常。

如果第 68、69 行的输入正常,则执行第 73～90 行。第 73～75 行为一个 if 结构,表示如果"取共轭"复选框选中(第 73 行返回 1),则将 a 和 b 取共轭。第 76～86 行为一个 match 多分支结构,根据单选按钮的状态,分别计算 a 和 b 的和、差、积或商。第 88、89 行为一个 if 结构,表示如果"取模"复选框选中(第 88 行返回 1),则计算 c 的模。

第 90 行"self.txt3.set(str(c))"将 c 的字符串形式赋给 txt3。由第 25 行知,txt3 为只读的编辑框 stxt3 的显示内容。若 txt3 的值改变,则在图形用户界面刷新时会将 txt3 的新值显示在 stxt3 控件中。图形用户界面程序的刷新率不是固定的,由操作系统决定,一般当某个控件的内容变化时,将启动一次显示刷新。

▚ 8.4 常用控件 ◆

通过程序段 8-3 和程序段 8-4 的学习,读者基本上掌握了图形用户界面设计的技巧。本节将用一定量的篇幅介绍一下 Tkinter 包中的常用控件,并进一步回顾一下曾出现在图 8-3 中的全部控件,如表 8-2 所示。

表 8-2 常用控件类

序 号	控 件 类	含 义
1	Button	命令按钮
2	Label	静态文本框,可显示文本和图片
3	Message	消息框,用于显示多行静态文本
4	messagebox	消息对话框
5	filedialog	文件对话框
6	colorchooser	颜色选择对话框

续表

序 号	控 件 类	含 义
7	Text	文本控件,可显示多行文本和各种控件,是一个具有强大功能的编辑器
8	Entry	单行编辑框
9	Radiobutton	单选按钮,常多个联合使用
10	Checkbutton	复选铵钮
11	Frame	框架控件,用作其他控件的容器
12	LabelFrame	带标签的框架控件
13	Listbox	列表框控件
14	Scrollbar	滚动条控件
15	Scale	进度条控件
16	Menu	菜单控件
17	Canvas	画布控件

表 8-2 中的每个控件都具有众多的参数,在程序设计时将鼠标移动到控件类名上方暂停一下,将自动弹出与该类控件相关的参数。在显示方面,大部分控件都具有参数"bg＝""fg＝""text＝""textvariable＝""image＝""relief＝""anchor＝""width＝""height＝"和"font＝"等,依次表示设置背景色、前景色、显示的本文、显示的内容(可访问)、显示的图像、显示的样式(指 3D 效果)、位置、宽度、高度和字体样式等。后续小节将具体介绍各个控件并进一步介绍上述参数的具体用法。

8.4.1 命令按钮

命令按钮为 Button 类定义的对象,可接受用户的鼠标单击事件,并能调用其参数"command＝"指定的回调函数。

命令按钮的典型用法如程序段 8-5 所示。

程序段 8-5 命令按钮用法实例(文件名 zym0805)

视频讲解

```
1    import tkinter as tk
2    import tkinter. messagebox as msgbox
3    class MainForm(tk. Tk):
4        def __init__(self):
5            super(). __init__()
6            self.title('控件用法演示')
7            self.geometry('300x100')
8            self. resizable(False, False)
9            self.myinitgui()
10       def myinitgui(self):
11           btn1 = tk. Button(self, text = '显示版本信息', command = self. btn1fun,
12                   relief = 'groove', width = 15)
13           btn1. grid(row = 1, column = 2, padx = 20, pady = 30)
14           btn2 = tk. Button(self, text = '退出', command = self. quit, relief = 'raised',
                 width = 15)
15           btn2. grid(row = 1, column = 5)
16       def btn1fun(self):
17           msgbox. showinfo(title = '版本信息', message = '版本 1.0')
18   if __name__ == '__main__':
19       mainform = MainForm()
20       mainform. mainloop()
```

在程序段 8-5 中,第 10～15 行为界面设计方法 myinitgui。第 11、12 行定义命令按钮 btn1,显示内容为“显示版本信息”,单击该按钮执行的方法为 btn1fun,样式“groove”表示命令按钮以边缘镶嵌形式平铺在窗口中,如图 8-4 所示。第 13 行“btn1. grid(row＝1,column＝2, padx＝20, pady＝30)”使用 grid 方法摆放 btn1 按钮,放置在第 1 行第 2 列处,距离窗口左边界 20 个像素点,距上边界 30 个像素点。第 11 行中的参数“self”表示 btn1 的父容器,即 btn1 所在的窗口(或控件),这里的“self”表示类 MainForm 创建的窗口对象。

第 14 行“btn2 ＝ tk. Button(self, text＝'退出', command＝self. quit, relief＝'raised', width＝15)”定义命令按钮 btn2,显示内容为“退出”,单击该按钮执行的方法为 quit,即退出程序;显示样式“raised”表示浮雕形 3D 显示,如图 8-4 所示。第 15 行“btn2. grid(row＝1, column＝5)”将 btn2 控件摆放在第 1 行第 5 列。注意,grid 方法摆放控件采用了相对位置方法,如图 8-4 所示,当放置了命令按钮 btn1 后,再放置 btn2 且指定了同一行,将在同一行显示。

第 16、17 行定义了方法 btn1fun,只有一条语句,即第 17 行“msgbox. showinfo(title＝'版本信息', message＝'版本 1.0')”。第 2 行“import tkinter. messagebox as msgbox”装入了模块 tkinter. messagebox,并赋以别名 msgbox。第 17 行调用 showinfo 方法弹出一个消息对话框,其标题为“版本信息”,显示内容为“版本 1.0”。

程序段 8-5 的执行结果如图 8-4 所示。

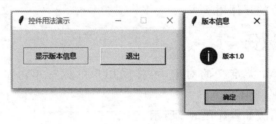

图 8-4　模块 zym0805 执行结果

8.4.2　静态文本框

静态文本框为类 Label 定义的对象,用于输入不可编辑的文本信息,可以输出图像信息。程序段 8-6 展示了静态文本框的应用方法。

程序段 8-6　静态文本框实例(文件 zym0806)

视频讲解

```
1    import tkinter as tk
2    import tkinter. messagebox as msgbox
3    class MainForm(tk. Tk):
4        def __init__(self):
5            super(). __init__()
6            self. title('控件用法演示')
7            self. geometry('300x240')
8            self. resizable(False, False)
9            self. myinitgui()
10       def myinitgui(self):
11           self. capt = tk. StringVar(value = '狗')
12           btn1 =  tk. Button(self, textvariable = self. capt, command = self. btn1fun, width = 15)
13           btn1. grid(row = 1, column = 2, padx = 20, pady = 30)
14           btn2 =  tk. Button(self, text = '退出', command = self. quit, width = 15)
```

```
15              btn2.grid(row = 1, column = 5)
16
17              self.pic1 = tk.PhotoImage(file = 'cat.png')
18              self.pic2 = tk.PhotoImage(file = 'dog.png')
19              self.lb1 = tk.Label(self, text = 'A cat.', image = self.pic1)
20              self.lb1.grid(row = 2, column = 2)
21
22              self.info = tk.StringVar(value = '这是猫咪!')
23              lb2 = tk.Label(self, textvariable = self.info, fg = 'red')
24              lb2.grid(row = 2, column = 5)
25
26      def btn1fun(self):
27          if self.capt.get() == '狗':
28              self.lb1.config(image = self.pic2)
29              self.capt.set('猫')
30              self.info.set('这是狗狗!')
31          else:
32              self.lb1.config(image = self.pic1)
33              self.capt.set('狗')
34              self.info.set('这是猫咪!')
35  if __name__ == '__main__':
36      mainform = MainForm()
37      mainform.mainloop()
```

在程序段 8-6 中，第 3～34 行定义 MainForm 类，继承了类 tk.Tk。

第 10～24 行为设计界面的方法 myinitgui。第 11 行"self.capt=tk.StringVar(value='狗')"定义 capt，初始值为"狗"，用作命令按钮 btn1 的显示内容。

第 17 行"self.pic1 = tk.PhotoImage(file='cat.png')"，读入图像 cat.png 赋给 pic1，注意，PhotoImage 支持 PNG、GIF、PGM 和 PPM 四种格式的图像。第 18 行"self.pic2 = tk.PhotoImage(file='dog.png')"读入图像 dog.png 赋给 pic2。第 19 行"self.lb1 = tk.Label(self, text='A cat.', image=self.pic1)"定义静态文本框 lb1，显示图像 pic1。

第 22 行"self.info=tk.StringVar(value='这是猫咪!')"定义 info 用作 lb2 的显示内容；第 23 行"lb2=tk.Label(self, textvariable=self.info, fg='red')"定义静态文本框 lb2，设定前景色为红色。

第 26～34 行为方法 btn1fun。第 27～34 行为一个 if-else 结构，第 27 行"if self.capt.get()=='狗':"如果命令按钮 btn1 显示的内容为"狗"，则执行第 28～30 行，即将静态本文框中的图像换为狗，命令按钮 btn1 显示的内容为"猫"，静态文本框 lb2 显示的内容设为"这是狗狗!"。否则（第 31 行），执行第 32～34 行，即将静态本文框中的图像换为猫，命令按钮 btn1 显示的内容为"狗"，静态文本框 lb2 显示的内容设为"这是猫咪!"。

程序段 8-6 的执行结果如图 8-5 所示。程序段 8-6 需要在当前工程所在目录"E:\ZYPythonPrj\ZYPrj03"下存入两种图像文件，即 cat.png 和 dog.png。

8.4.3 对话框

在 8.4.1 节中使用了 messagebox 消息对话框，本节进一步介绍常用的对话框。

在 tkinter.messagebox 模块中提供了三种类型的消息对话框。

图 8-5　模块 zym0806 执行结果

（1）信息提示对话框。

信息提示对话框的形式为

```
showinfo(title = '标题', message = '提示信息')
```

这种形式的信息提示对话框，具有"标题""提示信息"和一个"OK"按钮，仅能返回 OK 信息（即 messagebox.OK）。

（2）警告提示对话框。

警告提示对话框的形式有两种，即

```
showwarning(title = '标题', message = '提示信息')
showerror(title = '标题', message = '提示信息')
```

这种形式的警告提示对话框，具有"标题""提示信息"和一个"OK"按钮，仅能返回 OK 信息。

（3）问题提示对话框。

问题提示对话框具有五种形式，即

```
askquestion(title = '标题', message = '提示信息')        # 可返回 YES 或 NO
askokcancel(title = '标题', message = '提示信息')         # 可返回 True 或 False
askretrycancel(title = '标题', message = '提示信息')      # 可返回 True 或 False
askyesno(title = '标题', message = '提示信息')            # 可返回 True 或 False
askyesnocancel(title = '标题', message = '提示信息')      # 可返回 True 或 False
```

tkinter.filedialog 模块提供了打开文件对话框和保存文件对话框，即 askopenfilename 和 asksaveasfilename 等方法。打开文件对话框返回选择的文件的完整路径字符串。

tkinter.colorchooser 模块提供了颜色选择对话框 askcolor，返回的颜色值的形式形如"((245，1，10)，'＃f5010a')"。

程序段 8-7 中展示了这些对话框的用法。

程序段 8-7　对话框用法实例(文件名 zym0807)

视频讲解

```
1    import tkinter as tk
2    import tkinter.messagebox as msgbox
3    import tkinter.filedialog as filedlg
4    import tkinter.colorchooser as color
5    import os
6    class MainForm(tk.Tk):
7        def __init__(self):
8            super().__init__()
```

```
9              self.title('控件用法演示')
10             self.geometry('360x240')
11             self.resizable(False,False)
12             self.myinitgui()
13       def myinitgui(self):
14             self.capt = tk.StringVar(value = '打开图像文件')
15             btn1 = tk.Button(self,textvariable = self.capt,command = self.btn1fun,width = 15)
16             btn1.grid(row = 1, column = 2, padx = 20, pady = 30)
17             btn2 = tk.Button(self,text = '退出',command = self.btn2fun,width = 15)
18             btn2.grid(row = 1, column = 3)
19
20             self.lb1 = tk.Label(self,text = '')
21             self.lb1.grid(row = 2, column = 2)
22
23             self.info = tk.StringVar(value = '')
24             self.lb2 = tk.Label(self,textvariable = self.info,fg = 'red')
25             self.lb2.grid(row = 2,column = 3)
26             self.lb2.bind('<Button-1>',self.lb2fun)
27       def btn1fun(self):
28             file = filedlg.askopenfilename(filetypes =
29                               [('image file','*.png'),('image file','*.gif')])
30             if os.path.exists(file):
31                 self.pic1 = tk.PhotoImage(file = file)
32                 self.lb1.config(image = self.pic1)
33                 self.info.set(file)
34       def btn2fun(self):
35             a = msgbox.askquestion('退出软件','确定要退出软件吗?')
36             if a == msgbox.YES:
37                 self.quit()
38             else:
39                 pass
40       def lb2fun(self,event):
41             col = color.askcolor()
42             if isinstance(col,tuple):
43                 self.lb2.config(fg = col[1])
44   if __name__ == '__main__':
45       mainform = MainForm()
46       mainform.mainloop()
```

程序段 8-7 的执行结果如图 8-6 所示。

在程序段 8-7 中，第 2 行"import tkinter.messagebox as msgbox"装载 messagebox 模块，并赋以别名 msgbox；第 3 行"import tkinter.filedialog as filedlg"装载 filedialog 模块，并赋以别名 filedlg；第 4 行"import tkinter.colorchooser as color"装载 colorchooser 模块，并赋以别名 color。

第 6～43 行为自定义类 MainForm，继承了类 tk.Tk。

第 13～26 行为界面设计方法 myinitgui。第 14 行"self.capt = tk.StringVar(value = '打开图像文件')"定义 capt 对象，作为命令按钮 btn1 的显示内容。第 15、16 行定义命令按钮 btn1，并使用 grid 方法将按钮放置到窗口。grid 方法使用行、列位置摆放控件，padx 和 pady 用于定义控件相对于窗口边缘的距离。btn1 的单击事件响应方法为 btn1fun。第 17、18 行定义命令按钮 btn2，btn2 的单击事件响应方法为 btn2fun。

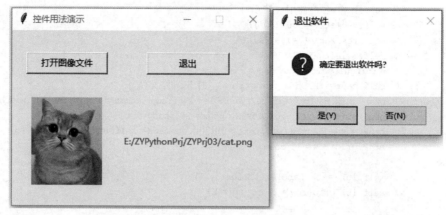

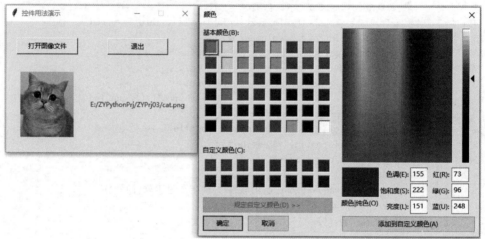

图 8-6　模块 zym0807 执行结果

第 20、21 行定义静态文本框 lb1。

第 23 行"self. info=tk. StringVar(value='')"定义 info 对象作为静态文本框 lb2 的显示内容；第 24、25 行定义静态文本框 lb2。第 26 行"self. lb2. bind('< Button-1 >', self. lb2fun)"将 lb2 的鼠标左键单击事件(即"< Button-1 >")与方法 lb2fun 相绑定,即当鼠标左键单击静态文本框 lb2 时,将触发 lb2fun 函数,8.6 节将进一步介绍事件和事件绑定方法。一个事件用"< >"包括起来,"< Button-1 >"表示鼠标左键单击事件,"< Button-3 >"表示鼠标右键单击事件,"< Button-2 >"表示鼠标中间键单击事件。

第 27~33 行为 btn1fun 函数。第 28、29 行调用 askopenfilename 方法启动打开文件对话框,这里的参数"filetypes= [('image file',' ＊ . png'),('image file',' ＊ . gif')]"表示文件类型只能取扩展名为" ＊ . png"和" ＊ . gif"的图像文件。第 30 行"if os. path. exists(file):"如果 file 存在,则执行第 31~33 行。第 31 行"self. pic1 = tk. PhotoImage(file=file)"将在打开文件对话框中选择的文件名 file 对应的图像文件装入 pic1 中。第 32 行"self. lb1. config(image= self. pic1)"在静态文本框 lb1 中显示打开的图像。第 33 行"self. info. set (file)"在 lb2 中(info 为 lb2 显示的内容)显示文件名。

第 34~39 行为 btn2fun。第 35 行"a=msgbox. askquestion('退出软件','确定要退出软件吗?')"打开"问题提示对话框",第 36 行"if a==msgbox. YES:"如果问题提示对话框

返回 YES,则第 37 行"self. quit()"关闭程序。

第 40～43 行为 lb2fun 方法,该方法为与静态文本框 lb2 的鼠标左键单击事件绑定的方法,故需要一个外部参数 event(参数名可取任意合法的标识符)。第 41 行"col = color. askcolor()"打开颜色选择对话框,返回的颜色值为含有两个元素的元组,其第二个元素为由字符串表示的颜色值。第 42 行"if isinstance(col,tuple):"如果 col 为元组,则第 43 行"self. lb2. config(fg = col[1])"设置静态文本框 lb2 的前景色(即字体颜色)为 col[1]表示的颜色。

8.4.4 消息框

消息框也称静态文本控件,是 Message 类定义的对象,其与 Label 控件功能相似,但是消息框具有自动换行功能,可视为多行静态文本框。注意:Label 静态文本框支持"\n"手动换行。

程序段 8-8 演示了消息框的用法。

程序段 8-8 文件 zym0808

视频讲解

```
1    import tkinter as tk
2    import tkinter.messagebox as msgbox
3    class MainForm(tk.Tk):
4        def __init__(self):
5            super().__init__()
6            self.title('控件用法演示')
7            self.geometry('360x240')
8            self.resizable(False,False)
9            self.myinitgui()
10       def myinitgui(self):
11           self.capt = tk.StringVar(value = '显示')
12           btn1 = tk.Button(self,textvariable = self.capt,command = self.btn1fun,width = 15)
13           btn1.grid(row = 1, column = 2, padx = 20, pady = 30)
14           btn2 = tk.Button(self,text = '退出',command = self.btn2fun,width = 15)
15           btn2.grid(row = 1, column = 3)
16
17           self.str = tk.StringVar(value = '')
18           msg = tk.Message(self,textvariable = self.str,width = 100)
19           msg.grid(row = 2,column = 2,columnspan = 3)
20       def btn1fun(self):
21           file = open('zy.txt')
22           s = file.read()
23           file.close()
24           self.str.set(s)
25       def btn2fun(self):
26           a = msgbox.askquestion('退出软件','确定要退出软件吗?')
27           if a == msgbox.YES:
28               self.quit()
29   if __name__ == '__main__':
30       mainform = MainForm()
31       mainform.mainloop()
```

程序段 8-8 的执行结果如图 8-7 所示。程序段 8-8 要求当前工程所在目录下有一个文本文件 zy. txt,其内容为"Our class has 38 students. "。

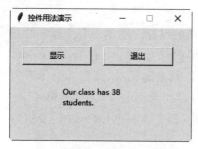

图 8-7   模块 zym0808 执行结果

在程序段 8-8 中,第 3~28 行为自定义类 MainForm, 继承了类 tk. Tk。

第 10~19 行为界面设计方法 myinitgui。

第 17 行"self. str = tk. StringVar(value = '')"定义 str 对象作为 Message 对象 msg 显示的内容,初始为空字符串。第 18 行"msg = tk. Message(self, textvariable = self. str, width=100)"定义 Message 对象 msg。第 19 行 "msg. grid(row = 2, column = 2, columnspan = 3)"表示 msg 对象放置在第 2 行第 2 列处,且占有 3 列的长度(即第 2、3、4 列合并为一列,给 msg 对象用)。

第 20~24 行的方法 btn1fun 为命令按钮 btn1 被按下时响应的方法。第 21 行"file = open('zy. txt')"打开文件 zy. txt,这里没有做异常处理,应保证当前工程目录下有一个文本文件 zy. txt,其内容为"Our class has 38 students. "。第 22 行"s=file. read()"读出 file 中的文本内容,赋给 s; 第 23 行"file. close()"关闭文件对象 file。第 24 行"self. str. set(s)"将 s 赋给 str,然后,系统刷新如图 8-7 所示界面,将 str 显示在 Message 对象 msg 中。

8.4.5   文本控件

文本控件是 Text 类的对象,借助文本控件可以实现与文档编辑软件(例如 Word)类似的图文编辑处理,这个控件是实现文档编辑类软件的必备控件,可以作为容器放置其他控件和图像。这里重点介绍一下利用该控件实现文字编辑的功能,设文本控件为 txt,则

(1) 在控件中可以手工编辑文字;

(2) 借助 insert 方法可以向 txt 中插入文字,例如:

```
txt.insert(tk.INSERT, 'Apple')
```

向 txt 文本控件中当前光标位置处插入字符串"Apple"。

或者:

```
txt.insert('行号.列号', 'Apple')
```

表示在第"行号"和第"列号"处插入字符串"Apple"。如"txt. insert('1.3', 'Apple')"表示在第 1 行第 3 列处插入字符串"Apple"。这里列号从 0 开始,行号从 1 开始。

(3) 借助 get 方法可以从 txt 中提取文本,例如:

```
txt.get('行号 1.列号 1', '行号 2.列号 2')
```

表示从位置"行号 1.列号 1"至"行号 2.列号 2"(不含)间的文本被提取出来,返回字符串。

(4) 借助 delete 方法可以删除文本,例如:

```
delete('行号 1.列号 1', '行号 2.列号 2')
```

表示删除从位置"行号 1.列号 1"至"行号 2.列号 2"(不含)间的文本。

在上述操作中可以使用 tk. INSERT、tk. END 表示文本的当前光标位置和文本的最后位置(的下一个位置)。

程序段 8-9 介绍了文本控件的插入文本操作。

程序段 8-9　文件 zym0809

```
1    import tkinter as tk
2    import tkinter.messagebox as msgbox
3    class MainForm(tk.Tk):
4        def __init__(self):
5            super().__init__()
6            self.title('控件用法演示')
7            self.geometry('300x240')
8            self.resizable(False, False)
9            self.myinitgui()
10       def myinitgui(self):
11           self.capt = tk.StringVar(value = '显示')
12           btn1 = tk.Button(self, textvariable = self.capt, command = self.btn1fun, width = 15)
13           btn1.grid(row = 1, column = 2, padx = 20, pady = 30)
14           btn2 = tk.Button(self, text = '退出', command = self.btn2fun, width = 15)
15           btn2.grid(row = 1, column = 3)
16
17           self.txt = tk.Text(self, width = 38, height = 10)
18           self.txt.grid(row = 2, column = 2, columnspan = 3, padx = 12, pady = 0)
19       def btn1fun(self):
20           self.txt.insert(tk.INSERT, 'This is the text inserted by clicking'
21                           ' button. However, one can input text by hand. \n')
22       def btn2fun(self):
23           a = msgbox.askquestion('退出软件', '确定要退出软件吗?')
24           if a == msgbox.YES:
25               self.quit()
26   if __name__ == '__main__':
27       mainform = MainForm()
28       mainform.mainloop()
```

程序段 8-9 的执行结果如图 8-8 所示,单击"显示"按钮将在文本控件中显示一段文本。

在程序段 8-9 中,第 3～25 行为自定义类 MainForm。

第 10～18 行为用户界面设计方法 myinitgui。其中,第 17 行"self. txt = tk. Text(self, width = 38, height = 10)"定义文本控件 txt,宽度为 38,高度为 10,单位为字符。第 18 行"self. txt. grid(row = 2, column = 2, columnspan = 3, padx = 12, pady = 0)"调用 grid 方法在窗口中放置 txt 控件。

图 8-8　模块 zym0809 执行结果

第 19～21 行为方法 btn1fun,当单击控件 btn1 时将触发该方法。第 20、21 行"self. txt. insert(tk. INSERT, 'This is the text inserted by clicking button. However, one can input text by hand. \n')"表示在当前光标处插入文本 "This is the text inserted by clicking button. However, one can input text by hand. "。

8.4.6　编辑框

编辑框为 Entry 类定义的对象,编辑框类似于"控制台模式"下的 input 函数,可以输入各类数据。设编辑框对象为 entry,其 textvariable 参数为 val,则 val. get 方法将获得编辑框

entry 中的文本,而 val. set 方法将设置编辑框中显示的内容,set 方法可以使用各种类型,例如,val. set('{'a': 5, 'b': 5, 'c': 6}')将输出字典到编辑框中。

程序段 8-10 演示了编辑框的用法,其中设计了两个编辑框,从一个编辑框中提取数据,在另一个编辑框中计算并显示各个数据的平方和。

视频讲解

程序段 8-10　编辑框用法实例(文件 zym0810)

```
1    import tkinter as tk
2    import tkinter.messagebox as msgbox
3    class MainForm(tk.Tk):
4        def __init__(self):
5            super().__init__()
6            self.title('控件用法演示')
7            self.geometry('300x180')
8            self.resizable(False,False)
9            self.myinitgui()
10       def myinitgui(self):
11           self.capt = tk.StringVar(value = '计算平方和')
12           btn1 = tk.Button(self,textvariable = self.capt,command = self.btn1fun,width = 15)
13           btn1.grid(row = 1, column = 2, padx = 20, pady = 30)
14           btn2 = tk.Button(self,text = '退出',command = self.btn2fun,width = 15)
15           btn2.grid(row = 1, column = 3)
16
17           self.val1 = tk.StringVar(value = '')
18           entry1 = tk.Entry(self,textvariable = self.val1)
19           entry1.grid(row = 2,column = 2,columnspan = 3, padx = 12, pady = 0)
20
21           self.val2 = tk.StringVar(value = '')
22           entry2 = tk.Entry(self, textvariable = self.val2)
23           entry2.grid(row = 3, column = 2, columnspan = 3, padx = 12, pady = 20)
24       def btn1fun(self):
25           try:
26               str = self.val1.get()
27               x = str.split(',')
28               s = 0
29               for e in x:
30                   s += float(e) ** 2
31               self.val2.set(f'{s:.2f}')
32           except Exception as e:
33               pass
34       def btn2fun(self):
35           a = msgbox.askquestion('退出软件','确定要退出软件吗?')
36           if a == msgbox.YES:
37               self.quit()
38   if __name__ == '__main__':
39       mainform = MainForm()
40       mainform.mainloop()
```

在程序段 8-10 中,第 3～37 行定义自定义类 MainForm,继承了类 tk. Tk。

第 10～23 行为界面设计方法 myinitgui。第 17 行"self. val1＝tk. StringVar(value＝'')"定义 val1 对象,作为编辑框 entry1 的显示内容。第 18 行"entry1 ＝ tk. Entry(self, textvariable＝self. val1)"定义 Entry 类的对象 entry1。第 19 行"entry1. grid(row＝2, column＝2,columnspan＝3, padx＝12, pady＝0)"调用 entry1 的 grid 方法将编辑框放置

在第 2 行第 2 列处,占 3 列宽度。

第 21 行"self. val2 ＝ tk. StringVar(value＝'')"定义 val2 对象,用作编辑框 entry2 的显示内容。第 22 行"entry2＝ tk. Entry(self, textvariable＝self. val2)"定义编辑框对象 entry2。第 23 行"entry2. grid(row＝3, column＝2, columnspan＝3, padx＝12, pady＝20)"调用 grid 方法将编辑框放在窗口的第 3 行第 2 列处,占 3 列宽度。

方法 grid 使用网格进行控件的布局,但是其布局的行列大小并不严格,在实际使用 grid 方法时,可添加 padx 和 pady 参数调用控件的横向和纵向位移,以达到良好的可视效果。

第 24～33 行为方法 btn1fun,当命令按钮 btn1 被单击时将调用该方法。

第 25～33 行为一个 try 结构,当异常发生时,将进入第 32、33 行执行异常处理,第 33 行"pass"表示异常不作处理。第 26 行"str＝self. val1. get()"读取 entry1 编辑框中的文本,赋给 str。第 27 行"x＝str. split(',')"将字符串以","号为分隔符分隔成列表,赋给 x,例如,'3,4'. split(',')将得到"['3', '4']"; '3'. split(',')将得到"['3']"。第 28 行"s＝0"将 0 赋给 s。第 29、30 行为一个 for 结构,将列表 x 中的各个元素转化为浮点数并平方后取和。第 31 行"self. val2. set(f'{s：.2f}')"将 s 显示在 entry2 编辑框中。

程序段 8-10 的执行结果如图 8-9 所示。在第一个编辑框中输入"4，5，6，7，8，9.23",单击"计算平方和"按钮,将在第二个编辑框中显示上述输入数据的平方和,即"275.19"。

编辑框还有一些其他的功能,例如:①当输入密码时,可以显示"＊"号,以保护密码,使用 show＝'＊'参数表示。②支持输入内容的合法性验证,例如,要求输入手机号,当输入了字母时视为非法输入。合法性验证

图 8-9　模块 zym0810 执行结果

借助三个参数:validate、validatecommand 和 invalidcommand,其中,validate 参数指定合法性检验的时刻,如表 8-3 所示。

表 8-3　validate 参数的取值与含义

序　号	参 数 值	含　　义
1	'none'	无输入合法性检验(默认选项)
2	'key'	有输入时检验合法性
3	'focusin'	编辑框获得焦点时检验合法性
4	'focusout'	编辑框失去焦点时检验合法性
5	'focus'	编辑框获得焦点或失去焦点时检验合法性
6	'all'	上述第 2～5 行中的情况出现时检验合法性

参数 validatecommand 指定输入合法性检验函数,validate 参数指定了输入合法性检验的时刻后,参数 validatecommand 就需要指定合法性检验函数,输入合法性检验函数为谓词函数,返回值为真或假;当合法性检验为假时,将调用 invalidcommand 参数指定的函数。

8.4.7　单选按钮

单选按钮是 Radiobutton 类定义的控件,单选按钮的常用定义方式为:

> Radiobutton(所在的窗口对象, text = 显示的内容, variable = 选中该单选按钮时返回值保存的变量, value = 该单选按钮的设定值)

单选按钮的设定值一般为 1、2、3 等正整数,单选按钮常成组使用,即组成一组使用的单选按钮只能有一个处于选中状态,这些单选按钮共享同一个保存返回值的变量。

程序段 8-11 展示了单选按钮的用法。将三个单选按钮合并为一组,依次显示文本"红色""绿色"和"蓝色",选中其中一种颜色单击"确定"后,静态文本框显示所选的颜色。

程序段 8-11　单选按钮用法实例(文件名 zym0811)

视频讲解

```
1    import tkinter as tk
2    import tkinter.messagebox as msgbox
3    class MainForm(tk.Tk):
4        def __init__(self):
5            super().__init__()
6            self.title('控件用法演示')
7            self.geometry('300x220')
8            self.resizable(False,False)
9            self.myinitgui()
10       def myinitgui(self):
11           self.capt = tk.StringVar(value = '确定')
12           btn1 = tk.Button(self,textvariable = self.capt,command = self.btn1fun,width = 15)
13           btn1.grid(row = 1, column = 2, padx = 20, pady = 30)
14           btn2 = tk.Button(self,text = '退出',command = self.btn2fun,width = 15)
15           btn2.grid(row = 1, column = 3)
16
17           lbframe = tk.LabelFrame(self,text = '选择颜色')
18           lbframe.grid(row = 2,column = 2)
19           self.val = tk.IntVar(value = 3)
20           tk.Radiobutton(lbframe,text = '红色',variable = self.val,value = 1)\
21               .pack(anchor = tk.W)
22           tk.Radiobutton(lbframe,text = '绿色',variable = self.val,value = 3)\
23               .pack(anchor = tk.W)
24           tk.Radiobutton(lbframe,text = '蓝色',variable = self.val,value = 5)\
25               .pack(anchor = tk.W)
26
27           self.label = tk.Label(text = '',width = 5,height = 2,bg = 'white')
28           self.label.grid(row = 2,column = 3)
29       def btn1fun(self):
30           match self.val.get():
31               case 1:
32                   self.label.config(bg = 'red')
33               case 3:
34                   self.label.config(bg = 'green')
35               case 5:
36                   self.label.config(bg = 'blue')
37       def btn2fun(self):
38           a = msgbox.askquestion('退出软件','确定要退出软件吗?')
39           if a == msgbox.YES:
40               self.quit()
```

```
41    if __name__ == '__main__':
42        mainform = MainForm()
43        mainform.mainloop()
```

在程序段 8-11 中,第 3～40 行为自定义类 MainForm,继承了类 tk. Tk。

第 10～28 行为界面设计方法 myinitgui。第 17 行"lbframe=tk. LabelFrame(self,text='选择颜色')"定义标签框架 lbframe,显示文本"选择颜色"。第 18 行"lbframe. grid(row=2,column=2)"调用 grid 方法在第 2 行第 2 列处显示 lbframe。第 19 行"self. val=tk. IntVar(value=3)"定义 val 对象,用于保存位于同一组中的被选中的单选按钮的值。第 20、21 行为一条语句,当一条语句被放在两行时,用"\"表示续行符,"tk. Radiobutton(lbframe,text='红色',variable= self. val, value=1). pack(anchor=tk. W)"表示创建一个单选按钮,其位于 lbframe 中,其设定值为 1,当选中该单选按钮时,将其值 1 保存在 val 变量中;同理,第 22、23 行"tk. Radiobutton(lbframe,text='绿色',variable=self. val,value=3). pack(anchor=tk. W)"创建另一个单选按钮,其设定值为 3;第 24、25 行"tk. Radiobutton(lbframe,text='蓝色',variable=self. val,value=5). pack(anchor=tk. W)"创建第三个单选按钮,其设定值为 5。上述三个单选按钮均位于带标签的框架 lbframe 中,使用 pack 方法进行布局,pack 方法仅用于简单布局,具有一个 anchor 参数,其具有"N、S、E、W、NE、NW、SE、SW、CENTER"九个值,依次表示"北、南、东、西、东北、西北、东南、西南、居中"。第 27 行"self. label=tk. Label(text='',width=5,height=2,bg='white')"定义静态文本框 label,用于显示选中的颜色。

第 29～36 行为 btn1fun 方法,当 btn1 命令按钮被按下时将执行该函数。第 30～36 行为一个 match 多分支结构,当某个单选按钮被选中时,根据其值(可能为 1、3 或 5),设计静态文本框的颜色。例如,当值为 1 时(第 31 行),第 32 行"self. label. config(bg='red')"设置静态文本框(背景色)为红色。

程序段 8-11 的执行结果如图 8-10 所示。

现在,总结一下布局方法。至此,已经使用过三种形式的布局方法,即 pack、grid 和 place。其中,pack 布局仅用于容器中少量控件的布局,且仅能用于"九宫格"式的布局,不能实现精细的布局;grid 布局称为网格布局,按照行和列的编号放置控件,这里的行和列的尺寸由控件的大小决定,不是严格意义上的行和列;place 布局分为相对布局和绝对布局,绝对布局直接使用窗口内部的绝对坐标值放置控件,绝对布局一旦完成不随窗口大小改变而改变;相对布局使用相对坐标在窗口中放置控件,相对布局的控件大小和位置可以随窗口大小改变而改变。

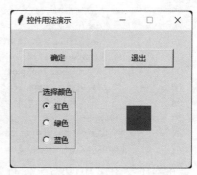

图 8-10 模块 zym0811 执行结果

8.4.8 复选按钮

复选按钮,也称复选框,是 Checkbutton 类定义的对象。复选按钮的典型定义方式为:

cb = Checkbutton(复选按钮所在的容器, text = 显示的文本, variable = 复选按钮的返回值)

当复选按钮被选中时,返回值为 1;否则,返回值为 0。

视频讲解

程序段 8-12　复选按钮用法实例(文件 zym0812)

```
1    import tkinter as tk
2    import tkinter.messagebox as msgbox
3    class MainForm(tk.Tk):
4        def __init__(self):
5            super().__init__()
6            self.title('控件用法演示')
7            self.geometry('300x220')
8            self.resizable(False,False)
9            self.myinitgui()
10       def myinitgui(self):
11           self.capt = tk.StringVar(value = '确定')
12           btn1 = tk.Button(self,textvariable = self.capt,command = self.btn1fun,width = 15)
13           btn1.grid(row = 1, column = 2, padx = 20, pady = 30)
14           btn2 = tk.Button(self,text = '退出',command = self.btn2fun,width = 15)
15           btn2.grid(row = 1, column = 3)
16
17           lbframe = tk.LabelFrame(self,text = '选择颜色')
18           lbframe.grid(row = 2,column = 2)
19           self.val1 = tk.IntVar(value = 0)
20           self.val2 = tk.IntVar(value = 0)
21           self.val3 = tk.IntVar(value = 0)
22           tk.Checkbutton(lbframe,text = '红色',variable = self.val1).pack(anchor = tk.W)
23           tk.Checkbutton(lbframe,text = '绿色',variable = self.val2).pack(anchor = tk.W)
24           tk.Checkbutton(lbframe,text = '蓝色',variable = self.val3).pack(anchor = tk.W)
25
26           self.label = tk.Label(text = '',width = 5,height = 2,bg = 'white')
27           self.label.grid(row = 2,column = 3)
28       def btn1fun(self):
29           val = self.val1.get() * 255 * 2 ** 16 + self.val2.get() * 255 * 2 ** 8 + self.val3.
             get() * 255
30           self.label.config(bg = f'#{val:0>6x}')
31       def btn2fun(self):
32           a = msgbox.askquestion('退出软件','确定要退出软件吗?')
33           if a == msgbox.YES:
34               self.quit()
35   if __name__ == '__main__':
36       mainform = MainForm()
37       mainform.mainloop()
```

在程序段 8-12 中,第 3~34 行为自定义类 MainForm,继承了类 tk.Tk。

第 10~27 行为界面设计方法 myinitgui。

第 17 行"lbframe = tk.LabelFrame(self,text = '选择颜色')"定义带标签的框架 lbframe。第 18 行"lbframe.grid(row=2,column=2)"调用 grid 方法将 lbframe 控件放在窗口的第 2 行第 2 列处。

第 19~21 行定义三个整数变量对象 val1、val2 和 val3,分别用于保存三个复选按钮的值。第 22 行"tk.Checkbutton(lbframe,text = '红色',variable = self.val1).pack(anchor = tk.W)"创建一个复选按钮,显示内容为"红色",其值保存在 val1 对象中。第 23 行"tk.Checkbutton(lbframe,text = '绿色',variable = self.val2).pack(anchor = tk.W)"创建第二个复选按钮,其显示内容为"绿色",其值保存在 val2 对象中。第 24 行"tk.Checkbutton(lbframe,text =

'蓝色'，variable＝self. val3). pack(anchor＝tk. W)"创建第三个复选按钮，显示内容为"蓝色"，其值保存在 val3 中。

第 28～30 行为方法 btn1fun，当单击命令按钮 btn1 时执行该方法。第 29 行"val＝self. val1. get() * 255 * 2 ** 16＋self. val2. get() * 255 * 2 ** 8＋self. val3. get() * 255"表示红色复选框的值(未选中为 0，选中时为 1)乘以 255 (再左移 16 位)加上绿色复选框的值(未选中为 0，选中时为 1)乘以 255(再左移 8 位)，再加上蓝色复选框的值(未选中为 0，选中时为 1)乘以 255，结果保存在 val 中。第 30 行"self. label. config(bg＝f'＃{val: 0＞6x}')"将val 中的值转化为十六进制数表示的颜色值，并用该颜色值设置静态文本框 label 的颜色。

程序段 8-12 的执行结果如图 8-11 所示。在图 8-11 中，选中了"红色"和"绿色"复选框，单击"确定"将得到一个黄色的静态文本框。

图 8-11　模块 zym0812 执行结果

8.4.9　框架与带标签框架

框架是类 Frame 定义的对象，带标签的框架是类 LabelFrame 定义的对象。框架和带标签的框架主要用作容器，用于存放其他控件，使其他控件在窗口中摆放整齐。其中，带标签的框架主要用于摆放单选按钮和复选按钮，而框架可以用于摆放任意控件。

程序段 8-12 中使用了带标签的框架，在程序段 8-12 的基础上，程序段 8-13 使用了框架摆放命令按钮。

程序段 8-13　框架与带标签的框架的用法实例(文件 zym0813)

视频讲解

```
1     import tkinter as tk
2     import tkinter. messagebox as msgbox
3     class MainForm(tk. Tk):
4         def __init__(self):
5             super(). __init__()
6             self. title('控件用法演示')
7             self. geometry('300x190')
8             self. resizable(False, False)
9             self. myinitgui()
10        def myinitgui(self):
11            self. frame = tk. Frame(border = 3, relief = 'groove')
12            self. frame. grid(row = 1, column = 1, columnspan = 3)
13            self. capt = tk. StringVar(value = '确定')
14            btn1 = tk. Button(self. frame, textvariable = self. capt,
15                         command = self. btn1fun, width = 15)
16            btn1. grid(row = 1, column = 2, padx = 20, pady = 20)
17            btn2 = tk. Button(self. frame, text = '退出', command = self. btn2fun, width = 15)
18            btn2. grid(row = 1, column = 3, padx = 13, pady = 0)
19
20            lbframe = tk. LabelFrame(self, text = '选择颜色', border = 3, relief = 'raised')
21            lbframe. grid(row = 2, column = 1)
22            self. val1 = tk. IntVar(value = 0)
23            self. val2 = tk. IntVar(value = 0)
```

```
24              self.val3 = tk.IntVar(value = 0)
25              tk.Checkbutton(lbframe,text = '红色',variable = self.val1).pack(anchor = tk.W)
26              tk.Checkbutton(lbframe,text = '绿色',variable = self.val2).pack(anchor = tk.W)
27              tk.Checkbutton(lbframe,text = '蓝色',variable = self.val3).pack(anchor = tk.W)
28
29              self.label = tk.Label(text = '',width = 5,height = 2,bg = 'white')
30              self.label.grid(row = 2,column = 3,padx = 10)
31          def btn1fun(self):
32              val = self.val1.get() * 255 * 2 ** 16 + self.val2.get() * 255 * 2 ** 8 + self.val3.
                get() * 255
33              self.label.config(bg = f'#{val:0 > 6x}')
34          def btn2fun(self):
35              a = msgbox.askquestion('退出软件','确定要退出软件吗?')
36              if a == msgbox.YES:
37                  self.quit()
38      if __name__ == '__main__':
39          mainform = MainForm()
40          mainform.mainloop()
```

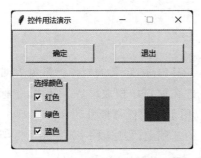

图 8-12　模块 zym0813 执行结果

程序段 8-13 的执行结果与程序段 8-12 相同,如图 8-12 所示。

在程序段 8-13 中,第 3 ~ 37 行定义了类 MainForm,继承了类 tk.Tk。

第 10~30 行为界面设计方法 myinitgui。第 11 行 "self.frame=tk.Frame(border=3, relief='groove')" 定义了 Frame 对象 frame,边界为 3 个像素点,使用 "groove"(雕刻)方式显示框架。第 12 行 "self.frame. grid(row=1,column=1,columnspan=3)" 调用 grid 方法将 frame 对象放置在窗口的第 1 行第 1 列处。第 14、16 行定义命令按钮对象 btn1,并放置在 frame 中;第 17、18 行定义命令按钮对象 btn2,并放置在 frame 中。

第 20 行 "lbframe=tk.LabelFrame(self,text='选择颜色',border=3,relief='raised')" 定义带标签的框架 lbframe,这里 releif='raised' 表示使用 3D 浮雕方式显示。第 21 行 "lbframe.grid (row=2, column=1)" 调用 grid 方法将 lbframe 摆放在窗口的第 2 行第 1 列处。

8.4.10　列表框

列表框是 Listbox 类定义的对象。列表框以列表的形式显示各个选项值,设列表框对象为 listbox,向其中添加选项的方法有两种:其一,"listbox.insert(tk.END, 选项)" 在列表框的尾部添加一个新的选项。其二,"self.items= tk.StringVar(value='红色 绿色 蓝色 黑色 白色')" 借助 StringVar 生成各个选项,各个选项间用空格分隔;然后,"self.listbox= tk.Listbox(self, listvariable = self.items, setgrid = False,width = 10,height = 6)" 使用 listvariable 参数指定 items 选项。

下面程序段 8-14 介绍了列表框的用法。

程序段 8-14　列表框用法实例(文件 zym0814)

```
1       import tkinter as tk
2       import tkinter.messagebox as msgbox
```

视频讲解

```
3    class MainForm(tk.Tk):
4        def __init__(self):
5            super().__init__()
6            self.title('控件用法演示')
7            self.geometry('300x220')
8            self.resizable(False,False)
9            self.myinitgui()
10       def myinitgui(self):
11           self.capt = tk.StringVar(value = '确定')
12           btn1 = tk.Button(self,textvariable = self.capt,command = self.btn1fun,width = 15)
13           btn1.grid(row = 1, column = 2, padx = 20, pady = 30)
14           btn2 = tk.Button(self,text = '退出',command = self.btn2fun,width = 15)
15           btn2.grid(row = 1, column = 3)
16
17           self.listbox = tk.Listbox(self,setgrid = False,width = 10,height = 6)
18           self.listbox.grid(row = 2,column = 2)
19           for e in ['红色','绿色','蓝色','黑色','白色']:
20               self.listbox.insert(tk.END,e)
21
22           self.label = tk.Label(text = '',width = 6,height = 2,bg = 'white')
23           self.label.grid(row = 2,column = 3)
24       def btn1fun(self):
25           v = self.listbox.curselection()
26           if v!= ():
27               v0 = v[0]
28               match v0:
29                   case 0:
30                       self.label.config(bg = 'red')
31                   case 1:
32                       self.label.config(bg = 'green')
33                   case 2:
34                       self.label.config(bg = 'blue')
35                   case 3:
36                       self.label.config(bg = 'black')
37                   case 4:
38                       self.label.config(bg = 'white')
39
40       def btn2fun(self):
41           a = msgbox.askquestion('退出软件','确定要退出软件吗?')
42           if a == msgbox.YES:
43               self.quit()
44   if __name__ == '__main__':
45       mainform = MainForm()
46       mainform.mainloop()
```

在程序段 8-14 中,第 3～43 行为自定义类 MainForm,继承了类 tk.Tk。

第 10～23 行为界面设计方法 myinitgui。第 17 行"self.listbox = tk.Listbox(self, setgrid=False, width=10, height=6)"定义 listbox 对象;第 18 行"self.listbox.grid(row=2, column=2)"调用 grid 方法放置 listbox 对象。第 19、20 行为一个 for 结构,借助"self. listbox.insert(tk.END,e)"将选项 e 添加到列表框的末尾。

第 24～39 行为 btn1fun 方法,当单击 btn1 命令按钮时将调用该方法。

第 25 行"v=self.listbox.curselection()"读取列表框中选中的选项的索引号,以元组的形式保存在 v 中。列表框支持四种选择模式,使用 selectmode 参数配置,具有 tk. SINGLE(单选)、tk. BROWSE(默认配置,支持鼠标和键盘方向键选择)、tk. MULTIPLE(多选)和 tk. EXTENDED(多选,支持 Shift/Ctrl 键和鼠标拖动选择)四种模式。在列表框中,选项的索引号从 0 开始。

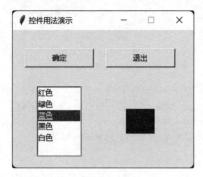

图 8-13 模块 zym0814 执行结果

第 26 行"if v!=():"当 v 不为"()"时,说明选中了列表框中的某个选项。第 27 行"v0=v[0]"将选中的列表框中的选项的索引号赋给 v0。第 28~38 行为一个 match 结构,根据 v0 的值执行相应的分支语句,例如,若 v0 为 2,则第 34 行"self. label. config(bg = 'blue')"被执行,静态本文框(背景)显示为蓝色。

程序段 8-14 的执行结果如图 8-13 所示。

8.4.11 组合框

组合框是 Combobox 类定义的对象,Combobox 类位于模块 tkinter. ttk 中。组合框可视为编辑框和列表框的组合体。程序段 8-15 展示了组合框的常见用法。

程序段 8-15 组合框用法实例(文件名 zym0815. py)

```
1   import tkinter as tk
2   import tkinter. messagebox as msgbox
3   import tkinter. ttk as t2k
4   class MainForm(tk. Tk):
5       def __init__(self):
6           super().__init__()
7           self.title('控件用法演示')
8           self.geometry('300x160')
9           self.resizable(False, False)
10          self.myinitgui()
11      def myinitgui(self):
12          self.capt = tk. StringVar(value = '确定')
13          btn1 = tk. Button(self, textvariable = self.capt, command = self.btn1fun, width = 15)
14          btn1.grid(row = 1, column = 2, padx = 20, pady = 30)
15          btn2 = tk. Button(self, text = '退出', command = self.btn2fun, width = 15)
16          btn2.grid(row = 1, column = 3)
17
18          self.val = tk. StringVar(value = '')
19          self.combo = t2k. Combobox(self, textvariable = self.val,
20                        postcommand = self.comsel, width = 8)
21          self.combo. grid(row = 2, column = 2, padx = 10)
22          self.combo['values'] = ('红色', '绿色', '蓝色', '黑色', '白色')
23
24          self.label = tk. Label(text = '', width = 6, height = 2, bg = 'white')
25          self.label. grid(row = 2, column = 3)
26      def comsel(self):
27          pass
28      def btn1fun(self):
29          v = self.val. get()
30          if v!= '':
```

视频讲解

```
31                  match v:
32                      case '红色':
33                          self.label.config(bg = 'red')
34                      case '绿色':
35                          self.label.config(bg = 'green')
36                      case '蓝色':
37                          self.label.config(bg = 'blue')
38                      case '黑色':
39                          self.label.config(bg = 'black')
40                      case '白色':
41                          self.label.config(bg = 'white')
42          def btn2fun(self):
43              a = msgbox.askquestion('退出软件','确定要退出软件吗?')
44              if a == msgbox.YES:
45                  self.quit()
46      if __name__ == '__main__':
47          mainform = MainForm()
48          mainform.mainloop()
```

程序段 8-15 的执行结果如图 8-14 所示,在组合框中选中一种颜色,例如红色,然后,单击"确定"按钮,静态文本框将呈红色。

在程序段 8-15 中,第 3 行"import tkinter.ttk as t2k"装载模块 tkinter.ttk,并赋以别名 t2k。

第 4~45 行为自定义类 MainForm,继承了 tk.Tk 类。第 11~25 行为界面设计方法 myinitgui。第 18 行 "self.val = tk.StringVar(value = '')"定义 val 对象,作

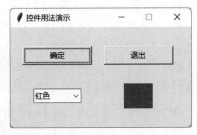

图 8-14 模块 zym0815 执行结果

为组合框 combo 显示的内容。第 19、20 行"self.combo = t2k.Combobox(self, textvariable = self.val, postcommand = self.comsel, width = 8)"定义 Combobox 类的对象 combo,其 postcommand 方法(即单击组合框展开其下拉列表时调用的方法)为 comsel,如第 26、27 行所示,为一个空方法。第 21 行"self.combo.grid(row = 2, column = 2, padx = 10)"调用 grid 方法在第 2 行第 2 列处放置 combo 模块。第 22 行"self.combo['values'] = ('红色', '绿色', '蓝色', '黑色', '白色')"设置组合框 combo 的下拉列表框的内容。

第 28~41 行为 btn1fun 方法,当单击"确定"命令按钮时将调用 btn1fun 方法。第 29 行 "v = self.val.get()"读取 combo 对象的显示内容。第 30 行"if v != '':"如果 v 不为空字符串,则执行第 31~41 行的 match 多分支结构,根据 v 的值,调整 label 控件的颜色。

8.4.12 滚动条和进度条

滚动条是 Scrollbar 类定义的对象。一般地,滚动条需与其他控件配合使用。例如,滚动条与列表框组合在一起时,可使用列表框的 xscrollbarcommand 或 yscrollbarcommand 参数将滚动条控件添加为列表框的横向滚动条或纵向滚动条,同时将滚动条的 command 参数设置为列表框的 xview 或 yview。程序段 8-16 为滚动条作为列表框的纵向滚动条的程序,同时演示了进度条的用法。

程序段 8-16　滚动条和进度条实例(文件名 zym0816. py)

```
1    import tkinter as tk
2    import tkinter. messagebox as msgbox
3    class MainForm(tk. Tk):
4        def __init__(self):
5            super().__init__()
6            self.title('控件用法演示')
7            self.geometry('300x200')
8            self.resizable(False, False)
9            self.myinitgui()
10       def myinitgui(self):
11           self. capt = tk. StringVar(value = '确定')
12           btn1 = tk. Button(self, textvariable = self. capt, command = self. btn1fun, width = 15)
13           btn1. grid(row = 1, column = 2, padx = 20, pady = 30)
14           btn2 = tk. Button(self, text = '退出', command = self. btn2fun, width = 15)
15           btn2. grid(row = 1, column = 3)
16
17           self. frame = tk. Frame(self)
18           self. frame. grid(row = 2, column = 2)
19           self. scroll = tk. Scrollbar(self. frame, orient = tk. VERTICAL)
20           self. scroll. pack(side = tk. RIGHT, fill = tk. Y)
21
22           self. items = tk. StringVar(value = '红色 绿色 蓝色 黑色 白色')
23           self. listbox = tk. Listbox(self. frame, listvariable = self. items, setgrid = False,
24                                 yscrollcommand = self. scroll. set,
25                                 width = 10, height = 3)
26           self. listbox. pack()
27           self. scroll. config(command = self. listbox. yview)
28
29           self. val1 = tk. StringVar(value = '')
30           self. label = tk. Label(text = '', width = 6, height = 2, bg = 'white', textvariable =
             self. val1)
31           self. label. grid(row = 2, column = 3)
32
33           self. val2 = tk. IntVar(value = 50)
34           self. scale = tk. Scale(self, from_ = 0, to = 100, orient = tk. HORIZONTAL,
35                               length = 170, variable = self. val2)
36           self. scale. grid(row = 3, column = 1, columnspan = 3)
37       def btn1fun(self):
38           self. val1. set(self. val2. get())
39           v = self. listbox. curselection()
40           if v!= ():
41               v0 = v[0]
42               match v0:
43                   case 0:
44                       self. label. config(bg = 'red')
45                   case 1:
46                       self. label. config(bg = 'green')
47                   case 2:
48                       self. label. config(bg = 'blue')
49                   case 3:
50                       self. label. config(bg = 'black')
51                   case 4:
52                       self. label. config(bg = 'white')
```

```
53              def btn2fun(self):
54                  a = msgbox.askquestion('退出软件','确定要退出软件吗?')
55                  if a == msgbox.YES:
56                      self.quit()
57      if __name__ == '__main__':
58          mainform = MainForm()
59          mainform.mainloop()
```

在程序段 8-16 中,第 3~56 行定义了类 MainForm,继承了类 tk. Tk。

第 10~36 行为界面设计方法 myinitgui。第 17 行"self. frame=tk. Frame(self)"定义框架 frame,作为容器放置进度条和列表框;第 18 行"self. frame. grid(row=2,column=2)"在窗口 的第 2 行第 2 列放置框架;第 19 行"self. scroll=tk. Scrollbar(self. frame,orient=tk. VERTICAL)"定义竖直滚动条 scroll;第 20 行"self. scroll. pack(side=tk. RIGHT,fill= tk. Y)"将滚动条 scroll 放在容器的右边并充满容器边界。

第 22 行"self. items=tk. StringVar(value='红色 绿色 蓝色 黑色 白色')"定义列表框 中的选项。第 23~25 行"self. listbox=tk. Listbox(self. frame,listvariable=self. items, setgrid=False,yscrollcommand=self. scroll. set,width=10,height=3)"定义列表框对象 listbox,其参数"yscrollcommand"指定为 scroll 对象的 set 方法。第 27 行"self. scroll. config(command= self. listbox. yview)"将 scroll 对象的 command 参数设为 listbox 对象 的 yview 方法。这种方式为两个控件间的双向绑定技术。

第 33 行"self. val2=tk. IntVar(value=50)"定义整型对象 val2,其值设为 50,用作进度 条的滑块位置。进度条支持 IntVar 和 DoubleVar 两个数值,这里使用了 IntVar。在 tkinter 中,整形对象使用 IntVar,双精度浮点型对象使用 DoubleVar,字符串对象使用 StringVar。这些对象都有 set 和 get 方法,可以向对象赋值或从对象取得值。第 34~35 行 "self. scale= tk. Scale(self,from_=0, to=100, orient=tk. HORIZONTAL, length= 170,variable=self. val2)"定义水平放置的进度条,刻度从 0 至 100,显示数据保存在 val2 中。第 36 行"self. scale. grid(row=3,column=1,columnspan=3)"在第 3 行第 1 列放置进 度条,进度条占 3 列位置。控件的摆放有 place、pack 和 grid 三种方法,在控件调用摆放方 法前,控件不可见。

第 37~52 行为 btn1fun 方法,当 btn1 命令按钮被 按下时将调用该方法。第 38 行"self. val1. set(self. val2. get())"读取 val2(即进度条)的值,将 val2 设为静 态文本框(即 val1)的值。第 39 行"v= self. listbox. curselection()"读取列表框当前选中的选项的索引号 (从 0 开始),赋给 v。第 40~52 行为一个 if 结构,根据 v 的值设定静态文本框 label 的背景色。

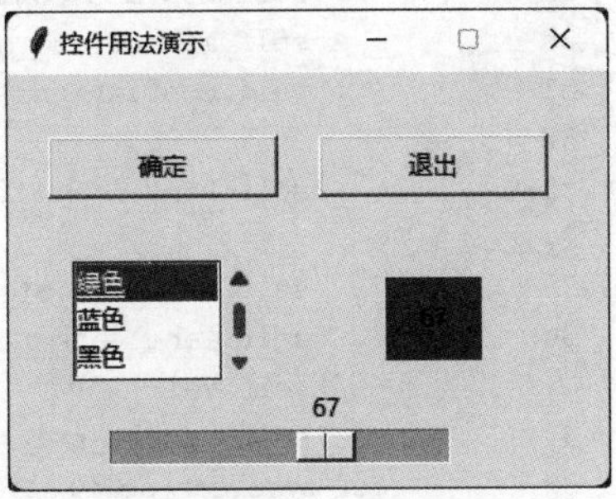

图 8-15 模块 zym0816 执行结果

程序段 8-16 的执行结果如图 8-15 所示。

8.4.13 菜单控件

一般地,应用程序具有两种类型的菜单,即下拉式菜单和鼠标右键弹出式菜单。在 Python 语言中这两种菜单具有相同的创建方式,均使用 Menu 类创建菜单对象,并使用

add_command、add_radiobutton 或 add_checkbutton 等方法添加子菜单项。菜单创建完成后,对于下拉式菜单,调用窗口的 config 方法将创建好的菜单作为其 menu 参数;对于弹出式菜单,调用菜单的 post 方法弹出菜单,并将弹出菜单的方法与鼠标右键单击事件绑定(将在 8.6 节详述)。

程序段 8-17 介绍了这两种菜单的创建方法。

程序段 8-17　菜单应用实例(文件名 zym0817)

视频讲解

```
1    import tkinter as tk
2    import tkinter.messagebox as msgbox
3    class MainForm(tk.Tk):
4        def __init__(self):
5            super().__init__()
6            self.title('控件用法演示')
7            self.geometry('300x120')
8            self.resizable(False,False)
9            self.myinitgui()
10       def myinitgui(self):
11           self.mval = tk.IntVar(value = 0)
12           self.mymenu = tk.Menu(self)
13           self.submenu1 = tk.Menu(self.mymenu,tearoff = False)
14           self.submenu1.add_radiobutton(label = '红色',command = self.myselect,
15                                   variable = self.mval,value = 1)
16           self.submenu1.add_radiobutton(label = '绿色',command = self.myselect,
17                                   variable = self.mval,value = 2)
18           self.submenu1.add_radiobutton(label = '蓝色',command = self.myselect,
19                                   variable = self.mval,value = 3)
20           self.submenu1.add_radiobutton(label = '黑色',command = self.myselect,
21                                   variable = self.mval,value = 4)
22           self.submenu1.add_radiobutton(label = '白色',command = self.myselect,
23                                   variable = self.mval,value = 5)
24           self.mymenu.add_cascade(label = '颜色',menu = self.submenu1)
25
26           submenu2 = tk.Menu(self.mymenu, tearoff = False)
27           submenu2.add_command(label = '关于',command = self.myabout)
28           submenu2.add_separator()
29           submenu2.add_command(label = '退出',command = self.myexit)
30           self.mymenu.add_cascade(label = '系统', menu = submenu2)
31           self.config(menu = self.mymenu)
32
33           self.bind('<Button - 3>',self.popme)
34
35           self.val1 = tk.StringVar(value = '')
36           self.label = tk.Label(text = '',width = 6,height = 2,bg = 'white',textvariable = self.val1)
37           self.label.grid(row = 1,column = 1,padx = 150,pady = 30)
38       def myselect(self):
39           v = self.mval.get()
40           match v:
41               case 1:
42                   self.label.config(bg = 'red')
43               case 2:
44                   self.label.config(bg = 'green')
45               case 3:
```

```
46                   self.label.config(bg = 'blue')
47               case 4:
48                   self.label.config(bg = 'black')
49               case 5:
50                   self.label.config(bg = 'white')
51      def myabout(self):
52          msgbox.showinfo('关于','软件版本号 V1.00')
53      def myexit(self):
54          a = msgbox.askquestion('退出软件', '确定要退出软件吗?')
55          if a == msgbox.YES:
56              self.quit()
57      def popme(self,event):
58          #print(event.x,' ',event.x_root)
59          self.submenu1.post(event.x_root,event.y_root)
60  if __name__ == '__main__':
61      mainform = MainForm()
62      mainform.mainloop()
```

程序段 8-17 的执行结果如图 8-16 和图 8-17 所示。

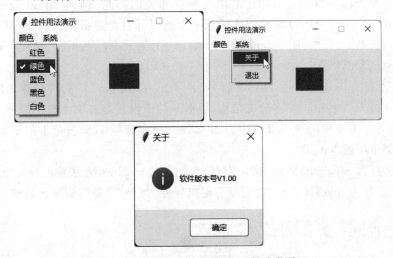

图 8-16　zym0817 执行结果(下拉式菜单)

在程序段 8-17 中,第 3~59 行定义了类 MainForm,
继承了类 tk.Tk。

第 10~37 行为界面设计方法 myinitgui。第 11 行
"self.mval=tk.IntVar(value=0)"定义整型对象 mval,
用于保存单击的菜单的值。第 12 行"self.mymenu=tk.
Menu(self)"创建菜单对象 mymenu。第 13 行"self.
submenu1=tk.Menu(self.mymenu,tearoff=False)"创
建 mymenu 的子菜单对象 submenu1。第 14、15 行"self.
submenu1.add_radiobutton(label='红色',command=self.myselect,variable=self.mval,
value=1)"调用 add_radiobutton 方法添加子菜单项"红色",其设定值为 1,其值保存在
mval 中;单击该子菜单时将执行 myselect 方法。同理,第 16、17 行添加子菜单项"绿色";
第 18、19 行添加子菜单项"蓝色";第 20、21 行添加子菜单项"黑色";第 22、23 行添加子菜单

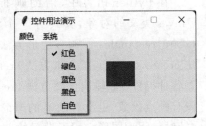

图 8-17　zym0817 执行结果
(弹出式菜单)

项"白色"。第 24 行"self. mymenu. add_cascade(label='颜色',menu=self. submenu1)"将子菜单 submenu1 放置在菜单项 mymenu 中。

第 26 行"submenu2 = tk. Menu(self. mymenu, tearoff = False)"创建子菜单项 submenu2,这里的"tearoff = False"表示子菜单和父菜单间无分隔虚线。第 27 行"submenu2. add_command(label='关于', command=self. myabout)"添加子菜单项"关于",单击该子菜单时执行 myabout 方法。第 28 行"submenu2. add_separator()"在子菜单 submenu2 中添加分隔条。第 29 行"submenu2. add_command(label='退出',command= self. myexit)"添加子菜单项"退出",单击该子菜单时执行 myexit 方法。第 30 行"self. mymenu. add_cascade(label='系统', menu=submenu2)"将子菜单 summenu2 添加到菜单 mymenu 中。第 31 行"self. config(menu = self. mymenu)"将菜单 mymenu 放置在主窗口上。

第 33 行"self. bind('<Button-3>',self. popme)"将鼠标右键单击事件与方法 popme 绑定在一起,即当单击鼠标右键时,执行 popme 方法。方法 popme 如第 57~59 行所示,popme 具有一个外部参数 event,用于获取与事件相关的信息,例如,第 59 行的"event. x_root"和"event. y_root"表示以屏幕为坐标系平面的鼠标右键单击位置的坐标(屏幕的左上角为点(0,0))。第 59 行"self. submenu1. post(event. x_root, event. y_root)"调用 post 方法弹出 submenu1 子菜单。

第 38~50 行 myselect 方法,第 39 行"v = self. mval. get()"获得被单击的子菜单的值,第 40~50 行为一个 match 多分支结构,根据 v 的值设置静态文本框的背景色。子菜单 submenu1 的各个菜单项的单击事件均为 myselect,这里依据 v(即被单击的子菜单的值)区分是哪个子菜单项被单击了。

第 51、52 行为 myabout 方法,调用消息对话框的 showinfo 方法输出程序版本信息。

第 53~56 行为 myexit 方法,询问是否退出软件,如果选"是",则退出软件。

▊▊ 8.5 画布与绘图技术 ◆

在 Python 语言中,借助画布和基于画布的绘图方法可以实现图形绘制。画布是 Canvas 类义的对象,其具有 9 个绘图方法,即:①画线方法 create_line;②画矩形方法 create_rectangle;③画多边形方法 create_polygon;④画圆弧方法 create_arc;⑤画椭圆方法 create_oval;⑥画文本方法 create_text;⑦创建窗口方法 create_window,可以窗口中放置各种控件;⑧输出位图方法 create_bitmap;⑨输出图像方法 create_image。Python 语言没有画点函数,也没有画笔的概念。上述的绘图方法大都具有 width 参数和 outline 参数(针对封闭型图形),用于设置绘图使用的画笔大小和轮廓颜色;具有 dash 参数,用于绘制虚线,例如,dash=(3,4)表示由 3 个像素点的线段和 4 个像素点的空白间隔构成的虚线样式;具有 fill 参数,指定填充颜色,为空字符串时为透明色;具有 tags 参数,为创建的图形(对象)添加标签。

除了具有上述 9 个绘图方法外,还具有"coords(图形对象名,目标坐标及大小)""move (图形对象名,目标坐标点)""moveto"等方法,可以移动画布上的图形对象;可以使用"itemconfig(图形对象名,属性配置表)"方法配置图形对象的属性;使用"delete(图形对象名)"方法删除图形对象。

下面的程序段 8-18 演示了画布和其主要绘图方法的用法。

程序段 8-18　画布与绘图方法实例（文件名 zym0818）

视频讲解

```
1    import tkinter as tk
2    import tkinter.messagebox as msgbox
3    class MainForm(tk.Tk):
4        def __init__(self):
5            super().__init__()
6            self.title('控件用法演示')
7            self.geometry('300x220')
8            self.resizable(False,False)
9            self.myinitgui()
10       def myinitgui(self):
11           self.mval = tk.IntVar(value = 0)
12           self.mymenu = tk.Menu(self)
13           self.submenu1 = tk.Menu(self.mymenu,tearoff = False)
14           self.submenu1.add_radiobutton(label = '直线',command = self.myselect,
15                                         variable = self.mval,value = 1)
16           self.submenu1.add_radiobutton(label = '正方形',command = self.myselect,
17                                         variable = self.mval,value = 2)
18           self.submenu1.add_radiobutton(label = '多边形',command = self.myselect,
19                                         variable = self.mval,value = 3)
20           self.submenu1.add_radiobutton(label = '圆形',command = self.myselect,
21                                         variable = self.mval,value = 4)
22           self.submenu1.add_radiobutton(label = '椭圆',command = self.myselect,
23                                         variable = self.mval,value = 5)
24           self.submenu1.add_radiobutton(label = '圆弧', command = self.myselect,
25                                         variable = self.mval, value = 6)
26           self.submenu1.add_radiobutton(label = '文本', command = self.myselect,
27                                         variable = self.mval, value = 7)
28           self.mymenu.add_cascade(label = '图形',menu = self.submenu1)
29
30           submenu2 = tk.Menu(self.mymenu, tearoff = False)
31           submenu2.add_command(label = '关于',command = self.myabout)
32           submenu2.add_separator()
33           submenu2.add_command(label = '退出',command = self.myexit)
34           self.mymenu.add_cascade(label = '系统', menu = submenu2)
35           self.config(menu = self.mymenu)
36
37           self.bind('<Button-3>',self.popme)
38
39           self.cv = tk.Canvas(self,width = 290,height = 210,bg = 'white')
40           self.cv.pack()
41           btn = tk.Button(self.cv,text = '退出',command = self.myexit)
42           self.cv.create_window(250,190,width = 60,height = 30,window = btn)
43       def myselect(self):
44           v = self.mval.get()
45           match v:
46               case 1:
47                   pts = [(10,10),(10,30),(30,10)]
48                   self.cv.create_line(pts,fill = 'red',width = 3)
49                   self.cv.create_line(40,10,40,30,60,10,fill = 'black',width = 3)
50               case 2:
```

```
51                  self.cv.create_rectangle(10,50,60,90,fill = 'blue',width = 0)
52              case 3:
53                  pts = [(10, 100), (10, 130), (40, 130)]
54                  self.cv.create_polygon(pts,fill = 'red',width = 2)
55              case 4:
56                  self.cv.create_oval(10,140,50,180,fill = 'green')
57              case 5:
58                  self.cv.create_oval(80,10,160,60,fill = 'lightgreen')
59              case 6:
60                  pts = [(80,80,160,130)]
61                  self.cv.create_arc(pts,start = 30,extent = 120,fill = 'yellow')
62              case 7:
63                  self.cv.create_text(60,200,text = 'Text in Canvas.',fill = 'red')
64      def myabout(self):
65          msgbox.showinfo('关于','软件版本号 V1.00')
66      def myexit(self):
67          a = msgbox.askquestion('退出软件', '确定要退出软件吗?')
68          if a == msgbox.YES:
69              self.quit()
70      def popme(self,event):
71          self.submenu1.post(event.x_root,event.y_root)
72  if __name__ == '__main__':
73      mainform = MainForm()
74      mainform.mainloop()
```

在程序段 8-18 中，第 3～71 行为自定义类 MainForm，继承了类 tk.Tk。

第 10～42 行为界面设计方法 myinitgui。第 11～28 行定义了菜单"图形"，其中有 7 个子菜单项，即"直线""正方形""多边形""圆形""椭圆""圆弧"和"文本"子菜单项。这些子菜单被单击时，均调用 myselect 方法，根据子菜单的值执行相应的绘图操作。

第 39 行"self.cv = tk.Canvas(self, width = 290, height = 210, bg = 'white')"定义 Canvas 类的对象 cv。第 40 行"self.cv.pack()"调用 pack 方法在窗口中放置 cv 画布对象，无参数(即默认)情况时紧靠窗口顶部居中摆放。第 41 行"btn = tk.Button(self.cv,text = '退出',command = self.myexit)"在 cv 对象中创建一个按钮对象 btn，当单击该按钮时执行方法 myexit。第 42 行"self.cv.create_window(250,190,width = 60,height = 30,window = btn)"调用 create_window 方法创建一个窗口对象，在其中显示 btn 对象。

第 43～63 行为 myselect 方法。第 44 行"v = self.mval.get()"取得子菜单的值，赋给 v。第 45～63 行为一个 match 多分支结构，根据 v 的值，执行相应的分支操作。当 v 为 1 时，绘制直线，如第 47～49 行所示。当 v 为 2 时，绘制正方形，如第 51 行所示，这里使用蓝色填充，边界宽度为 0。当 v 为 3 时，如第 53、54 行所示，这里绘制了一个直角三角形，并用红色填充。当 v 为 4 时，绘制圆形，并用绿色填充，如第 56 行所示。当 v 为 5 时，绘制椭圆，并用浅绿色填充，如第 58 行所示。当 v 为 6 时，绘制扇形，并用黄色填充，如第 60、61 行所示。当 v 为 7 时，在画布上输出文本，如第 63 行所示。

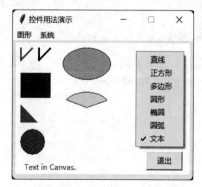

图 8-18　模块 zym0818 执行结果

程序段 8-18 的执行结果如图 8-18 所示。

8.6　事件绑定与自定义事件

图形用户界面程序设计中,tkinter 类的一些控件,例如命令按钮,可以通过设定其 command 参数与特定的事件相关联。在定义命令按钮时,为其 command 参数指定一个方法,响应命令按钮的单击事件。类似于命令按钮的单击事件等这类事件称为 tkinter 类定义的事件。

除了 tkinter 类定义的事件外,在图形用户界面下,可以为鼠标的按键与移动以及键盘的按键等定义事件,这类事件称为自定义事件。自定义事件的语法为"< modifier-type-detail >",自定义事件必须用"< >"括起来,其中,modifier 和 detail 部分是可选的,modifier 表示组合键的控制键;detail 表示具体的按键。例如,"< Control-Shift-KeyPress-A >"中,"Control"和"Shift"为 modifier 部分,表示同时按下 Control 和 Shift 键;KeyPress 为 type 部分,表示事件类型为按键;"A"为 detail 部分,表示具体按下了 A 键。下面详细介绍一下 modifier 部分和 type 部分。

(1)"modifier"用于表示组合键的控制键,其常用的符号有"Alt""Control""Shift" "Double"和"Any",依次表示同时按下 Alt 键、同时按下 Ctrl 键、同时按下 Shift 键、连续两次击键和按下任意键。例如,< Double-Button-1 >表示双击鼠标左键;< Any-KeyPress >表示按下任意键。

(2)"type"表示事件类型,常用的 type 如表 8-4 所示。

表 8-4　常用的"type"类型

序　号	事 件 名	含　　义
1	Button	鼠标按键被按下,例如,< Button-1 >、< Button-2 >、< Button3 >分别表示鼠标的左键、中间键、右键的单击事件
2	ButtonRelease	鼠标按键被释放时触发该事件
3	Motion	鼠标在控件上移动时触发该事件
4	Enter	当鼠标进入控件时触发该事件
5	Leave	当鼠标离开控件时触发该事件
6	MouseWheel	当鼠标滚轮滚动时触发该事件
7	KeyPress	当按键被按下时触发该事件
8	KeyRelease	当按键被释放时触发该事件
9	FocusIn	当控件获得焦点时触发该事件
10	FocusOut	当控件失去焦点时触发该事件
11	Configure	当控件改变大小时触发该事件

自定义事件的响应方法需要一个外部参数,该参数为 Event 类定义的对象,其属性如表 8-5 所示。常用特殊按键的键名和键码值如表 8-6 所示。

表 8-5　Event 类定义的对象的属性

序　号	属　　性	含　　义
1	x,y	当前的鼠标位置(相对于控件)
2	x_root,y_root	当前的鼠标位置(相对于屏幕)

续表

序　号	属　　性	含　　义
3	num	鼠标的按钮(1、2、3依次表示鼠标左键、中间键和右键)
4	keysym	按键名(见表 8-6)
5	keycode	按键码(见表 8-6)
6	char	按键对应的字符
7	width,height	控件的大小(专用于 Configure 事件)
8	type	事件类型
9	widget	触发该事件的控件

表 8-6　常用特殊按键的键名和键码值

序　号	键　名	键　码　值	含　义
1	F1～F11	67～77	F1 键至 F11 键
2	F12	96	F12 键
3	Alt_L	64	左 Alt 键
4	Alt_R	113	右 Alt 键
5	Control_L	37	左 Ctrl 键
6	Control_R	109	右 Ctrl 键
7	Shift_L	50	左 Shift 键
8	Shift_R	62	右 Shift 键
9	Return	36	回车键
10	Tab	23	制表键
11	Home	97	Home 按键
12	Insert	106	Insert 按键
13	Left	100	左箭头键
14	Down	104	下箭头键
15	Right	102	右箭头键
16	Up	96	上箭头键
17	Next	105	PageDown 按键
18	Prior	99	PageUp 按键

在程序段 8-18 的基础上添加自定义的按键事件,如程序段 8-19 所示。在程序段 8-19 中,按下"Shift+A"键或大写锁定的"A"键时,执行画线操作;按下大写锁定的"B"键时,执行画矩形操作;按下大写锁定的"C"键时,执行画多边形操作;按下大写锁定的"D"键时,执行画圆操作;按下大写锁定的"E"键时,执行画椭圆操作;按下大写锁定的"F"键时,执行画圆弧操作;按下大写锁定的"G"键时,在画布上输出文本。程序段 8-19 的绘图操作与程序段 8-18 相同,其执行结果参考图 8-18。

程序段 8-19　自定义事件实例(文件名 zym0819)

视频讲解

```
1    import tkinter as tk
2    import tkinter.messagebox as msgbox
3    class MainForm(tk.Tk):
4        def __init__(self):
5            super().__init__()
6            self.title('控件用法演示')
7            self.geometry('300x220')
```

```
 8              self.resizable(False,False)
 9              self.myinitgui()
10          def myinitgui(self):
```

此处省略的第 11～42 行与程序段 8-18 的同行号代码相同。

```
43
44              self.bind('<KeyPress-A>',self.mykey)
45              self.bind('<KeyPress-B>', self.mykey)
46              self.bind('<KeyPress-C>', self.mykey)
47              self.bind('<KeyPress-D>', self.mykey)
48              self.bind('<KeyPress-E>', self.mykey)
49              self.bind('<KeyPress-F>', self.mykey)
50              self.bind('<KeyPress-G>', self.mykey)
51          def mykey(self,event):
52              v = event.keycode
53              match v - ord('A'):
54                  case 0:
55                      pts = [(10, 10), (10, 30), (30, 10)]
56                      self.cv.create_line(pts, fill = 'red', width = 3)
57                      self.cv.create_line(40, 10, 40, 30, 60, 10, fill = 'black', width = 3)
58                  case 1:
59                      self.cv.create_rectangle(10, 50, 60, 90, fill = 'blue', width = 0)
60                  case 2:
61                      pts = [(10, 100), (10, 130), (40, 130)]
62                      self.cv.create_polygon(pts, fill = 'red', width = 2)
63                  case 3:
64                      self.cv.create_oval(10, 140, 50, 180, fill = 'green')
65                  case 4:
66                      self.cv.create_oval(80, 10, 160, 60, fill = 'lightgreen')
67                  case 5:
68                      pts = [(80, 80, 160, 130)]
69                      self.cv.create_arc(pts, start = 30, extent = 120, fill = 'yellow')
70                  case 6:
71                      self.cv.create_text(60, 200, text = 'Text in Canvas.', fill = 'red')
72          def myselect(self):
```

此外省略的第 73～92 行代码与程序段 8-18 中的第 44～63 行代码相同,即这里的 myselect 函数与程序段 8-18 中的同名函数 myselect 内容相同。

```
 93          def myabout(self):
 94              msgbox.showinfo('关于','软件版本号 V1.00')
 95          def myexit(self):
 96              a = msgbox.askquestion('退出软件', '确定要退出软件吗?')
 97              if a == msgbox.YES:
 98                  self.quit()
 99          def popme(self,event):
100              self.submenu1.post(event.x_root,event.y_root)
101      if __name__ == '__main__':
102          mainform = MainForm()
103          mainform.mainloop()
```

在程序段 8-19 中,第 3～100 行为类 MainForm,继承了类 tk.Tk。

第 44 行"self.bind('<KeyPress-A>',self.mykey)"将自定义事件"KeyPress-A"(按下大写的字母"A",或在大写不锁定情况下按下 Shift＋A 键)与方法 mykey 绑定,即按下大写

的"A"键时将触发方法 mykey。同理,第 45～50 行将自定义事件"KeyPress-B""KeyPress-C"
"KeyPress-D""KeyPress-E""KeyPress-F""KeyPress-G"与方法 mykey 绑定。

第 51～71 行为 mykey 方法,具有一个外部参数 event。第 52 行"v＝event. keycode"读
取按键的键码,对于普通的字母按键,其键码为其 Unicode 码(与其 ASCII 码相同)。第 53～71
行为一个 match 多分支结构,第 53 行 match 的表达式为"v-ord('A')",当按下大写的"A"～
"G"键时,"v-ord('A')"依次取值为 0～6,第 54～71 行为 case 语句,根据"v-ord('A')"的值
执行相应的 case 语句,完成指定的绘图操作。

▌▌ 8.7　本章小结　◆

图形用户界面程序的设计方法为：① 装载 tkinter 类；② 设计自定义类,例如,
MainForm(类名可取为任意合法的标识符,建议取为见名知义的标识符),自定义类必须继
承 tk. Tk 类；③ 在自定义类 MainForm 的初始化方法中,设计图形用户界面,或调用设计图
形用户界面的方法,例如,myinitgui 方法,这个方法将图形用户界面的各个控件都摆放整
齐；④ 在自定义类 MainForm 中,编写图形用户界面上各个控件"绑定"的方法,即与各个控
件相关联的事件将触发的方法；⑤ 在自定义类 MainForm 中,编写自定义事件,并绑定相应
的方法；⑥ 创建自定义类 MainForm 的对象 mainform,并调用其方法 mainloop,启动图形
用户界面程序,等待各个控件的事件或系统消息触发相应的方法完成特定的功能。

tkinter 包中具有大量的可视化控件,限于篇幅,本章重点介绍了命令按钮、静态文本
框、消息框、对话框、文本控件、编辑框、单选按钮、复选按钮、框架和带标签的框架、列表框、
滚动条、进度条、菜单和画布控件等,介绍了 grid、pack 和 place 三种布局方式,更多的控件
及其使用方法请参考 tkinter 文档。

习题

1. 编写一个计算器程序,使用图形用户界面,要求输入两个数,实现这两个数的四则
运算。

2. 编写一个温度转换程序,要求使用图形用户界面,输入一个温度值,通过两个单选按
钮选择温度转换方式。两个单选按钮分别为"摄氏温度转华氏温度"和"华氏温度转摄氏温
度",按下"开始转换"命令按钮后,启动转换并将转换结果显示在只读文本框中。

3. 编写一段绘图程序,绘制余弦信号 $\cos(x)$,x 从 0 至 2π。

第9章

CHAPTER 9

数据分析与可视化

本章重点介绍三个程序包 numpy、pandas 和 matpoltlib 的用法。这三个程序包均为 Python 语言的外部扩展包,使用它们前需要安装这些包。在 PyCharm 中,选择"文件|设置|项目:MyPythonPrj|Python 解释器"(这里的 MyPythonPrj 为本书所使用的 Python 工程名),然后单击显示的页面的左上方的"+"号安装这三个程序包的最新版本。当前,numpy 的版本为 1.23.1;pandas 的版本为 1.4.3;matplotlib 的版本为 3.5.2。

程序包 numpy 实现了一种新的数据类型——数组,与 C 语言意义上的数组概念相同,即包含相同类型元素的一组数据(事实上,这种数据类型类似于 Python 语言内置的"列表",可以存储不同类型的数据,例如,同时存储整数和字符串,但是 numpy 提供的函数主要是针对同类型数据),同时,numpy 基于数组提供了大量的函数,包括数学函数、统计函数、伪随机数函数和字符串函数等,使得 numpy 应用广泛。此外,numpy 的处理速度快,并且是 pandas 等外部程序包的基础。

程序包 pandas 实现了两种新的数据类型,即 Series(序列)和 DataFrame(数据框架),这两种数据类型的优势在于可以处理数组中的缺失值。pandas 提供了基于 Series 和 DataFrame 数据对象的大量统计函数。pandas 包主要针对数据统计和大数据处理等应用。

程序包 matplotlib 是一个二维绘图库,可以绘制各种数学函数图形和金融数据图形,是 Python 语言中数据可视化的重要工具,其特点在于绘图函数简单易用,借用了 MATLAB 软件中的绘图函数的名称,生成的图形可以用于科技论文中。

本章的学习重点:

(1) 了解 numpy 和 pandas 程序包的数据结构。

(2) 掌握基于 numpy 程序包的矩阵运算方法。

(3) 掌握基于 pandas 程序包的数据统计处理方法。

(4) 掌握基于 matplotlib 库的时间序列绘图方法。

9.1 程序包 numpy

程序包 numpy 的算法基于其自定义的数据类型——数组,一般地,认为数组具有相同类型的元素。元素类型可以为字符串和各种数据类型,例如,

```
import numpy as np  #装载包 numpy,并赋以别名 np
arr1 = np.array([1,2,3],dtype = 'int_')
```

```
print(arr1)
print(arr1.dtype)
```

将创建一个数组 arr1,其元素为"1,2,3","dtype"用于指定数组元素的类型,这里的"int_"为默认的整型变量,因计算机而异,可能为 32 位整型 int32,或 64 位整型 int64。"print(arr1)"输出数组 arr1,得到"[1,2,3]";"print(arr1.dtype)"输出数组(元素)的类型。

一般地,使用默认的元素数据类型创建数组时不需要指定"dtype"。默认的元素数据类型有"int_""float_""complex_",分别表示 32 位或 64 位有符号整型、64 位浮点型(IEEE754格式,其中,1 个符号位、11 个指数位、52 个尾数位)和 128 位复数型(其中,实部和虚部各占64 位)。其他的常用数值型数据类型包括 8 位有符号整型(int8)、8 位无符号整型(uint8)、16 位有符号整型(int16)、16 位无符号整型(uint16)、32 位有符号整型(int32)、32 位无符号整型(uint32)、64 位有符号整型(int64)、64 位无符号整型(uint64)、单精度浮点数(float32)、双精度浮点数(float64)、复数 complex128(实部和虚部分别为 64 位双精度浮点数)等。

9.1.1　数组创建

一般地,认为程序包 numpy 的所有方法均基于其自定义数据类型——数组,所以,使用包 numpy 的方法前,必须先定义数组。

创建数组的方法有以下四种。

(1) 将列表转化为数组。

包 numpy 的 array 方法可以将列表转化为数组。一维列表被转化为一维数组;对于二维的嵌套列表,要求列表中每个子列表的元素个数必须相同,这样的嵌套列表被转化为二维数组;对于高维的嵌套列表,同样要求同级别的子列表的元素个数相同,这样的高维嵌套列表被转化为高维数组。

(2) 使用程序包 numpy 的内置方法生成特殊数组。

程序包 numpy 具有生成特殊数组的内置方法,这些方法包括 zeros、zeros_like、ones、ones_like、empty 等。其中,zeros 方法可以生成元素全为 0 的数组,zeros 生成二维以上的数组时,使用元组作为参数,例如:zeros((3,4))生成 3 行 4 列的数组,元素均为 0。zeros_like 方法的参数为一个数组,将生成与该数组相同结构的数组,其元素均为 0。ones 和 ones_like 方法分别与 zeros 和 zeros_like 方法相似,只是生成的数组元素均为 1。empty 方法生成一个数组,主要是为新生成的数组开辟存储空间(其元素值不定),为后续使用该数组的方法服务。

(3) 使用程序包 numpy 的内置方法生成规则数组。

生成规则数组的方法主要有 arrange 和 linspace。其中,arrange 方法的语法为:

arrange(起始值, 终止值(不含), 步长)

例如,"arrange(1,3,0.5)"将得到"[1.0 1.5 2.0 2.5]"。

linspace 方法的语法为:

linspace(起始值, 终止值(含), 分隔点数)

例如,"linspace(1,3,5)"得到"[1.0 1.5 2.0 2.5 3.0]"。

可见,arrange 和 linspace 均用于生成等差数列形式的数组。

(4) 使用程序包 numpy 的内置类 random 生成伪随机形式的数组。

程序包 numpy 的内置类具有 rand、randn 和 uniform 等方法,可以生成伪随机数组。其中,rand 用于生成[0,1)上均匀分布的伪随机数组,例如,"rand(3,2)"生成一个 3 行 2 列的[0,1)上均匀分布的伪随机数组。randn 生成均值为 0、方差为 1 的伪随机数组,例如,"randn(3,2)"生成一个 3 行 2 列的正态分布的伪随机数组。"uniform(左边界,右边界,数组大小)"用于生成[左边界,右边界)上均匀分布的数组,数组大小由参数"数组大小"决定。例如,"uniform(1,10,5)"生成长度为 5 的[1,10)上均匀分布的伪随机数组;"uniform(1,10,(3,2))"生成 3 行 2 列的数组,每个数组元素服从[1,10)上的均匀分布。

程序段 9-1 介绍了上述创建数组的方法。

程序段 9-1　数组创建实例

视频讲解

```
1    import numpy as np
2    if __name__ == '__main__':
3        arr1 = np.array([1,2,3,4,5])
4        arr2 = np.array([[1,2,4],[4,5,6]])
5        print(f'arr1 = {arr1}')
6        print(f'arr2 = \n{arr2}')
7        arr3 = np.ones(5)
8        arr4 = np.ones((3,4))
9        print(f'arr3 = {arr3}')
10       print(f'arr4 = \n{arr4}')
11       arr5 = np.zeros_like(arr2)
12       arr6 = np.ones_like(arr2)
13       print(f'arr5 = \n{arr5}')
14       print(f'arr6 = \n{arr6}')
15       arr7 = np.arange(1,3,0.5)
16       arr8 = np.linspace(1,3,5)
17       print(f'arr7 = {arr7}')
18       print(f'arr8 = {arr8}')
19       np.random.seed(299792458)
20       arr9 = np.random.rand(3,2)
21       arr10 = np.random.randn(4)
22       arr11 = np.random.uniform(1,10,5)
23       np.random.seed()
24       print(f'arr9 = \n{arr9}')
25       print(f'arr10 = {arr10}')
26       print(f'arr11 = {arr11}')
```

程序段 9-1 的执行结果如图 9-1 所示。

在程序段 9-1 中,第 1 行"import numpy as np"装载 numpy 程序包,并赋以别名 np。

第 3 行"arr1＝np.array([1,2,3,4,5])"将列表"[1,2,3,4,5]"转化为一维数组,赋给 arr1。第 4 行"arr2＝np.array([[1,2,4],[4,5,6]])"将嵌套列表"[[1,2,4],[4,5,6]]"转化为 2 行 3 列的二维数组,赋给 arr2。第 5、6 行依次输出数组 arr1 和 arr2。

第 7 行"arr3＝np.ones(5)"调用 ones 方法生成长度为 5 的数组,其元素均为 1。第 8 行"arr4＝np.ones((3,4))"生成 3 行 4 列的数组,其元素均为 1。第 9、10 行依次输出数组 arr3 和 arr4。

第 11 行"arr5＝np.zeros_like(arr2)"生成与 arr2 同样大小的数组,其元素均为 0。第

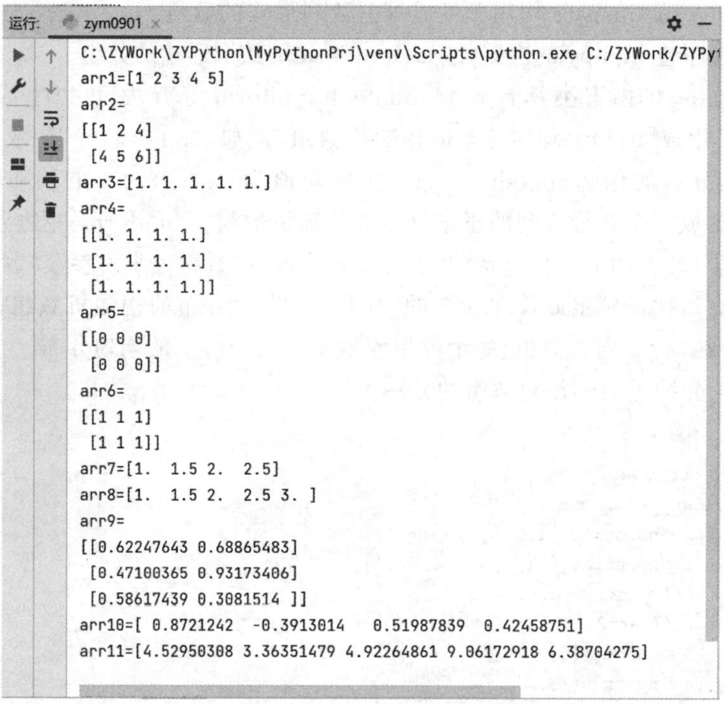

图 9-1　模块 zym0901 执行结果

12 行"arr6＝np. ones_like(arr2)"生成与 arr2 同样大小的数组,其元素均为 1。第 13、14 行
依次输出数组 arr5 和 arr6。

　　第 15 行"arr7＝np. arange(1,3,0.5)"调用 arange 方法生成等差数列形式的数组 arr7,
首元素为 1,步长为 0.5,直到 3(不含)。第 16 行"arr8＝np. linspace(1,3,5)"调用 linspace
方法生成 1 至 3 间等差排列的长度为 5 个元素的数组 arr8。第 17、18 行依次输出 arr7
和 arr8。

　　第 19 行"np. random. seed(299792458)"设置伪随机数发生器的"种子"为 299792458,
这里为伪随机数发生器设置一个种子值的原因在于,使第 20～22 行的伪随机数函数生成的
伪随机数序列相同。如果不给伪随机数发生器设置"种子",伪随机数发生器将使用计算机
的"时钟计数值"作为种子,从而第 20～22 行的伪随机数函数在每次执行时都将得到不同的
值。第 23 行"np. random. seed()"恢复使用"时钟计数值"作为伪随机数发生器的"种子"。
第 20 行"arr9＝np. random. rand(3,2)"生成[0,1)上均匀分布的 3 行 2 列的数组 arr9。第
21 行"arr10＝np. random. randn(4)"生成长度为 4 的服从标准正态分布的伪随机数组
arr10。第 22 行"arr11＝np. random. uniform(1,10,5)"生成长度为 5 的服从 1 至 10(不含)
间均匀分布的伪随机数组 arr11。第 24～26 行依次输出数组 arr9、arr10 和 arr11。

9.1.2　数组元素访问

　　数组元素的访问方法与列表元素相同。对于一个一维数组 arr1,其元素索引号从左向
右为 0 至"元素总个数减 1";从右向左为－1 至"元素总个数的相反数"。访问 arr1 中元素
的方法主要有两种: ①arr1[n]访问数组 arr1 中索引号为 n 的元素; ②arr1[m: n: k]访问

数组 arr1 中索引号自 m 至 n(不含)步长为 k 的元素,省略 k 时表示默认步长为 1,省略 m 时表示起始索引号为 0,省略 n 时表示 n 取为数组最后一个元素的索引号加 1 的值。arr1. shape 将返回一个元组,类似于"(7,)",这里的"7"表示 arr1 的元素个数。arr1. size 返回一个数,表示 arr1 的元素总个数。arr1. ndim 返回数值 1,表示 arr1 为一维数组。

对于一个二维数组 arr2,其行索引号从 0 至"总行数减 1"(或从"总行数的相反数"至−1), 其列索引号从 0 至"总列数减 1"(或从"总列数的相反数"至−1)。访问 arr2 中元素的方法 为:①arr2[m1,m2]访问数组 arr2 中行索引号为 m1、列索引号为 m2 的元素;②arr2[m1: n1:k1,m2:n2:k2]访问数组 arr2 中行索引号为 m1 至 n1(不含)步长为 k1、列索引号为 m2 至 n2(不含)步长为 k2 的全部元素,步长 k1 或 k2 省略时使用默认值 1;起始值 m1 或 m2 省略时使用索引号 0;终止值 n1 或 n2 省略时使用行或列的最大索引号加上 1 的值。 arr2. shape 返回一个元组,包括 arr2 的行数和列数;arr2. ndim 返回数值 2,表示 arr2 为二 维数组;arr2. size 返回一个数,表示 arr2 中总的元素个数。

程序段 9-2 展示了数组元素的访问方法。

程序段 9-2 数组元素访问实例

视频讲解

```
1    import numpy as np
2    if __name__ == '__main__':
3        arr1 = np. array([[1,2,3],[4,5,6]])
4        arr2 = np. array([[2,4],[3,5],[4,6]])
5        arr3 = np. array([[1,2,3,4,5],[6,7,8,9,10]])
6        print(f'arr1 = \n{arr1}')
7        print(f'arr1 shape: {arr1. shape},arr1 size: {arr1. size},arr1 ndim: {arr1. ndim}')
8        print(f'arr2 = \n{arr2}')
9        print(f'arr3 = \n{arr3}')
10       print(f'arr1[0,0] = {arr1[0,0]},arr1[1, − 1] = {arr1[1,2]}')
11       print(f'arr2[1, :] = {arr2[1, :]},arr2[:,0] = {arr2[:,0]}')
12       print(f'arr3[0,0: − 1:2] = {arr3[0,0: − 1:2]},arr3[1,2: − 1] = {arr3[1,2: − 1]}')
13       arr3[0,0] = 21
14       print(f'arr3 = \n{arr3}')
15       arr3[0, :] = [11,12,13,14,15]    #np. array([11,12,13,14,15])
16       print(f'arr3 = \n{arr3}')
17       arr4 = np. array([1,2,3,4,5,6,7])
18       print(f'arr4 =  {arr4}')
19       print(f'arr4 shape: {arr4. shape},arr4 size: {arr4. size},arr4 ndim: {arr4. ndim}')
```

程序段 9-2 的运行结果如图 9-2 所示。

在程序段 9-2 中,第 1 行"import numpy as np"装载程序包 numpy,并赋以别名 np。 第 3 行"arr1=np. array([[1,2,3],[4,5,6]])"创建 2 行 3 列的数组 arr1。第 4 行"arr2= np. array([[2,4],[3,5],[4,6]])"创建 3 行 2 列的数组 arr2。第 5 行"arr3=np. array([[1,2, 3,4,5],[6,7,8,9,10]])"创建 2 行 5 列的数组 arr3。

第 6 行"print(f'arr1=\n{arr1}')"输出数组 arr1。第 7 行"print(f'arr1 shape:{arr1. shape},arr1 size:{arr1. size},arr1 ndim:{arr1. ndim}')"输出 arr1 的形状、大小和维数。 第 8 行"print(f'arr2=\n{arr2}')"输出数组 arr2 的全部元素;第 9 行"print(f'arr3=\n {arr3}')"输出数组 arr3 的全部元素。

第 10 行"print(f'arr1[0,0]={arr1[0,0]},arr1[1,−1]={arr1[1,2]}')"输出 arr1 的 第 0 行第 0 列的元素以及第 1 行最后一列的元素。

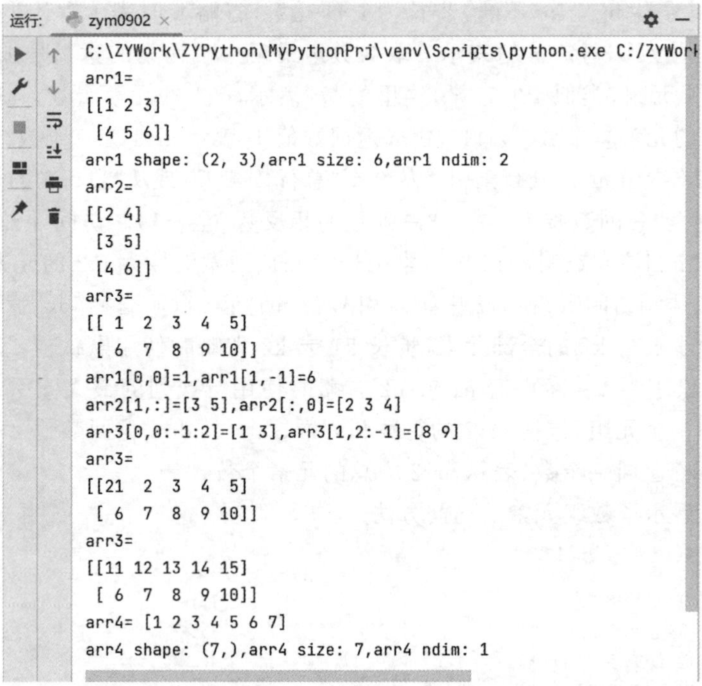

```
C:\ZYWork\ZYPython\MyPythonPrj\venv\Scripts\python.exe C:/ZYWork
arr1=
[[1 2 3]
 [4 5 6]]
arr1 shape: (2, 3),arr1 size: 6,arr1 ndim: 2
arr2=
[[2 4]
 [3 5]
 [4 6]]
arr3=
[[ 1  2  3  4  5]
 [ 6  7  8  9 10]]
arr1[0,0]=1,arr1[1,-1]=6
arr2[1,:]=[3 5],arr2[:,0]=[2 3 4]
arr3[0,0:-1:2]=[1 3],arr3[1,2:-1]=[8 9]
arr3=
[[21  2  3  4  5]
 [ 6  7  8  9 10]]
arr3=
[[11 12 13 14 15]
 [ 6  7  8  9 10]]
arr4= [1 2 3 4 5 6 7]
arr4 shape: (7,),arr4 size: 7,arr4 ndim: 1
```

图 9-2 模块 zym0902 执行结果

第 11 行“print(f'arr2[1,:]={arr2[1,:]},arr2[:,0]={arr2[:,0]}')”输出 arr2 的第 1 行的全部元素以及第 0 列的全部元素。

第 12 行“print(f'arr3[0,0:−1:2]={arr3[0,0:−1:2]},arr3[1,2:−1]={arr3[1,2:−1]}')”输出 arr3 的第 0 行第 0 列依步长 2 至最后一列(不含)的元素以及第 1 行第 2 列至最后一列(不含)的元素。

第 13 行“arr3[0,0]=21”赋 arr3 的第 0 行第 0 列的元素为 21。

第 14 行“print(f'arr3=\n{arr3}')”输出 arr3 的全部元素,此时,其第 0 行第 0 列的元素为 21。

第 15 行“arr3[0,:]=[11,12,13,14,15]”将数组 arr3 的第 0 行赋为列表“[11,12,13,14,15]”。

第 16 行“print(f'arr3=\n{arr3}')”输出 arr3 的全部元素,此时,其第 0 行的元素为“[11 12 13 14 15]”。注意,数组元素间以空格为分界符。

第 17 行“arr4=np.array([1,2,3,4,5,6,7])”创建一维数组 arr4。

第 18 行“print(f'arr4= {arr4}')”输出数组 arr4。

第 19 行“print(f'arr4 shape:{arr4.shape},arr4 size:{arr4.size},arr4 ndim:{arr4.ndim}')”输出数组 arr4 的形状、大小和维数,这里,arr4 的形状为“(7,)”,大小为 7,维数为 1。

9.1.3 矩阵运算

一般地,二维规则数组称为矩阵,即矩阵的每一行具有相同个数的元素。常用的矩阵运算有:

（1）单个数值与矩阵的和。此时,将单个数值加到矩阵的每个元素中。

（2）单个数值与矩阵的积,称为数乘。此时,将单个数值乘以矩阵的每个元素。

（3）两个矩阵的和。要求参与相加运算的两个矩阵具有相同的行、列数。此时,两个矩阵对应位置上的元素取和。

（4）两个矩阵的数量积。要求参与相乘运算的两个矩阵具有相同的行、列数。此时,两个矩阵对应位置上的元素相乘。

（5）两个矩阵的矩阵积。要求参与相乘运算的前一个矩阵的列数等于后一个矩阵的行数,此时,前一个矩阵的第 i 行的元素与后一个矩阵的第 j 列的元素的乘积取和,作为结果矩阵的第 i 行第 j 列的元素。

（6）矩阵求逆。求一个矩阵的逆矩阵,使之与原矩阵的矩阵积为单位矩阵。

下面的程序段 9-3 展示了上述矩阵运算。

程序段 9-3　矩阵运算实例（文件 zym0903）

视频讲解

```
1    import numpy as np
2    if __name__ == '__main__':
3        arr1 = np.arange(1,6 + 1).reshape(2,3)
4        print(f'arr1 = {arr1}')
5        arr2 = np.arange(11,16 + 1).reshape(3,2)
6        print(f'arr2 = {arr2}')
7        arr3 = 15 + arr1
8        print(f'arr3 = {arr3}')
9        arr4 = 2 * arr1
10       print(f'arr4 = {arr4}')
11       arr5 = arr1 + arr3
12       print(f'arr5 = {arr5}')
13       arr6 = arr1 * arr3
14       print(f'arr6 = {arr6}')
15       arr7 = np.dot(arr1,arr2)
16       print(f'arr7 = {arr7}')
17       arr8 = np.linalg.inv(arr7)
18       print(f'arr8 = {arr8}')
```

程序段 9-3 的执行结果如图 9-3 所示。

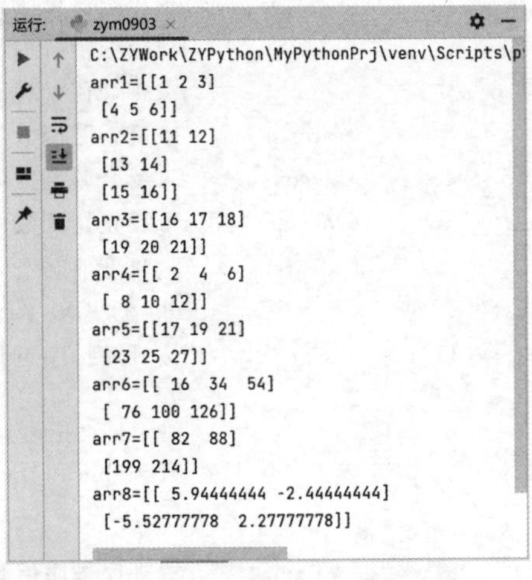

在程序段 9-3 中,第 3 行“arr1=np.arange(1,6+1).reshape(2,3)”调用 reshape 方法将一维数组转化为 2 行 3 列的矩阵 arr1。第 4 行“print(f'arr1={arr1}')”输出矩阵 arr1。

第 5 行“arr2=np.arange(11,16+1).reshape(3,2)”调用 reshape 方法将一维数组转化为 3 行 2 列的矩阵 arr2。第 6 行“print(f'arr2={arr2}')”输出矩阵 arr2。

第 7 行“arr3=15+arr1”将数值 15 与矩阵 arr1 相加,即将 15 与矩阵 arr1 的每个元素相加,结果赋给 arr3。第 8 行“print(f'arr3={arr3}')”输出矩阵 arr3。

```
运行:  zym0903 ×                          ✿ —
C:\ZYWork\ZYPython\MyPythonPrj\venv\Scripts\p
arr1=[[1 2 3]
 [4 5 6]]
arr2=[[11 12]
 [13 14]
 [15 16]]
arr3=[[16 17 18]
 [19 20 21]]
arr4=[[ 2  4  6]
 [ 8 10 12]]
arr5=[[17 19 21]
 [23 25 27]]
arr6=[[ 16  34  54]
 [ 76 100 126]]
arr7=[[ 82  88]
 [199 214]]
arr8=[[ 5.94444444 -2.44444444]
 [-5.52777778  2.27777778]]
```

图 9-3　模块 zym0903 执行结果

第 9 行"arr4＝2 * arr1"将矩阵 arr1 的每个元素乘以 2,赋给 arr4。第 10 行"print (f'arr4＝{arr4}')"输出矩阵 arr4。

第 11 行"arr5＝arr1＋arr3"将矩阵 arr1 与 arr3 相加,得到的矩阵赋给 arr5。第 12 行 "print(f'arr5＝{arr5}')"输出矩阵 arr5。

第 13 行"arr6＝arr1 * arr3"计算矩阵 arr1 与 arr3 的数量积,结果赋给 arr6。第 14 行 "print(f'arr6＝{arr6}')"输出 arr6。

第 15 行"arr7＝np. dot(arr1,arr2)"调用 dot 函数计算 arr1 和 arr2 的矩阵积,结果赋给 arr7。第 16 行"print(f'arr7＝{arr7}')"输出 arr7。

第 17 行"arr8＝np. linalg. inv(arr7)"调用线性代数模块 linalg 中的 inv 方法计算 arr7 的逆矩阵,结果赋给 arr8。第 18 行"print(f'arr8＝{arr8}')"输出 arr8。

9.1.4 常用方法

程序包 numpy 常用的数值计算方法如表 9-1 所示。在表 9-1 中,np 表示 numpy 的别名;设矩阵 a 为"[[1 2 3 4][5 6 7 8][9 10 11 12]]",即矩阵 a 由语句"a＝np. arange(1, 12 ＋1). reshape(3,4)"得到;设矩阵 b 为"[[1.1 2.2 3.3][4.4 5.5 6.6]]",即矩阵 b 由语句 "b＝np. array([[1.1,2.2,3.3],[4.4,5.5,6.6]])"得到;设矩阵 d 为"d＝np. array([[7,1, 6,9],[11,19,8,2]])"。

表 9-1 常用数值计算方法

序 号	方 法 名	含 义 及 示 例
1	floor	向下取整,例如:np. florr(b)得到[[1. 2. 3.][4. 5. 6.]]
2	ceil	向上取整,例如:np. ceil(b)得到[[2. 3. 4.][5. 6. 7.]]
3	around	四舍五入取整,例如:np. around(b)得到[[1. 2. 3.][4. 6. 7.]]
4	sin	求正弦(以弧度为单位),例如:np. sin(a * np. pi/180)得到 [[0.01745241 0.0348995 0.05233596 0.06975647] [0.08715574 0.10452846 0.12186934 0.1391731] [0.15643447 0.17364818 0.190809 0.20791169]] 这里,np. pi 为圆周率
5	cos	求余弦值(以弧度为单位)
6	tan	求正切值(以弧度为单位)
7	arcsin	求反正弦函数值(返回弧度值)
8	arcos	求反余弦函数值(返回弧度值)
9	arctan	求反正切函数值(返回弧度值)
10	degrees	由弧度值转化为度,例如:np. degrees([np. pi/2])得到[90.];或者 np. degrees(np. pi/2)得到 90.0
11	sort	按升序排序,例如:np. sort(d,axis＝1,kind＝'quicksort')将得到"[[1 6 7 9][2 8 11 19]]",这里,"axis＝1"表示按行排序,"axis＝0"表示按列排序; "kind＝'quicksort'"表示使用快速排序方法,这是默认的排序方法,此还,还有 stable 和 mergesort,这两者均使用 timsort(一种混合排序方法)或基数排序方法
12	argsort	按升序排序后数组元素的原索引号构成的数组。例如:np. argsort(d,axis ＝1)将得到"[[1 2 0 3][3 2 0 1]]"

续表

序　号	方 法 名	含义及示例
13	mean	求数组的平均值。例如：np.mean(a)将得到 6.5；np.mean(a,axis＝1)将得到"[2.5 6.5 10.5]"(axis＝1 表示按行求平均值,axis＝0 表示按列求平均值)
14	min	求最小值。例如,np.min(a)返回 1；np.min(a,axis＝1)返回"[1 5 9]"
15	max	求最大值。例如,np.max(a)返回 12；np.max(a,axis＝1)返回"[4 8 12]"
16	sum	求数组元素的和。例如,np.sum(a)将得到 78；np.sum(a,axis＝1)将得到"[10 26 42]"
17	median	求中位数。例如,np.median(a)将得到 6.5；np.median(a,axis＝1)将得到"[2.5 6.5 10.5]"
18	percentile	求百分位数。例如,np.percentile(a,30)将得到 30% 分位数 4.3；np.percentile(a,30,axis＝1)将得到"[1.9 5.9 9.9]"
19	var	求方差。例如,np.var(a,axis＝1)将得到 11.916666666666666；np.var(a,axis＝1)将得到"[1.25 1.25 1.25]"
20	std	求标准差(或均方差)。例如,np.std(a)将得到 3.452052529534663；np.std(a,axis＝1)将得到"[1.11803399 1.11803399 1.11803399]"

下面的程序段 9-4 进一步介绍了表 9-1 中部分方法的用法。

程序段 9-4　程序包 numpy 常用数值方法实例(文件 zym0904)

视频讲解

```
1    import numpy as np
2    if __name__ == '__main__':
3        np.random.seed(299792458)
4        a1 = np.random.randn(4,5)
5        np.random.seed()
6        print(f'a1 = {a1}')
7        a2 = (a1 > 0)
8        print(f'a2 = {a2}')
9        a3 = np.sum(a1 > 0)
10       print(f'a3 = {a3}')
11       a4 = np.sum(a1 > 0,axis = 1)
12       print(f'a4 = {a4}')
13       a5 = np.where(a1 > 1,1,a1)
14       a6 = np.where(a5 < -1, -1,a5)
15       a7 = np.degrees(np.arcsin(a6))
16       print(f'a7 = {a7}')
17       a8 = np.mean(a1,axis = 1)
18       print(f'a8 = {a8}')
```

在程序段 9-4 中,第 3 行"np.random.seed(299792458)"设置伪随机数发生器的"种子"为 299792458。第 4 行"a1＝np.random.randn(4,5)"生成一个 4 行 5 列的伪随机矩阵,其元素服从标准正态分布。第 5 行"np.random.seed()"恢复"时钟计数值"作为伪随机数发生器的"种子"。第 6 行"print(f'a1＝{a1}')"输出矩阵 a1。

第 7 行"a2＝(a1＞0)"得到一个逻辑矩阵 a2,对于 a1 中正的元素,a2 中的元素为 True；对于 a1 中非正的元素,a2 中的元素为 False。第 8 行"print(f'a2＝{a2}')"输出矩阵 a2。

第 9 行"a3＝np.sum(a1＞0)"统计 a1 中为正数的元素的总个数。第 10 行"print(f'a3＝{a3}')"输出 a3 的值。

第 11 行"a4＝np. sum(a1＞0,axis＝1)"统计 a1 中每行元素中为正数的个数,赋给 a4。第 12 行"print(f'a4＝{a4}')"输出 a4。

第 13 行"a5＝np. where(a1＞1,1,a1)"调用 where 方法将 a1 中大于 1 的元素设为 1,结果赋给 a5。第 14 行"a6＝np. where(a5＜－1,－1,a5)"调用 where 方法将 a5 中小于 1 的元素设为－1,结果赋给 a6。第 15 行"a7＝np. degrees(np. arcsin(a6))"计算 a6 中每个元素的反正弦值,然后,转化为度,赋给 a7。第 16 行"print(f'a7＝{a7}')"输出 a7。

第 17 行"a8＝np. mean(a1,axis＝1)"统计 a1 中每行元素的平均值,赋给 a8。第 18 行"print(f'a8＝{a8}')"输出 a8。

程序段 9-4 的执行结果如图 9-4 所示。

```
运行: zym0904 ×
C:\ZYWork\ZYPython\MyPythonPrj\venv\Scripts\python.exe C:/ZYWork/ZYPython/
a1=[[ 1.49930964  0.97336544  0.75868008 -0.05095487 -1.69778049]
 [ 0.76260755  0.8721242  -0.3913014   0.51987839  0.42458751]
 [-1.46934854 -0.66745055  0.92781055 -0.15039681  1.57655383]
 [ 0.72705781  1.239986    1.10363525  0.42552656  0.37545083]]
a2=[[ True  True  True False False]
 [ True  True False  True  True]
 [False False  True False  True]
 [ True  True  True  True  True]]
a3=14
a4=[3 4 2 5]
a7=[[ 90.          76.74654511  49.34797477  -2.9207639  -90.        ]
 [ 49.6946159   60.7064317  -23.03550079  31.32409467  25.12455664]
 [-90.         -41.87060099  68.0960524   -8.64992313  90.        ]
 [ 46.64030339  90.          90.          25.1839976   22.05217977]]
a8=[0.29652396 0.43757925 0.04343369 0.77433129]
```

图 9-4 模块 zym0904 执行结果

9.2 程序包 pandas

程序包 pandas 主要用于大数据统计分析,基于其自定义的两种数据类型 Scrics 和 DataFrame。其中,Series 是带有索引号的序列,数据处理可以自动识别索引号;DataFrame 为带有行索引和列索引的二维数据表格,DataFrame 数据对象可以视为由 Series 数据对象组成的"字典",其"键"为列索引,其"值"为 Series 数据对象。

9.2.1 Series 对象定义

Series 对象的定义语法为:

Series(数值列表, index＝索引列表, name＝字符串表示的 Series 对象名称)

程序段 9-5 展示了 Series 对象的常用创建方法。

程序段 9-5 Series 对象创建实例(文件名 zym0905)

视频讲解

```
1    import numpy as np
2    import pandas as pd
3    if __name__ == '__main__':
4        arr1 = np.array([8,12,15,4,6,9,10,3])
5        ser1 = pd.Series(arr1)
6        print(f'ser1 = \n{ser1}')
```

```
7          arr2 = np. arange(10,17 + 1)
8          ser2 = pd. Series(arr1, index = arr2, name = 'Ser2')
9          print(f'ser2 = \n{ser2}')
10         ser3 = pd. Series([8,9,9,1,10,2], index = ['a','b','c','d','e','f'])
11         print(f'ser3 = \n{ser3}')
```

程序段 9-5 的执行结果如图 9-5 所示。

在程序段 9-5 中，第 1 行"import numpy as np"装载程序包 numpy，并赋以别名 np。第 2 行"import pandas as pd"装载程序包 pandas，并赋以别名 pd。

创建 Series 对象的方法主要有三种。

（1）使用数组作为 Series 对象的值，如第 4、5 行代码所示。

第 4 行"arr1＝np. array([8,12,15,4,6,9,10,3])"创建数组 arr1。第 5 行"ser1＝pd. Series(arr1)"使用 arr1 创建 Series 对象 ser1。第 6 行"print(f'ser1＝\n{ser1}')"输出 ser1 对象，得到：

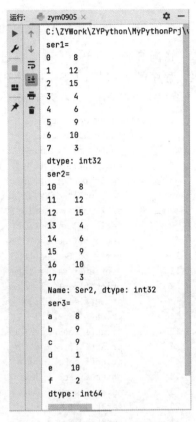

```
0          8
1          12
2          15
3          4
4          6
5          9
6          10
7          3
```

图 9-5 模块 zym0905 执行结果

上述左边一列为自动添加的索引号，从 0 开始；右边一列为 ser1 对象的值。

（2）使用数组作为 Series 对象的值和索引号，如第 7、8 行代码所示。

第 7 行"arr2＝np. arange(10,17＋1)"创建数组 arr2，为[10 11 12 13 14 15 16 17]。第 8 行"ser2＝pd. Series(arr1,index＝arr2,name＝'Ser2')"将数组 arr1 作为 ser2 对象的值，将数组 arr2 作为 ser2 对象的索引号，ser2 对象的名称设为"Ser2"。第 9 行"print(f'ser2＝\n{ser2}')"输出 ser2 对象，得到：

```
10         8
11         12
12         15
13         4
14         6
15         9
16         10
17         3
```

上述左边一列为 ser2 对象的索引号；右边一列为 ser2 对象的值。

（3）使用列表创建 Series 对象，如第 10 行代码所示。

第 10 行"ser3＝pd. Series([8,9,9,1,10,2],index＝['a','b','c','d','e','f'])"将列表

[8,9,9,1,10,2]作为 ser3 对象的值,将列表['a','b','c','d','e','f']作为 ser3 对象的索引号。第 11 行"print(f'ser3=\n{ser3}')"输出对象 ser3。

尽管 Series 对象的索引号可以使用字符串等数据类型,但是由于索引号的作用在于检索(或查找)Series 对象中的数据,故建议尽可能使用整型索引号。

9.2.2　Series 对象访问

访问 Series 对象的元素需要通过其索引号,访问结果为一个数值或一个新的 Series 对象。程序段 9-6 展示了 Series 对象的访问方法。

程序段 9-6　Series 对象访问实例(文件名 zym0906.py)

视频讲解

```
1    import numpy as np
2    import pandas as pd
3    if __name__ == '__main__':
4        arr1 = np.array([8,12,15,4,6,9,10,3])
5        ser1 = pd.Series(arr1)
6        # print(f'ser1 = \n{ser1}')
7        arr2 = np.arange(10,17 + 1)
8        ser2 = pd.Series(arr1,index = arr2,name = 'Ser2')
9        # print(f'ser2 = \n{ser2}')
10       ser3 = pd.Series([8,9,9,1,10,2],index = ['a','b','c','d','e','f'])
11       # print(f'ser3 = \n{ser3}')
12       print(f'ser1[3] = {ser1[3]}')
13       print(f'ser1[[3]] = \n{ser1[[3]]}')
14       print(f'ser2[2:5 + 1] = \n{ser2[2:5 + 1]}')
15       print(f'ser3[1] = {ser3[1]}')
16       print(f"ser3[['a','d','b']] = \n{ser3[['a','d','b']]}")
17       print(f'ser3.index = {ser3.index}')
18       print(f'ser3.index.values = {ser3.index.values}')
19       print(f'ser2.values = {ser2.values}')
20       ser3[0] = 32
21       ser3[2:4 + 1] = [17,18,19]
22       print(f'ser3 = \n{ser3}')
```

上述程序段 9-6 在程序段 9-5 的基础上,添加了第 12~22 行。

第 12 行"print(f'ser1[3]={ser1[3]}')"输出 ser1 对象中索引号为 3 的元素的值(注意:索引号从 0 开始),得到"ser1[3]=4"。

第 13 行"print(f'ser1[[3]]=\n{ser1[[3]]}')"提取出 ser1 对象中索引号为 3 的元素(含索引号和值),构造一个新的 Series 对象,得到:

```
ser1[[3]] =
3     4
dtype: int32
```

这里的"3"为索引号,"4"为相应的值,"dtype:int32"表示值的类型为 32 位整型。

第 14 行"print(f'ser2[2:5+1]=\n{ser2[2:5+1]}')"表明 Series 对象支持多个元素同时访问,这里的"2:5+1"表示从 2 开始至 6(不含)结束,步长为 1。该行语句将输出一个新的 Series 对象,其中包含了 ser2 对象的第 2~5 行的元素,如下所示:

```
ser2[2:5 + 1] =
12    15
```

```
13      4
14      6
15      9
Name: Ser2, dtype: int32
```

上述输出中,包含了 ser2 对象的名称"Ser2"以及各个元素的值的类型"int32"。

第 15 行"print(f'ser3[1]={ser3[1]}')"输出 ser3 的索引号为 1 的元素的值。注意:尽管 ser3 的索引号为"['a','b','c','d','e','f']",但是默认的索引号(从 0 开始)依然有效。这行语句等价于"print(f"ser3['b']={ser3['b']}")"。

第 16 行"print(f"ser3[['a','d','b']]=\n{ser3[['a','d','b']]}")"输出一个新的 Series 对象,包含了 ser3 对象的索引号为"['a','d','b']"的元素。

第 17 行"print(f'ser3.index={ser3.index}')"输出 ser3 的索引号对象,得到"ser3.index= Index(['a', 'b', 'c', 'd', 'e', 'f'], dtype='object')"。如果需要得到由索引号序列构成的数组,可借助第 18 行"print(f'ser3.index.values={ser3.index.values}')"得到,该行语句返回一个数组,包含了全部索引号,即"['a', 'b', 'c', 'd', 'e', 'f']"。

第 19 行"print(f'ser2.values={ser2.values}')"以数组的形式输出 ser2 对象的值,得到"ser2.values=[8 12 15 4 6 9 10 3]"。

第 20 行"ser3[0]=32"将 ser3 对象的索引号为 0 的元素的值设为 32。

第 21 行"ser3[2:4+1]=[17,18,19]"将 ser3 对象的索引号为[2,3,4]的元素的值设为[17,18,19]。

第 22 行"print(f'ser3=\n{ser3}')"输出 ser3 对象,可见其索引号为 0、2、3、4 的元素的值变为 32、17、18、19。

程序段 9-6 的执行结果如图 9-6 所示。

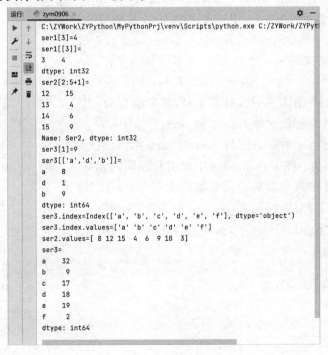

图 9-6 模块 zym0906 执行结果

9.2.3 Series 对象计算

Series 对象支持 numpy 对象的数值运算方法,例如:v1＝np. sin(ser1),这里 ser1 为一个 Series 对象,np 为 numpy 的别名,该语句将对 ser1 对象的每个元素的值取正弦值(索引号不变)。

此外,Series 对象之间的算术运算自动根据索引号对齐,程序段 9-7 借助加法运算展示了这种情况。

视频讲解

程序段 9-7   Series 对象之间算术运算实例(文件名 zym0907. py)

```
1    import numpy as np
2    import pandas as pd
3    if __name__ == '__main__':
4        arr1 = np.array([7,4,12,11,16,5],dtype = 'int64')
5        arr2 = np.array([18,22,20,27,11,16],dtype = 'int64')
6        ser1 = pd.Series(arr1,index = range(1,6 + 1))
7        ser2 = pd.Series(arr2,index = range(3,8 + 1))
8        print(f'ser1 = {ser1}')
9        print(f'ser2 = {ser2}')
10       ser3 = ser1 + ser2
11       print(f'ser3 = {ser3}')
12       ser4 = ser3[pd.notnull(ser3)]
13       print(f'ser4 = \n{ser4}')
```

程序段 9-7 的执行结果如图 9-7 所示。

在程序段 9-7 中,第 4 行"arr1＝np. array([7,4,12,11, 16,5],dtype＝'int64')"创建数组 arr1,其元素类型为 64 位整型。第 5 行"arr2＝np. array([18,22,20,27,11,16], dtype＝'int64')"创建数组 arr2,其元素类型为 64 位整型。

第 6 行"ser1＝pd. Series(arr1,index＝range(1,6＋ 1))"由数组 arr1 创建 Series 对象 ser1,其索引号为[1,2,3, 4,5,6]。第 7 行"ser2＝pd. Series(arr2,index＝range(3, 8＋1))"由数组 arr2 创建 Series 对象 ser2,其索引号为[3, 4,5,6,7,8]。第 8、9 行依次输出 ser1 和 ser2。

第 10 行"ser3＝ser1＋ser2"将 ser1 与 ser2 相加,赋给 ser3。相加的规则为:将 ser1 和 ser2 中索引号相同的元素 值相加,该索引号作为相加后的元素值的索引号;ser1 或 ser2 中独有的索引号对应的元素,在 ser3 中变为"NaN"(非 数值)。第 11 行"print(f'ser3＝{ser3}')"输出 ser3,对象 ser3 如下所示:

```
1    NaN
2    NaN
3    30.0
4    33.0
5    36.0
6    32.0
```

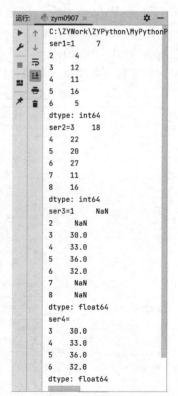

图 9-7   模块 zym0907 执行结果

```
7    NaN
8    NaN
```

第 12 行"ser4＝ser3[pd.notnull(ser3)]"剔除 ser3 中值为 NaN 的元素,这里,"pd.notnull(ser3)"返回一个 Series 对象,其值为 True 或 False,ser3 对象中为 NaN 的元素其值为 False,ser3 对象中不为 NaN 的元素其值为 True。"ser3[pd.notnull(ser3)]"根据"pd.notnull(ser3)"对象的逻辑值"过滤"ser3 中的元素,将逻辑值为 False 的元素剔除掉,仅保留那些逻辑值为 True 的元素。第 13 行"print(f'ser4＝\n{ser4}')"输出 ser4 对象的值,如下所示:

```
3    30.0
4    33.0
5    36.0
6    32.0
dtype: float64
```

ser4 的数值类型为 64 位浮点数。

9.2.4　DataFrame 对象定义

DataFrame 数据类型是 pandas 程序包定义的表示二维数据的数据结构,具有列索引和行索引,可借助字典、数组或 Series 对象构造 DataFrame 对象。DataFrame 对象的构造方法 DataFrame 常用的参数有:①data,为第一个参数,表示创建 DataFrame 对象的数据源;②index,表示行索引;③columns,表示列索引。

下面程序段 9-8 展示了 DataFrame 对象的创建方法。

程序段 9-8　DataFrame 对象创建实例(文件名 zym0908.py)

视频讲解

```
1    import numpy as np
2    import pandas as pd
3    if __name__ == '__main__':
4        fr1 = {'name':['Apple', 'Pear', 'Banana', 'Orange'],'price':[5.2,4.6,3.8,6.1]}
5        fruit1 = pd.DataFrame(fr1, index = range(0,3 + 1))
6        print(f'fruit1 = \n{fruit1}')
7        fr2 = np.array([['Apple',5.2],['Pear',4.6],['Banana',3.8],['Orange',6.1]])
8        fruit2 = pd.DataFrame(fr2, index = ['a','b','c','d'],columns = ['name','price'])
9        print(f'fruit2 = \n{fruit2}')
10       fr31 = pd.Series(['Apple','Pear', 'Banana', 'Orange'], index = range(0,3 + 1))
11       fr32 = pd.Series([5.2,4.6,3.8,6.1], index = range(0,3 + 1))
12       fruit3 = pd.concat([fr31,fr32], axis = 1)
13       fruit3.columns = ['name','price']
14       print(f'fruit3 = \n{fruit3}')
```

程序段 9-8 的执行结果如图 9-8 所示。

在程序段 9-8 中,第 4、5 行展示了使用字典创建 DataFrame 对象的方法。第 4 行"fr1＝{'name':['Apple', 'Pear', 'Banana', 'Orange'], 'price':[5.2, 4.6, 3.8, 6.1]}"定义字典 fr1。第 5 行"fruit1＝pd.DataFrame(fr1,index＝range(0,3＋1))"调用 DataFrame 方法将字典 fr1 转化为 DataFrame 对象,字典 fr1 的两个键"name"和"price"将作为 DataFrame 对象 fruit1 的列索引号(默认的列索引号为从"0"开始,依步长 1 累加),"index＝range(0,3＋1)"表示行索引号为"0,1,2,3"。第 6 行"print(f'fruit1＝\n{fruit1}')"输出 fruit 对象。

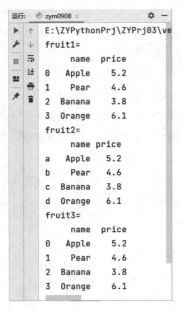

图 9-8　模块 zym0908 执行结果

第 7、8 行展示了使用数组创建 DataFrame 对象的方法。第 7 行"fr2 = np.array([['Apple',5.2],['Pear',4.6],['Banana',3.8],['Orange',6.1]])"创建 4 行 2 列的二维数组 fr2。第 8 行"fruit2 = pd.DataFrame(fr2, index=['a','b','c','d'],columns=['name','price'])"使用 fr2 创建 DataFrame 对象 fruit2,行索引号为"['a','b','c','d']"(默认的行索引号从 0 开始,依步长 1 累加),列索引号为"['name','price']"。第 9 行"print(f'fruit2=\n{fruit2}')"输出 fruit2 对象。

第 10~13 行展示了使用 Series 对象创建 DataFrame 对象的方法。由于 DataFrame 对象的每一列均可视为一个 Series 对象,故推荐读者优先使用这种方法创建 DataFrame 对象。第 10 行"fr31 = pd.Series(['Apple','Pear','Banana','Orange'],index=range(0,3+1))"创建 Series 对象 fr31;第 11 行"fr32 = pd.Series([5.2,4.6,3.8,6.1],index=range(0,3+1))"创建 Series 对象 fr32。

第 12 行"fruit3 = pd.concat([fr31,fr32], axis = 1)"按行将 fr31 和 fr32 合并成一个 DataFrame 对象,"axis=1"表示按行合并,"axis=0"表示按列合并,可以合并多个 Series 对象。这里对象 fr31 和 fr32 具有相同的索引号(如果两者的索引号不同,在创建 DataFrame 时,不同的索引号将使用 NaN 填充其值)。第 13 行"fruit3.columns=['name','price']"为 fruit3 对象指定列索引号。第 14 行"print(f'fruit3=\n{fruit3}')"输出 fruit3 对象。

此外,pandas 程序包具有"read_table"和"read_excel"等方法,可以从".txt"和".xlsx"文件中读取数据,例如,"dat1=pd.read_excel('zydat.xlsx')"将读取当前工程所在目录下的"zydat.xlsx"文件,"dat2=pd.read_table('zydat.txt',header=None)"表示读取当前工程所在目录下的"zydat.txt"文件,"header=None"表示不读取列索引号(即标题)。

9.2.5　DataFrame 对象访问

DataFrame 对象可视为一个二维表格,其每个"单元格"可以单独访问,也可整行或整列访问。下面程序段 9-9 在程序段 9-8 的基础上,添加了 DataFrame 对象的访问方法。

程序段 9-9　DataFrame 对象访问方法(文件名 zym0909.py)

视频讲解

```
1    import numpy as np
2    import pandas as pd
3    if __name__ == '__main__':
4        fr1 = {'name':['Apple','Pear','Banana','Orange'],'price':[5.2,4.6,3.8,6.1]}
5        fruit1 = pd.DataFrame(fr1, index = range(0,3 + 1))
6        # print(f'fruit1 = \n{fruit1}')
7        fr2 = np.array([['Apple',5.2],['Pear',4.6],['Banana',3.8],['Orange',6.1]])
8        fruit2 = pd.DataFrame(fr2, index = ['a','b','c','d'],columns = ['name','price'])
9        # print(f'fruit2 = \n{fruit2}')
10       fr31 = pd.Series(['Apple','Pear','Banana','Orange'],index = range(0,3 + 1))
11       fr32 = pd.Series([5.2,4.6,3.8,6.1],index = range(0,3 + 1))
12       fruit3 = pd.concat([fr31,fr32], axis = 1)
```

```
13        fruit3.columns = ['name','price']
14        #print(f'fruit3 = \n{fruit3}')
15        print(f'fruit1.name = \n{fruit1.name}')
16        print(f"fruit2['name'] = \n{fruit2['name']}")
17        print(f"fruit2['name'][1] = \n{fruit2['name'][1]}")
18        print(f"fruit3[['name','price']][1:2+1] = \n{fruit3[['name','price']][1:2+1]}")
19        print(f"fruit2.loc['b'] = \n{fruit2.loc['b']}")
20        print(f"fruit2.iloc[2] = \n{fruit2.iloc[2]}")
21        fruit3.at[2,'name'] = 'Strawberry'
22        fruit3.loc[1] = ['Pineapple',7.8]
23        fruit3.price = [5.5,7.8,4.5,6.5]
24        print(f'fruit3 = \n{fruit3}')
```

程序段 9-9 的执行结果如图 9-9 所示。

在程序段 9-9 中,第 1~14 行来自程序段 9-8,用于创建三个 DataFrame 对象 fruit1、fruit2 和 fruit3。

访问 DataFrame 对象的方法主要有以下几种。

(1) 读取 DataFrame 对象的一列数据,如第 15 行所示。第 15 行"print(f'fruit1.name = \n{fruit1.name}')"使用"fruit1.name"访问 fruit1 对象的 name 索引号对应的整列数据。此外,也可以使用第 16 行的方法"print(f"fruit2['name'] = \n{fruit2['name']}")",即"fruit2['name']"访问 fruit2 对象的 name 索引号对应的整列数据,返回的数据为 Series 对象。

(2) 读取 DataFrame 对象的一个"单元格"数据,如第 17 行所示。第 17 行"print(f"fruit2['name'][1] = \n{fruit2['name'][1]}")"使用"fruit2['name'][1]"读取 fruit2 对象的第 name 列第 1 行的数据,返回单个数据(这里是一个字符串)。

(3) 读取 DataFrame 对象的部分行和部分列交叉的数据,如第 18 行所示。第 18 行"print

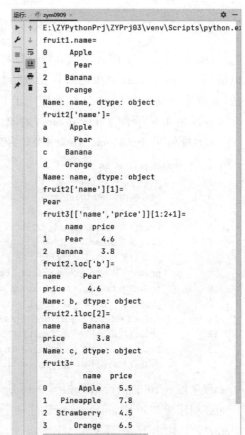

图 9-9 模块 zym0909 执行结果

(f"fruit3[['name','price']][1:2+1] = \n{fruit3[['name','price']][1:2+1]}")"使用"fruit3[['name','price']][1:2+1]}"读取 fruit3 对象的第 name 和 price 列与第 1 和 2 行交叉的数据,返回一个 DataFrame 对象。

(4) 读取 DataFrame 对象的一行数据,如第 19 行所示。第 19 行"print(f"fruit2.loc['b'] = \n{fruit2.loc['b']}")"使用 loc 属性读取 fruit2 对象的第 b 行数据,返回一个 Series 对象。也可以使用 iloc 方法读取一行数据,iloc 方法的参数为整数类型的索引号(如果索引号为字符串,则使用其对应的默认索引号)。第 20 行"print(f"fruit2.iloc[2] = \n{fruit2.iloc[2]}")"使用"fruit2.iloc[2]"读取 fruit2 对象的第 2 行数据,返回结果为一个 Series 对象。

（5）向 DataFrame 对象的一个"单元格"写入数据，如第 21 行所示。第 21 行"fruit3. at
[2,'name']='Strawberry'"向 fruit3 对象的第 2 行第 name 列写入值"Strawberry"。这里的
at 属性用于定位 DataFrame 对象的单元格，iat 属性类似于 at 属性，但 iat 属性使用整型数
值作为行列的索引号。

（6）向 DataFrame 对象写入一行数据，如第 22 行所示。第 22 行"fruit3. loc[1]=
['Pineapple', 7.8]"向 fruit3 的第 1 行写入数据"['Pineapple', 7.8]"。

（7）向 DataFrame 对象写入一列数据，如第 23 行所示。第 23 行"fruit3. price=[5.5,
7.8,4.5,6.5]"向 fruit3 对象的第 price 列写入一列数据"[5.5,7.8,4.5,6.5]"。第 24 行
"print(f'fruit3=\n{fruit3}')"输出新的 fruit3 对象。

9.2.6　DataFrame 对象数据处理

DataFrame 对象的每一列或每一行均可视为 Series 对象，所以 Series 对象的方法均可
以应用于 DataFrame 对象的列数据或行数据上。此外，DataFrame 对象具有一个 apply 方
法，该方法可将一个 lambda 函数应用于 DataFrame 对象的一行数据或一列数据上。

程序段 9-10 介绍了 DataFrame 对象上的常用数据处理方法。

程序段 9-10　**DataFrame 对象数据处理实例**（文件名 zym0910. py）

```
1    import pandas as pd
2    if __name__ == '__main__':
3        fr1 = pd.Series(['Apple', 'Pear', 'Banana', 'Orange'], index = range(0, 3 + 1))
4        fr2 = pd.Series([5.2, 4.6, 3.8, 6.1],index = range(0, 3 + 1))
5        fruit1 = pd.concat([fr1, fr2], axis = 1)
6        fruit1.columns = ['name', 'price']
7        print(f'fruit1 = \n{fruit1}')
8        print(f"The highest price: {fruit1['price'].max()}")
9        fruit2 = fruit1.apply(lambda x:x * 2 if isinstance(x[0],float) else x,axis = 0)
10       print(f'fruit2 = \n{fruit2}')
11       fruit3 = fruit2.sort_index(ascending = False)
12       print(f'fruit3 = \n{fruit3}')
13       fruit4 = fruit2.sort_values(by = ['price'],ascending = False)
14       print(f'fruit4 = \n{fruit4}')
```

程序段 9-10 的执行结果如图 9-10 所示。

在程序段 9-10 中，第 3～6 行创建一个 DataFrame 对象 fruit1。第 7 行"print(f'fruit1=\n
{fruit1}')"输出 fruit 对象。

第 8 行"print(f"The highest price：{fruit1['price']. max()}")"使用 max 方法求 fruit
对象第 price 列中的最大值。

第 9 行"fruit2=fruit1. apply(lambda x：x * 2 if isinstance(x[0],float) else x,axis=
0)"调用 apply 方法将 lambda 函数应用于 fruit1 对象的列数据中，结果赋给 fruit2。这里
"axis=0"表示对每一列数据进行操作，"lambda x：x * 2 if isinstance(x[0],float) else x"中
x 代表 fruit1 的一列数据，x[0]表示该列数据中的首元素，这里 lambda 函数表示如果 fruit1
对象的某列数据的首元素为浮点数，则该列数据均乘以 2。第 10 行"print(f'fruit2=\n
{fruit2}')"输出 fruit2 对象。

第 11 行"fruit3=fruit2. sort_index(ascending=False)"调用"sort_index"方法对 fruit2

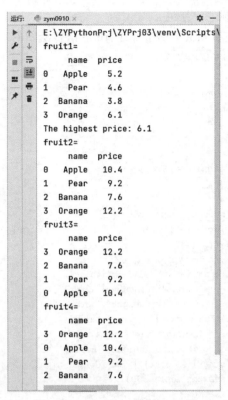

图 9-10 模块 zym0910 执行结果

的索引排序,排序后的结果赋给对象 fruit3,其中参数"ascending＝False"表示按降序排列。
第 12 行"print(f'fruit3＝\n{fruit3}')"输出 fruit3 对象。

第 13 行"fruit4＝fruit2. sort_values(by＝['price'],ascending＝False)"调用"sort_
values"方法对 fruit2 对象的第 price 列按降序排列,排序后的结果赋给 fruit4 对象。第 14
行"print(f'fruit4＝\n {fruit4}')"输出对象 fruit4。

9.3 程序包 matplotlib

程序包 matplotlib 用于绘制二维图形,绘图函数名大都与 MATLAB 中相同功能的绘
图函数同名,且具有类似的绘图机理。使用 matplotlib 绘图时,首先需要装载 matplotlib
库,一般地,使用"import matplotlib. pyplot as plt"装载 matplotlib 的 pyplot 模块;然后,调
用 plt 的绘图函数进行图形对象的创建(此时图形不可见,所有绘图操作在一个不可见的
"画布"上执行);最后,调用 plt 的 show 方法将"画布"和其上的图形显示出来。

9.3.1 绘图基本方法

绘制时间序列的曲线图形需使用 plot 函数,plot 函数的语法为:

plot(x 轴数据, y 轴数据, 控制线型的字符串, 可选的关键字参数)

其中,"控制线型的字符串"用于设置线条的颜色、线型等,例如,"r－－"表示红色虚线
条。"可选的关键字参数"用于设置线条的其他属性,例如,"linewidth＝1"表示线宽为 1 个

单位,"color='red'"表示颜色为红色。

下面借助程序段 9-11 和 plot 函数介绍 Python 语言绘图的基本方法。

程序段 9-11　绘制曲线图实例(文件名 zym0911.py)

视频讲解

```
1    import numpy as np
2    import matplotlib.pyplot as plt
3    if __name__ == '__main__':
4        t = np.linspace(0,4 * np.pi,200)
5        x1 = np.sin(t)
6        x2 = np.cos(t)
7        plt.figure(1,figsize = (6,4))
8        plt.plot(t,x1)
9        plt.plot(t,x2)
10       plt.savefig('zy1.png', dpi = 300)
11       plt.figure(2,figsize = (6,4))
12       plt.plot(t,x1,'r -- ')
13       plt.plot(t,x2,'b -- ')
14       plt.xlabel('t',fontdict = {'style':'italic',
15                        'family':'times new roman',
16                        'size':14,'weight':'normal'})
17       plt.ylabel('x',fontdict = {'style':'italic',
18                        'family':'times new roman',
19                        'size':14,'weight':'normal'})
20       plt.legend(['sin(t)','cos(t)'],loc = 'upper right')
21       plt.savefig('zy2.png',dpi = 300)
22       plt.show()
```

程序段 9-11 的执行结果如图 9-11 所示。

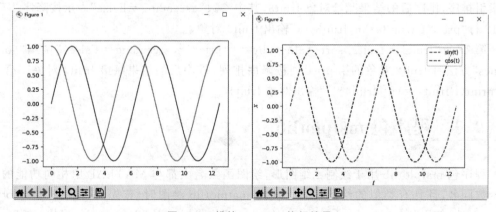

图 9-11　模块 zym0911 执行结果

结合程序段 9-11 可知,绘制曲线图的步骤有五步。

(1) 生成 x 轴和 y 轴上的数据。

这里第 4 行"t=np.linspace(0,4 * np.pi,200)"生成一个数组 t,作为 x 轴上的数据。第 5 行"x1=np.sin(t)"和第 6 行"x2=np.cos(t)"生成的数组 x1 和 x2 均作为 y 轴上的数据。

(2) 设定一个画布,如第 7 行所示。第 7 行"plt.figure(1,figsize=(6,4))"定义编号为 1 的画布,大小为 6×4。如果省略第 7 行,将使用默认的画布。

(3) 在当前画布上绘制曲线,如第 8、9 行所示。第 8 行"plt.plot(t,x1)"绘制 x1～t 曲线；第 9 行"plt.plot(t,x2)"绘制 x2～t 曲线。第 10 行"plt.savefig('zy1.png',dpi＝300)"
将当前画布的图形保存为图形文件"zy1.png"。

第 11～13 行定义编号为 2 的画布，并在其上绘制曲线，指定线型为虚线。

（4）为图形添加横纵坐标标签和图例等，如第 14～20 所示。第 14～16 行设定横坐标
标签为"t"；第 17～19 行设定纵坐标标签为"x"。第 20 行"plt.legend(['sin(t)','cos(t)'],
loc＝'upper right')"设定图例为"sin(t)"和"cos(t)"，并将图例放置在画布右上角位置。

（5）调用 show 方法显示画布和图形，如第 22 行所示。

9.3.2 散点图

将离散时间序列中的数据点绘制在二维图形中得到的图形称为散点图，散点图中各个
点间不用线段连接。绘制散点图的方法有两种：①使用 plot 函数，设置线条宽度为 0；②使
用 scatter 函数。

下面程序段 9-12 介绍了散点图的绘制方法。

程序段 9-12　绘制散点图（文件名 zym0912.py）

视频讲解

```
1    import numpy as np
2    import matplotlib.pyplot as plt
3    if __name__ == '__main__':
4        t = np.linspace(0, 2 * np.pi, 20)
5        x1 = np.sin(t)
6        x2 = np.cos(t)
7        x3 = x1 + x2
8        x4 = x1 - x2
9        plt.figure(1)
10       plt.plot(t, x1, marker = 'o', linewidth = 0)
11       plt.plot(t, x2, marker = 's', linewidth = 0)
12       plt.plot(t, x3, marker = 'd', linewidth = 0)
13       plt.plot(t, x4, marker = 'x', linewidth = 0)
14       plt.title('x(t)~t', fontdict = {'size':14})
15       plt.legend(['x1', 'x2', 'x1 + x2', 'x1 - x2'], loc = 'upper right')
16       plt.figure(2)
17       plt.scatter(t, x1, marker = '+')
18       plt.scatter(t, x2, marker = '*')
19       plt.scatter(t, x3, marker = 'v')
20       plt.scatter(t, x4, marker = '^')
21       plt.grid(linestyle = ':', color = 'blue')
22       plt.text(4, 1.2, 'x(t)~t', fontdict = {'size':14})
23       plt.legend(['x1', 'x2', 'x1 + x2', 'x1 - x2'], loc = 'upper right')
24       plt.show()
```

程序段 9-12 的执行结果如图 9-12 所示。

在程序段 9-12 中，第 4 行"t＝np.linspace(0,2 * np.pi,20)"生成一个数组 t，具有 20 个
数值，这些数值构成区间 0 至 2π 上的 20 个等分点（含 2 个端点）。第 5 行"x1＝np.sin(t)"
生成数组 x1，x1 的各个元素为数组 t 的各个元素的正弦值。第 6 行"x2＝np.cos(t)"计算
数组 t 的各个元素的余弦值，得到一个新的数组 x2。第 7 行"x3＝x1＋x2"数组 x1 与 x2 相
加，得到一个新的数组 x3。第 8 行"x4＝x1－x2"数组 x1 减去 x2 得到一个新的数组 x4。

第 9 行"plt.figure(1)"创建编号为 1 的画布。第 10～15 行在编号为 1 的画布上绘制图

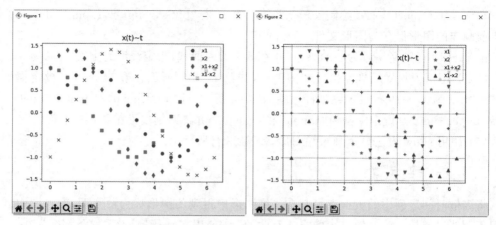

图 9-12　模块 zym0912 执行结果

形。第 10 行"plt. plot(t,x1,marker＝'o',linewidth＝0)"绘制 x1～t 的散点图,每个点用实心圆表示。第 11 行"plt. plot(t,x2,marker＝'s',linewidth＝0)"绘制 x2～t 的散点图,每个点用实心正方形表示。第 12 行"plt. plot(t,x3,marker＝'d',linewidth＝0)"绘制 x3～t 的散点图,每个点用实心菱形表示。第 13 行"plt. plot(t,x4,marker＝'x',linewidth＝0)"绘制 x4～t 的散点图,每个点用"×"表示。第 14 行"plt. title('x(t)～t',fontdict＝{'size': 14})"添加标题"x(t)～t"。第 15 行"plt. legend(['x1','x2','x1＋x2','x1－x2'],loc＝'upper right')"在图形的右上角添加图例。

第 16 行"plt. figure(2)"创建编号为 2 的画布。第 17～23 行在编号为 2 的画布上绘制图形。第 17 行"plt. scatter(t,x1,marker＝'＋')"调用 scatter 函数绘制 x1～t 的散点图,每个点用"＋"号表示。第 18 行"plt. scatter(t,x2,marker＝'＊')"调用 scatter 函数绘制 x2～t 的散点图,每个点用实心五角星表示。第 19 行"plt. scatter(t,x3,marker＝'v')"调用 scatter 函数绘制 x3～t 的散点图,每个点用"▼"号表示。第 20 行"plt. scatter(t,x4,marker＝'^')"调用 scatter 函数绘制 x4～t 的散点图,每个点用"▲"号表示。第 21 行"plt. grid(linestyle＝': ',color＝'blue')"绘制网络线,网络线为蓝色虚线。第 22 行"plt. text(4,1.2,'x(t)～t',fontdict＝{'size': 14})"在坐标(4,1.2)处输出文本"x(t)～t",使用 14 号字体。第 23 行"plt. legend(['x1','x2','x1＋x2','x1－x2'],loc＝'upper right')" 在图形的右上角添加图例。

第 24 行"plt. show()"调用 show 方法显示图形。

在绘制散点图时,除了图 9-12 中使用的数据点形状外,常用的数据点形状符号还有"."、"1""2""3""4""8""p""P""h""H""X""D""TICKLEFT""CARETLEFT"等,请在程序段 9-12 中,使用类似于"marker＝'1'"的方法查看这些形状。在使用 TICKLEFT 和 CARETLEFT 等形状时,需要装载程序包"import matplotlib. markers as pltmrk",并使用类似于"plt. scatter(t,x1,marker＝pltmrk. TICKLEFT)"的方法查看形状"TICKLEFT"等。

9.3.3　柱状图

绘制柱状图使用 bar 函数,其标准语法为:

bar(x 轴数据, y 轴数据, width＝柱的宽度(默认为 0.8), bottom＝柱底部的 y 坐标值, 表示柱形状和颜色的关键字参数)

视频讲解

下面程序段 9-13 介绍了 bar 函数的基本用法。

程序段 9-13　绘制柱状图（文件名 zym0913. py）

```
1    import numpy as np
2    import matplotlib.pyplot as plt
3    if __name__ == '__main__':
4        x = np.array([1,3,4,6,8,9,10,12])
5        y = np.array([15,10,11,12,18,6,17,5])
6        plt.figure(1)
7        plt.bar(x,y,width = 0.6,color = 'green',hatch = '*')
8        plt.show()
```

在程序段 9-13 中，第 4 行"x＝np. array([1,3,4,6,8,9,10,12])"得到数组 x。第 5 行
"y＝np. array([15,10,11,12,18,6,17,5])"得到数组 y。

第 6 行"plt. figure(1)"定义一个编号为 1 的画布。

第 7 行"plt. bar(x,y,width＝0.6,color＝'green',hatch＝'*')"调用 bar 函数绘制柱状
图，x 作为柱状图的横坐标，y 作为柱状图每个柱的高度，"width＝0.6"指定每个柱的宽度为
0.6（相对宽度），"color＝'green'"指定柱的颜色为绿色，"hatch＝'*'"指定柱中填充实心五
角星。第 8 行"plt. show()"显示图形。

程序段 9-13 的执行结果如图 9-13 所示。

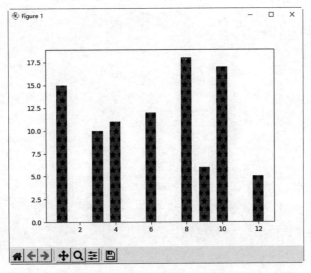

图 9-13　模块 zym0913 执行结果

9.4　本章小结

本章介绍了 numpy、pandas 和 matplotlib 三个外部程序包的常用方法。其中，numpy
可基于数组实现快速的数据处理；pandas 使用其定义的 Series 和 DataFrame 数据类型进
行统计计算，pandas 包还提供了"read_excel"等方法可以从 Excel 电子表格等文件中读入数
据，此外，pandas 包具有处理缺失数据的能力；matplotlib 用于绘制各种二维图形，用于使
数值计算结果或统计分析结果可视化，其图形可用于科技论文中。

习题

1. 计算数组[3,4,10,5,6,4,7,12,8]的均值和方差。

2. 计算矩阵[[3,4,5],[7,8,9]]和矩阵[[1,2,3,4],[2,3,4,5],[3,4,5,6]]的矩阵乘积。

3. 装载 pandas 程序包,使用 Series 对象的"sort_values"方法对 Series 对象[18,10,7,12,15,13,9,6,14]进行升序排序。

4. 用 Excel 软件创建一个 4 行 5 列的数值型表格"data. xlsx",使用 pandas 程序包的"read_excel"方法打开该电子表格文件,并统计每行的最大值和每列的最大值。

5. 使用 matplotlib 程序包绘制函数 $f(x) = x^2 - x + 2$ 的图形,自变量 x 取值为 -5 至 5。

第10章 网络爬虫

CHAPTER 10

网络爬虫又称为网络蜘蛛,是一种高效的信息收集工具,能够对海量的信息进行自动抓取和筛选。网络爬虫通过 requests 库和 beautifulsoup4 库抓取网站上的信息并形成一个本地的备份,再借助其他的 Python 模块,将数据信息进行提取和可视化,方便用户进行分析。

本章的学习重点:

(1) 了解程序包 requests 和 beautifulsoup4 的常用网页数据爬取方法。

(2) 灵活应用程序包 requests 中的 get 和 post 方法。

(3) 熟练掌握网页数据的爬取和可视化方法。

10.1 程序包 requests

程序包 requests 库是一个 http 请求库,该程序包可以模拟用户向网站服务器发出访问请求,得到服务器响应之后,通过服务器返回的 requests 对象"爬取"网页信息。程序包 requests 属于 Python 语言的外部库,需要用户自行下载。在 PyCharm 软件中,选择菜单"文件|设置",找到"项目:ZYPrj03"下的"Python 解释器",这里的"ZYPrj03"为本书使用的项目名(不同的用户项目名会不同),然后,单击左上部的"+"号弹出"可用软件包"窗口,在其中输入"requests",然后,下载并安装该软件包。

如果使用 Visual Studio 集成开发环境,则需要在控制台执行命令"pip install requests"安装程序包 requests。

通常情况下,网站服务器使用的都是 HTTP 或者 HTTPS 协议,这两种协议的请求方式均为 GET 方式和 POST 方式。在爬取网页信息之前,需要先了解网站访问的请求方式,之后才能使用网络爬虫。表 10-1 列举了程序包 requests 的常用请求方法。

表 10-1　程序包 requests 的常用请求方法

序　号	方　法　名	描　　述
1	get	向指定的网址发送 GET 方式请求
2	post	向指定的网址发送 POST 方式请求
3	delete	向指定的网址发送 DELETE 方式请求
4	head	向指定的网址发送 HEAD 方式请求
5	put	向指定的网址发送 PUT 方式请求
6	request	向指定的网址发送指定的请求方法

下面将重点介绍 get 方法和 post 方法。

10.1.1　get 方法

爬取一个网页信息的步骤为：首先向该网页发送 HTTP 请求，网页响应后会返回一个 response 对象，网页的响应信息就存储在该对象中；然后调用 response 对象中的属性，将其中的响应信息输出。表 10-2 列举了 response 对象的响应信息属性。

表 10-2　response 对象的响应信息属性

序　号	对　象　参　数	含　　义
1	content	响应内容(二进制形式)
2	headers	以字典形式返回响应信息的头部
3	status_code	返回响应的状态码，用于检验请求是否成功得到响应(200 表示成功，404 表示失败)
4	reason	描述响应的状态并返回(OK 表示成功，Not Found 表示找不到该网页)
5	text	响应内容(字符串形式)
6	apparent_encoding	响应内容编码方式
7	encoding	设置接收网站编码

表 10-2 中介绍的参数在后续信息筛选提取过程中起着关键作用，下面程序段 10-1 将对其中常用的参数进行说明。

视频讲解

程序段 10-1　response 对象中的参数用法实例

```
1     import requests as req
2     if __name__ == '__main__':
3         url1 = 'https://5b0988e595225.cdn.sohucs.com/images/' \
4             '20180720/f49a023054994414adb920378911d1b1.jpeg'
5         url2 = 'https://fy.tingclass.net/w/moon'
6         re1 = req.get(url1)
7         re2 = req.get(url2)
8         photo = open('moon.jpg','wb')
9         photo.write(re1.content)
10        photo.close()
11        print(re1.headers)
12        print(re1.status_code)
13        print(re1.reason)
14        print(re2.apparent_encoding)
15        print(re2.text)
```

在程序段 10-1 中，第 1 行"import requests as req"装载程序包 requests，并命名其别名为 req。

第 3、4 行将网址"https://5b0988e595225.cdn.sohucs.com/images/20180720/f49a023054994414adb920378911d1b1.jpeg"赋给 url1，该网页为一个月球的照片。第 5 行将网址"https://fy.tingclass.net/w/moon"赋给 url2，该网址为"听力课堂"关于月球 moon 的翻译。

第 6 行"re1＝req.get(url1)"使用 get 方法"爬取"网址 url1 的信息；第 7 行"re2＝req.get(url2)"使用 get 方法"爬取"网址 url2 的信息。这两行代码均调用程序包 requests 中的

get 方法,向指定的网址 url1 和 url2 分别发出 GET 方式的请求,在得到网页响应信息之后,网页会返回 response 对象,将返回的两个 response 对象分别保存在变量 re1 和 re2 中。

第 8 行"photo=open('moon.jpg','wb')"创建一个只写二进制文件 moon.jpg。第 9 行"photo.write(re1.content)"将文件 moon.jpg 写入对象 re1 的响应内容(该内容为一个月球照片)。第 10 行"photo.close()"关闭 photo 文件对象。执行程序段 10-1 后,工程所在目录下将生成一个 moon.jpg 文件,其内容如图 10-1 所示。

图 10-1 文件 moon.jpg

第 11 行"print(re1.headers)"以字典形式输出 re1 对象(响应信息)的头部,将得到"{'Server':'nginx', 'Date':'Tue, 26 Jul 2022 02:00:59 GMT', 'Content-Type':'image/jpeg', 'ETag':'"8133810b313e3fee4626cb138e227328"', 'Access-Control-Allow-Origin':'*', 'FSS-Cache':'MISS from 3051174.4689584.3805631', 'X-Cache-Lookup':'Cache Miss, Hit From Inner Cluster, Cache Miss', 'Last-Modified':'Fri, 20 Jul 2018 03:57:08 GMT', 'Cache-Control':'max-age=7776000', 'Content-Length':'61729', 'Accept-Ranges':'bytes', 'X-NWS-LOG-UUID':'4271117834457952401', 'Connection':'keep-alive'}"。

第 12 行"print(re1.status_code)"输出 re1 对象(响应信息)的状态码,这里得到"200",表示请求网页信息成功。

第 13 行"print(re1.reason)"输出 re1 对象(响应)的状态,这里得到"OK",表示请求网页成功。

第 14 行"print(re2.apparent_encoding)"输出 re2 对象(响应信息)的编码,这里为"utf-8"。

第 15 行"print(re2.text)"输出 re2 对象(网页或响应信息)中的文本信息。

10.1.2 post 方法

调用 post 方法可以向指定的网址发送 POST 请求,且该请求将包含的数据一起发送至网址,适用于向指定的网址发送特定的数据内容,例如上传图片文件等。post 方法有三种常用的携带数据的方式:表单方式(默认方式)、json 方式和文件方式。下面的程序段 10-2 将展示这三种方式的具体用法。

程序段 10-2 post 方法用法实例

```
1    import requests as req
2    import json
3    if __name__ == '__main__':
4        url = 'http://httpbin.org/post'
5        dat1 = {'data':'Add Form'}
6        dat2 = json.dumps({'data':'Add Json'})
7        dat3 = {'data':open('zydat.txt')}
8        re1 = req.post(url, data = dat1)
9        re2 = req.post(url, data = dat2)
10       re3 = req.post(url, files = dat3)
11       print(re1.text)
12       print(re2.text)
13       print(re3.text)
```

视频讲解

在程序段 10-2 中,第 1 行"import requests as req"装载 requests 程序包,并命名为别名 req;第 2 行"import json"装载程序包 json。

第 4 行将网址"http://httpbin.org/post"赋给 url,该网址为一个测试 HTTP 请求与响应服务的网址。

第 5 行"dat1={'data': 'Add Form'}"将一个字典数据赋给 dat1;第 6 行"dat2=json. dumps({'data': 'Add Json'})"将一个 json 对象赋给 dat2;第 7 行"dat3={'data': open ('zydat.txt')}"将一个字典数据赋给 dat3,这里的文件"zydat.txt"为当前工程所在目录中的文本文件,其内容为"Add my file"。

第 8 行"re1 = req.post(url, data=dat1)"调用 post 方法爬取数据,这里是调用 post 方法携带着指定的表单数据信息向网页发送 POST 请求,将网页返回的 response 对象保存在对象 re1 中。第 11 行"print(re1.text)"输出 re1 对象的文本数据,如图 10-2 所示。

```
{
    "args": {},
    "data": "",
    "files": {},
    "form": {
        "data": "Add Form"
    },
    "headers": {
        "Accept": "*/*",
        "Accept-Encoding": "gzip, deflate",
        "Content-Length": "13",
        "Content-Type": "application/x-www-form-urlencoded",
        "Host": "httpbin.org",
        "User-Agent": "python-requests/2.28.1",
        "X-Amzn-Trace-Id": "Root=1-62df6495-6330e9a85fc7a30b6b087ac4"
    },
    "json": null,
    "origin": "171.34.140.12",
    "url": "http://httpbin.org/post"
}
```

图 10-2　对象 re1 的文本数据

第 9 行"re2 = req.post(url, data=dat2)"调用 post 方法携带 json 对象数据向网页发送 POST 请求,将网页返回的 response 对象保存在对象 re2 中。第 12 行"print(re2.text)"输出 re2 对象的文本数据,如图 10-3 所示。

第 10 行"re3 = req.post(url, files=dat3)"调用 post 方法携带文本数据信息向网页发送 POST 请求,将网页返回的 response 对象保存在对象 re3 中。第 13 行"print(re3.text)"输出 re3 对象中的文本数据,如图 10-4 所示。

10.1.3　网页链接异常情况

调用程序包 requests 中的请求方法链接网页时,会出现多种多样的异常情况,只有弄清每一种异常情况的提示语句,才能解决和避免异常。表 10-3 列举了几种常见的异常情况。

图 10-3　对象 re2 的文本数据

图 10-4　对象 re3 的文本数据

表 10-3　网页链接时的异常情况

序　号	异　常　情　况	报　错　类　型
1	连接或者读取服务器，在指定时间内没有得到响应	ConnectTimeout
2	指定网址对应的服务器不存在	ConnectionError
3	得到的响应状态码是 404	HTTPError
4	网络出现异常导致连接失败	ConnectionError
5	代理服务器的响应超时	HTTPConnectionPool

为了避免程序因为得不到服务器响应而陷入无限等待，可以对参数 timeout 进行赋值，设置程序等待响应的时间。若在指定的时间内除了基本的应答字节外，程序没有得到服务

器反馈的字节数据,程序将会结束等待,自动抛出一个异常。

▦ 10.2 程序包 beautifulsoup4 ◆

调用程序包 requests 连接网页,将其 HTML 页面转换为字符串存储在文档中之后,需要对 HTML 页面的内容进行处理。程序包 beautifulsoup4 用于解析 Web 页面的 HTML 或者 XML,将 HTML 文档转换为一个树形结构的文档,将解析结果打包封装,并配置了相应的方法对其进行访问。程序包 beautifulsoup4 还具有一个强大的功能,即可以根据 HTML 或者 XML 的语法来创建一个文档树。程序包 beautifulsoup4 是外部软件包,在使用前需要进行安装,安装方法类似于 10.1 节程序包 requests 的安装方法。

如果使用 Visual Studio 集成开发环境,需要在"命令提示符"窗口下使用命令"pip install bs4"安装程序包 beautifulsoup4。

对网页中所需的信息进行定位并爬取,需要了解 HTML/XML 页面的格式结构。程序包 beautifulsoup4 解析的 HTML/XML 页面的格式是一个树形结构,其中包含了几种节点对象,常用的四种对象有 Tag、BeautifulSoup、NavigableString 和 Comment。这里重点介绍 Tag 对象和 BeautifulSoup 对象。

10.2.1 Tag 对象和 BeautifulSoup 对象

Tag 对象是程序包 beautifulsoup4 中常用的对象,Tag 对象中包含的标签和 HTML 中的标签相同。表 10-4 列举了 Tag 对象中常用的标签。

表 10-4 Tag 对象中常用的标签

序　号	标　　签	描　　述
1	head	页面的头部(head)信息,其中包含了标题信息
2	title	页面的标题
3	body	页面的主体,其中包含了字符串信息等
4	p	页面 body 标签内的字符串信息标签

在 HTML 页面中标签是成对使用的,其格式为:"<标签>内容部分</标签>"。可以随意打开一个网页,在页面的空白处单击鼠标右键,在其弹出菜单中选择"查看网页源代码",或者按下"F12"键,即可查看到该网页的 HTML 代码。

调用 beautifulsoup4 库中的 BeautifulSoup() 方法可以创建一个 BeautifulSoup 对象,该对象中包含了解析树的全部信息,实质上也属于一种 Tag 对象,但是 BeautifulSoup 对象的性能比 Tag 对象更强大,不仅可以对文档树进行搜索操作,还可以遍历整个文档树。了解了 HTML 的语法格式之后,仿照 HTML 页面的语法格式可以自定义一个简单的 BeautifulSoup 对象。下面程序段 10-3 创建了一个简单的 BeautifulSoup 对象。

程序段 10-3 创建一个简单的 BeautifulSoup 对象

```
1    import bs4
2    if __name__ == '__main__':
3        ht = '< html >< head >< title > Simple BeautifulSoup </title ></head >' \
4            '< body >< p > Hello </p >< p > World </p ></body ></html >'
5        soup = bs4. BeautifulSoup( ht, 'html. parser')
```

视频讲解

```
6          bs = soup. body
7          print(soup.prettify())
8          print(bs.text)
```

程序段 10-3 的执行结果如图 10-5 所示。

在程序段 10-3 中,第 1 行"import bs4"装载程序
包 beautifulsoup4。

第 3、4 行将一段 HTML 文本"< html >< head >
< title > Simple BeautifulSoup </title > </head >
< body > < p > Hello </p >< p > World </p ></body >
</html >"赋给对象 ht,这里 BeautifulSoup 对象
HTML 页面的基本格式为:"< html >…</html >"包
含整个 HTML 页面的内容;"< head >…</ head >"是
HTML 页面的头部,包含了标题信息;"< title >…
</ title >"设置 HTML 页面的标题;"< body >…
</ body >"是 HTML 页面的主体内容,可包含文本、
图片、子标签等;"< p > Hello </p >< p > World </p >"
设置 HTML 页面内显示的信息。

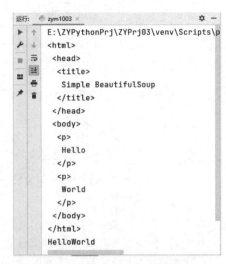

图 10-5　模块 zym1003 执行结果

第 5 行"soup＝bs4. BeautifulSoup(ht,'html. parser')"调用 BeautifulSoup 方法创建一
个 BeautifulSoup 对象,"html. parser"表示使用 HTML 的语法格式来模拟创建一个
HTML 页面,并用字符串变量 ht 对页面的格式以及内容进行设置,将创建好的
BeautifulSoup 对象赋值给对象 soup。

第 6 行"bs＝soup. body"调用 BeautifulSoup 对象中的属性 body,将 BeautifulSoup 对
象中的主体内容赋值给对象 bs。

第 7 行"print(soup. prettify())"调用 BeautifulSoup 对象中的 prettify 方法,将整个
HTML 代码进行格式化,再调用 print 方法显示全部 HTML 内容。

第 8 行"print(bs. text)"调用对象 bs 的 text 属性,得到标签中的文本内容,再调用
print 方法输出文本信息"HelloWorld"。

结合图 10-5 可知,自定义的 BeautifulSoup 对象的 HTML 格式与网页源代码一致,说
明 BeautifulSoup 对象创建成功。调用主体内容对象(这里为 bs)的 text 属性可获取自定义
的页面内容。

在 HTML 格式中,HTML 的每一种标签都有四个基本属性。表 10-5 介绍了这四个属
性的类型及其含义。

表 10-5　HTML 标签的属性

序　号	属　　性	描　　述
1	name	标签的名字(字符串类型)
2	attrs	标签的所有属性(字典类型)
3	string	标签的文本内容(字符串类型)
4	contents	标签中的所有子标签

下面的程序段 10-4 介绍了表 10-5 中的标签属性及其用法。

视频讲解

程序段 10-4 标签属性用法实例

```
1    import bs4
2    if __name__ == '__main__':
3        ht = '<html><head><title>The Simple Web</title></head>'\
4            '<body><div class="div_class">'\
5            '<p class="story" id="name">Zhang Fei</p>'\
6            '<p class="story" id="sex">M</p>'\
7            '<p class="story" id="score">95.3</p></div></body></html>'
8        soup = bs4.BeautifulSoup(ht, 'html.parser')
9        p1 = soup.p
10       print(p1.name)
11       print(p1.attrs)
12       print(p1.string)
13       print(p1.contents)
14       for p2 in soup.find_all('p'):
15           print(p2.name)
16           print(p2.attrs)
17           print(p2.string)
18           print(p2.contents)
```

程序段 10-4 的执行结果如图 10-6 所示。

```
运行:    zym1004 ×                                          ⚙ —
▶ ↑    E:\ZYPythonPrj\ZYPrj03\venv\Scripts\python.exe E
🔧 ↓    p
■ ⇥    {'class': ['story'], 'id': 'name'}
  ⇄     Zhang Fei
🔳 ⇥   [' Zhang Fei ']
  🖶    p
⚡ 🗑   {'class': ['story'], 'id': 'name'}
        Zhang Fei
       [' Zhang Fei ']
       p
       {'class': ['story'], 'id': 'sex'}
        M
       [' M ']
       p
       {'class': ['story'], 'id': 'score'}
        95.3
       [' 95.3 ']
```

图 10-6 模块 zym1004 执行结果

在程序段 10-4 中,第 3~7 行将一段 HTML 网页代码赋给对象 ht,这段 HTML 网页代码为"<html><head><title>The Simple Web</title></head><body><div class="div_class"><p class="story" id="name">Zhang Fei</p><p class="story" id="sex">M</p><p class="story" id="score">95.3</p></div></body></html>",其中,"<html>…</html>"包含整个 HTML 页面的内容;"<head>…</head>"是 HTML 页面的头部,包含了标题信息;"<title>The Simple Web</title>"设置 HTML 页面的标题为"The Simple Web";"<body>…</body>"是 HTML 页面的主体内容,可包含文本、图片和子标签等;"<div class="div_class">"的<div>标签中并存多个子标签,将标签的数据类型设置为"div_class";"<p class="story" id="name">Zhang Fei</p>"设置<p>标签

中的属性,将标签的文本类型设置为"story",将属性 id 设置为"name",包含的文本内容为"Zhang Fei",其后的两个<p>标签的设置格式与该<p>标签类似。

第 8 行"soup=bs4.BeautifulSoup(ht,'html.parser')"调用 BeautifulSoup 方法创建一个 BeautifulSoup 对象,"html.parser"表示使用 HTML 的语法格式模拟创建一个 HTML 页面,然后用对象 ht 对页面的格式以及内容进行设置,将创建好的 BeautifulSoup 对象赋值给对象 soup。

第 9 行"p1=soup.p"调用 BeautifulSoup 对象中的属性 p,将 BeautifulSoup 对象中的第一个<p>标签内容赋值给变量 p1。

第 10 行"print(p1.name)"调用<p>标签的 name 属性,得到<p>标签的名字,再调用 print 方法输出 name 属性。第 11 行"print(p1.attrs)"调用<p>标签的 attrs 属性,得到<p>标签的所有属性,再调用 print 方法输出这些属性。第 12 行"print(p1.string)"调用<p>标签的 string 属性,得到<p>标签的文本内容,再调用 print 方法输出这些文本信息。第 13 行"print(p1.contents)"调用<p>标签的 contents 属性,得到<p>标签的所有子标签,再调用 print 方法输出其内容。

第 14~18 行使用 find_all 方法获取对象 soup 中的全部<p>标签,依次输出每个标签的名称、属性、文本内容和子标签信息。

由图 10-6 可以看出,对于第一个<p>标签"<p class="story" id="name"> Zhang Fei</p>",标签的名字为 p;第一对尖括号中除了名字 p 之外,其余部分均为标签的属性,通过调用 attrs 将标签中的这些属性以字典的形式返回;string 属性是指标签的文本内容;contents 属性是指标签中的子标签,当标签中没有子标签时,将得到一个以列表形式表示的该标签中的文本内容。

10.2.2 应用实例

在学习了程序包 requests 和 beautifulsoup4 之后,就可以实现一个简单的网页数据爬取程序。这里将爬取"豆瓣读书"网站中的一本书的评论数据。

图 10-7 是"豆瓣读书"网站中关于《三体》的一部分书评。下面的程序段 10-5 使用程序包 requests 和 beautifulsoup4 爬取该页面的书评(其观点与本书作者无关)。

在图 10-7 所示网页上,按下"F12"键查看一下网页的源代码,将发现短评数据的格式形如"<span class="short">那阵子做梦都是多维宇宙、星际飞船…</span>"。

程序段 10-5 "豆瓣读书"网上《三体》书评数据爬取实例

```
1    import requests as req
2    import bs4
3    if __name__ == '__main__':
4        h = {'User - Agent': 'Mozilla/5.0 (Windows NT 10.0; Win64; x64)'
5                            'AppleWebKit/537.36 (KHTML, like Gecko)'
6                            'Chrome/79.0.3945.130 Safari/537.36 OPR/66.0.3515.115'}
7        r = req.get('https://book.douban.com/subject/30245933/comments/',
8                    headers = h)
9        soup = bs4.BeautifulSoup(r.text, features = 'lxml')
10       pattern = soup.find_all('span', 'short')
11       ls = []
12       for e in pattern:
```

视频讲解

```
13              print(e.text)
14              ls.append(e.text + '\n')
15      fp = open('zybookrev.txt','w')
16      for i in range(len(ls)):
17              fp.write(ls[i])
18      fp.close()
```

图 10-7　关于《三体》的部分短评(其观点与本书作者无关)

　　程序段 10-5 执行后将生成一个文本文件"zybookrev.txt",其中包含了爬取的《三体》书评数据,其部分文本数据如图 10-8 所示。

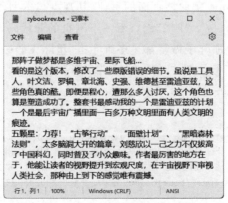

图 10-8　爬取的《三体》部分短评数据(其观点与本书作者无关)

　　程序段 10-5 的执行需要借助程序包"lxml"(安装方法与 requests 的安装方法相似),在第 9 行代码中将使用该程序包。

在程序段 10-5 中，第 4～6 行定义了字符串对象 h 为"h＝{'User-Agent'：'Mozilla/5.0（Windows NT 10.0；Win64；x64）AppleWebKit/537.36（KHTML，like Gecko）Chrome/79.0.3945.130 Safari/537.36 OPR/66.0.3515.115'}"。由于调用 requests 中的 get 方法连接网页时，建议设置一个 headers 参数，防止网页设置有反爬虫的装置，因此这里模拟了一个用户访问网页的 headers 参数。在第 7、8 行中调用 get 方法时，将该字符串对象 h 赋值给参数 headers。第 7、8 行"r＝req.get（'https：//book.douban.com/subject/30245933/comments/'，headers＝h）"调用 requests 中的 get 方法，向网址"https：//book.douban.com/subject/30245933/comments/"的服务器发送请求，并将服务器返回的响应赋值给对象 r。

第 9 行"soup＝bs4.BeautifulSoup（r.text，features＝'lxml'）"调用程序包 bs4 中的 BeautifulSoup 方法，将响应数据转换为字符串形式，再调用 lxml 接口解析该响应信息，创建一个 BeautifulSoup 对象，赋给 soup。

第 10 行"pattern＝soup.find_all（'span'，'short'）"调用 BeautifulSoup 中的 find_all 方法查找响应信息中所有标签名为"span"属性为"short"的标签，并将查找的结果赋值给对象 pattern。

第 11 行"ls＝[]"创建一个空的列表 ls。

第 12～14 行为一个 for 结构，借助变量 e 对对象 pattern 的元素进行遍历，在循环体中调用 print 函数输出标签中的文本信息，并调用 append 方法将标签中的文本信息添加到列表 ls 中。

第 15 行"fp＝open（'zybookrev.txt'，'w'）"调用 open 函数创建一个文件名为"zybookrev.txt"的文件对象，设置为写入模式，并赋给文件对象 fp。

第 16、17 行为一个 for 结构，借助 i 对列表 ls 进行遍历，调用文件对象 fp 的 write 方法，将列表 ls 中的文本数据逐个写入文件 fp 中。

第 18 行"fp.close（）"关闭文件对象 fp。

对照图 10-7 和图 10-8 可知，程序段 10-5 将指定网页上的书评信息全部爬取并保存在文件"zybookrev.txt"中。

10.3　网络爬虫实例

从网络中爬取所需的信息关键的一步在于准确找出存储信息的标签，例如 10.2.2 节中爬取的书评信息保存在"< span >"标签中，爬取数据后只需解析这个标签的内容即可。而使用程序包 requests 连接网页服务器以及使用程序包 beautifulsoup4 解析 HTML 页面的方法是"固定"的语句。本节将介绍程序包 requests 与 beautifulsoup4 和其他 Python 程序包配合使用，实现图片和新闻信息爬取与处理的方法。

10.3.1　图片爬取实例

在 10.2.2 节的图 10-7 中，每个短评均附有一个头像图片，利用程序包 requests 和 beautifulsoup4 可以爬取这些图片。下面的程序段 10-6 介绍了爬取图片的方法，将爬取的图片保存在当前工程所在目录下的子目录 pic 中。

程序段 10-6 图片爬取实例

视频讲解

```
1    import requests as req
2    import bs4
3    import os
4    if __name__ == '__main__':
5        path = 'pic'
6        if os.path.exists(path) == False:
7            os.makedirs(path)
8        h = {'User - Agent':'Mozilla/5.0 (Windows NT 10.0; Win64; x64)'
9                    'AppleWebKit/537.36 (KHTML, like Gecko)'
10                   'Chrome/79.0.3945.130 Safari/537.36 OPR/66.0.3515.115'}
11       url = ' https://book.douban.com/subject/30245933/comments/'
12       re = req.get(url, headers = h)
13       soup = bs4.BeautifulSoup(re.text, 'html.parser')
14       print('正在查找/下载网页中的图片')
15       ls = []
16       for e in soup.find_all('img'):
17           addr = e.get('src')
18           ls.append(addr)
19       n = 0
20       for e in ls:
21           n = n + 1
22           photo = req.get(e, timeout = 10)
23           fp = open(path + '\{0:03}.jpg'.format(n),'wb')
24           fp.write(photo.content)
25           fp.close()
26       print('图片下载完成')
```

在程序段 10-6 中,第 3 行"import os"装载模块 os,其中包含了与文件夹操作相关的方法。

第 5 行"path= 'pic'"将字符串"pic"赋给 path,这里的 path 用作子目录名。第 6 行"if os.path.exists(path)==False:"调用 os.path.exists 方法判断当前工程所在目录下有没有一个名称为 path(即 pic)的子目录,如果返回 False 表示没有该子目录,则第 7 行"os. makedirs(path)"调用 makedirs 方法创建该子目录。

第 8~12 行的含义与程序段 10-5 中的第 4~8 行的含义相同。

第 13 行"soup= bs4.BeautifulSoup(re.text,'html.parser')"调用程序包 bs4 中的 BeautifulSoup 方法,先将响应数据转换为字符串形式,再调用 html 解析该响应信息,创建一个 BeautifulSoup 对象,赋给对象 soup。

第 14 行"print('正在查找/下载网页中的图片')"输出提示信息"正在查找/下载网页中的图片"。

第 15 行"ls=[]"创建空列表 ls。

第 16~18 行为一个 for 结构,用于获取网页中各个图片的网址并将其网址保存在列表中。该 for 循环借助变量 e 对 img 标签的信息进行遍历,在循环体中对变量 e 调用 get 方法获取标签中的 src 属性中的图片网址,并将网址信息保存在变量 addr 中,然后,调用 append 方法将标签中的图片网址添加到列表 ls 中。

第 19 行"n=0"令 n 为 0。

第 20~25 行为一个 for 结构。使用 for 循环借助变量 e 对列表 ls 进行遍历,在循环体中:第 21 行"n=n+1"表示每循环一次整型变量 n 自动加 1,这里的 n 用作爬取图像的存储文件名,当 n=1 时,存储的文件名为"001.jpg"。第 22 行"photo=requests.get(e,timeout=10)",调用 requests 中的 get 方法向网址 e 发送访问请求,并给参数 timeout 赋值,设置等待响应时间为 10ms。第 23 行"fp=open(path+'\{0:03}.jpg'.format(n),'wb')"调用 open 函数在 pic 子目录内创建一个新的文件对象,并借助变量 n 对文件对象进行命名,再将文件对象设置为写入操作,最后把创建的文件对象赋值给 fp,这里"{0:03}"中冒号前的"0"为位置参数,对应于 format 方法中的第 0 个参数,即 format 方法的第 0 个参数(这里为 n)放置在该位置处;冒号后面的"03"表示长度为 3 个字符,若不够 3 个字符,则以"0"填充。第 24 行"fp.write(photo.content)"调用 write 方法将爬取的图片信息以二进制的形式写入文件 fp 中;第 25 行"fp.close()"调用 close 方法关闭 fp 对象。

第 26 行"print('图片下载完成')"输出提示信息"图片下载完成"。

程序段 10-6 的执行结果如图 10-9 和图 10-10 所示。

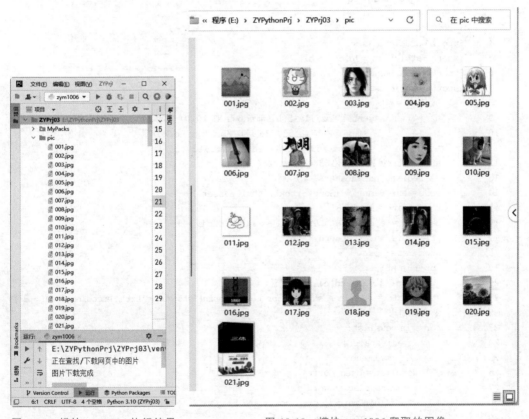

图 10-9　模块 zym1006 执行结果　　　图 10-10　模块 zym1006 爬取的图像

由程序段 10-6 可知,网页图片的爬取过程如下。

(1) 设置好 headers、网址以及其他需要使用的参数,调用 requests 中的 get 方法和 BeautifulSoup 方法对网页进行连接和解析,建立一个 BeautifulSoup 对象。

(2) 在要爬取信息的网页中右击,在弹出的菜单中选择"查看网页源代码"或按下"F12"键,在网页源代码中查找保存该信息的标签名。例如,程序段 10-6 中要爬取的图片的网址信息保存在<img>标签中的"src"属性中。

（3）调用 find_all 方法收集所有<img>标签的信息，并借助 for 循环遍历这些标签信息，每次循环对选中的标签调用 get 方法，获取标签中的"src"属性的数据，把获取到的图片地址添加到列表中。

（4）利用 os 模块的 makedirs 方法创建一个文件夹用于保存图片。借助 for 循环和 get 方法依次访问图片网址并获取图片，将图片(名称编号后)保存在刚创建的文件夹中。

10.3.2　新闻标题爬取与可视化

目前，互联网是获取新闻的主要渠道。这里针对"网易新闻（国际）"网页，利用网络爬虫爬取其中的新闻标题，然后对爬取的新闻标题进行可视化处理，突出当前发生的热门新闻事件。程序段 10-7 展示了新闻标题的爬取和可视化方法。

程序段 10-7　新闻标题的爬取与可视化实例

视频讲解

```
1    import requests as req
2    import bs4
3    import re
4    import wordcloud as wc
5    import matplotlib.pyplot as plt
6    import jieba.posseg as pseg
7    import imageio as im
8    if __name__ == '__main__':
9        h = {'user-agent':'Mozilla/5.0 (Windows NT 10.0; WOW64)'
10                          'AppleWebKit/537.36 (KHTML, like Gecko)'
11                          'Chrome/69.0.3947.100 Safari/537.36'}
12       url = 'https://news.163.com/world/'
13       r = req.get(url, headers = h)
14       soup = bs4.BeautifulSoup(r.text, 'html.parser')
15       r.encoding = 'utf-8'
16       pattern = re.compile('.html">(.*?)</a></div>')
17       pt = re.findall(pattern, r.text)
18       newslist = []
19       for e in pt:
20           newslist.append(e)
21       stop_words = set(line.strip() for line in open('stopwords.txt', encoding = 'utf-8'))
22       words = []
23       for e in newslist:
24           if e.isspace():
25               continue
26           wordlist = pseg.cut(e)
27           for word, flag in wordlist:
28               if not word in stop_words and flag == 'n':
29                   words.append(word)
30       mask_image = im.v3.imread('bull.png')
31       content = ''.join(words)
32       wordcloud = wc.WordCloud(font_path = 'simhei.ttf',
33                                background_color = "white",
34                                mask = mask_image,
35                                max_words = 40).generate(content)
36       plt.imshow(wordcloud)
```

```
37          plt.axis('off')
38          plt.show()
```

在程序段 10-7 中,第 3 行"import re"装载模块 re;第 4 行"import wordcloud as wc"装载模块 wordcloud,并赋以别名 wc,模块 wordcloud 用于生成词云;第 6 行"import jieba. posseg as pseg"装载模块 jieba,该模块为中文分词工具程序包;第 7 行"import imageio as im"装载模块 imageio,并赋以别名 im,该模块为图像视频读写库。这里需要在 PyCharm 中安装 wordcloud、jieba、imageio 程序包,安装方法与安装 requests 相同。

第 9~14 行的含义与程序段 10-6 中的第 8~13 行相同。

第 15 行"r.encoding = 'utf-8'"为 response 对象中的属性 encoding 赋值"utf-8",表示将网页编码设置为"utf-8"。

第 16 行"pattern = re.compile('.html">(.*?)</a></div>')"调用正则表达式的 compile 函数创建一个 pattern 对象,用于对 HTML 转换的文本信息进行筛选,把存储新闻标题的标签筛选出来。通过查看"网易新闻(国际)"网页的源代码,可知每个标题的格式形如"< div >< a href="https://www.163.com/news/article /HD1ARIPD00018AP2.html">下周访问的外国元首,创下两个纪录</a></div>",这里的".html">(.*?)</a></div>'"匹配的字符串形如:以".html">"开头、以"</a></div>"结尾中间包括任意长度字符串,"(.*?)"表示以非贪心模式匹配任意长度的字符串。

第 17 行"pt = re.findall(pattern, r.text)"调用 re 中的 findall 函数,利用对象 pattern 对标签进行筛选,查找出全部新闻的标题,赋给对象 pt。

第 18 行"newslist = []"定义空列表 newslist。

第 19、20 行为一个 for 结构,将 pt 中的标题字符串添加到列表 newslist 中。

第 21 行"stop_words = set(line.strip() for line in open('stopwords.txt', encoding = 'utf-8'))"利用 for 循环读取事先创建的需要去除的词的文本文件,调用 line.strip()将文本文件中的换行符全部删除,再调用函数 set 生成一个集合。该集合用于除去标题中的介词(只保留名词)。这里的"停用词"文件"stopwords.txt"的部分内容如图 10-11 所示。

第 22 行"words = []"定义空列表 words。

第 23~29 行为一个 for 结构,用于提取列表 newslist 中的标题信息的实词。第 24 行"if e.isspace():"如果 e 只包含空格,则第 25 行"continue"跳转到第 23 行继续下一次循环。第 26 行"wordlist = pseg.cut(e)"提取 e(这里的 e 为一个新闻标题)中的分词。第 27~29 行为一个 for 结构,用集合 stop_words 将分完词的标题去除介词等虚词(只保留名词等实词),并将实词添加到列表 words 中。第 28 行中的"flag == 'n'"表示只取名词。

第 30 行"mask_image = im.v3.imread('bull.png')"读入一幅图像作为词云的形状。这里使用了一幅动物("牛")的图像。读者也可以使用其他(背景透明的)图形文件,但需要将使用的图形文件保存在当前工程所在的目录。

图 10-11 文件"stopwords.txt"的部分内容

第31行"content=' '. join(words)"调用join函数,将words中的所有词连接成一个字符串,且任两个词间用空格分隔。

第32~35行"wordcloud = wc. WordCloud(font_path = 'simhei. ttf', background_color = " white", mask = mask _ image, max _ words = 40). generate (content)"调用WordCloud方法生成一个词云,其中,"font_path = 'simhei. ttf'"设置文字字体为"simhei. ttf";"background_color="white""设置背景色为白色;"mask=mask_image"设置词云的形状;"max_words=40"设置词云中的最大词量为40个;调用generate方法将文本信息导入。

第36行"plt. imshow(wordcloud)"调用matplotlib包中的imshow方法绘制词云图。

第37行"plt. axis('off')"将坐标轴设置为不显示。

第38行"plt. show()"调用show方法显示词云图像。

程序段10-7的执行结果如图10-12所示。

图 10-12　模块 zym1007 执行结果

10.4　本章小结

本章主要介绍了程序包requests和beautifulsoup4。程序包requests是一个http请求库,可以向服务器发送访问请求,与网页进行连接,同时将网页的HTML转换为字符串形式进行保存。程序包requests包含多种请求方式,适用于各种服务器访问请求。程序包beautifulsoup4是一个解析和处理HTML页面的外部软件包,将HTML中的数据进行封装打包,并配置相应的方法方便用户访问数据。这两个程序包中涉及的方法与属性,是"爬虫"程序设计的核心。

读者可在本章实例的基础上,编写自己的"爬虫"程序,爬取所需的信息。例如,在程序段10-7爬取新闻标题生成词云实例的基础上,将程序包requests和beautifulsoup4与其他Python模块配合使用以实现更多的功能。但是需谨记,在爬取网络上的数据信息时,务必遵守国家法律法规,不能爬取或者贩卖他人隐私数据和秘密信息。

习题

1. 使用requests库爬取豆瓣网排名前50位的书名,并新建一个文本文件将其保存。

2. 使用requests库下载某音乐网站的一首音乐。

3. 根据 HTML 语法格式自定义一个 BeautifulSoup 对象,并调用表 10-4 中的参数,体会标签的作用。

4. 使用 requests 库和 beautifulsoup4 库爬取中国大学排名前 100 位的名单,并新建一个文本文件将其保存。

5. 在程序段 10-7 的基础上,根据每个词出现的频率绘制一个柱状图。

6. 使用 requests 库、re 库和 beautifulsoup4 库,再配合其他 Python 库爬取某城市 7 天内的天气预报情况,并进行可视化输出。

正则表达式

从字符串中提取或识别具有特定模式(或特征)的字符串的快捷方法,称为正则表达式方法。例如,识别字符串中的电话号码、电子邮箱、数字字符串等,可以构造相应的正则表达式快速完成。一般地,可以认为正则表达式为一种特殊的字符串,专门用于检查其他的字符串中有没有与其模式相匹配的字符串(或子串),正则表达式由匹配引擎(即一种优化的可执行代码)提供支持,故正则表达式的执行效率都非常高。

Python 语言中,需要装载模块 re 执行正则表达式语句。模块 re 中常用的函数有 5 个,如表 A-1 所示。

表 A-1 模块 re 中的常用函数

序 号	函 数 名	基本调用形式	含 义
1	findall	findall(模式,字符串)	检索整个"字符串",找出与"模式"相匹配的字符串,将这些匹配到的字符串以列表形式返回;如果没有匹配的字符串,则返回空列表。(注意:检索时找到一个模式后,将跳过该模式从该模式的下一个字符继续检索,可理解为无重叠的检索)
2	search	search(模式,字符串)	从左向右检索"字符串",返回包含找到的第一个匹配字符串的 Match 对象;如果没有匹配的字符串,返回 None
3	match	match(模式,字符串)	从"字符串"的开头进行匹配,返回包含匹配成功的字符串的 Match 对象;如果没有匹配成功的字符串,返回 None。注意:从"字符串"的开头匹配
4	sub	sub(模式,新字符串,字符串)	检索整个"字符串",将其中与"模式"匹配的字符串替换为"新字符串"。如果没有匹配的字符串,则返回原字符串。sub 函数还有一个关键参数"count＝数字",如果"数字"为 0,表示全部替换,如果"数字"非 0,则执行"数字"指定的替换次数
5	split	split(模式,字符串,分隔次数)	将"字符串"分隔为多个字符串,分隔方法为:在与"模式"匹配的字符串处分隔"字符串"。"分隔次数"为 0 时,所有匹配处均分隔;否则,按指定的"分隔次数"分隔。该函数返回分隔后的字符串列表。如果没有匹配成功的字符串,则返回一个列表,列表中只有一个元素,就是原"字符串"

除了表 A-1 中的常用方法外,正则表达式还有很多方法,其中有一个 Compile 方法可

以将正则表达式编译成对象,这对于多次使用的正则表达式特别有用,请参考模块 re 的使用手册。注意,编译后的正则表达式的功能比表 A-1 中的同名函数更强大。例如:

```
str1 = re.match('abab','abcdabababcd')
if str1!= None:
    print(str1.group())
```

上述代码中从头开始匹配字符串"abab",将匹配失败,返回 None。这里的 match 只能从被检索的字符串的开头匹配。

但是,使用 Compile 编译后的版本可以为 match 函数指定检索位置,例如:

```
pt = re.compile('abab')
str1 = pt.match('abcdabababcd',4)
if str1 != None:
    print(str1.group())
```

这里的 match 函数中第 1 个参数为被检索的字符串,第 2 个参数指定检索的起始位置为 4,这样,可以返回匹配成功的 Match 对象。compile 编译后的对象的 search 方法也可以指定检索起始位置。

在上一段和表 A-1 中提及了一个 Match 对象,该对象是 search 和 match 函数的返回结果,具有以下几个常用方法。

(1) start 返回匹配到的字符串在原字符串中的起始索引位置(注意: 索引号从 0 开始)。start 可以具有 0、1、2 等整数参数 n,这些参数对应于第 n 个 group(见下文)。

(2) end 返回匹配到的字符串在原字符串中的结尾索引位置的下一个位置。end 可以具有 0、1、2 等整数参数 n,这些参数对应于第 n 个 group(见下文)。

(3) group 可带有 0、1、2 等整型参数 n,依次表示匹配成功的第 n 个字符串。

(4) groups 表示匹配成功的全部字符串。

现在回到表 A-1,何谓"模式","模式"也可称为匹配模式或模式字符串等,是一种特殊的字符串,其中的一些符号具有特别的含义,可以描述字符串中字符组合的规律。最简单的匹配模式是由字母(含大小写形式)和数字 0~9 组成的字符串,这类字符串本身就是模式,但是这些字符串仅能匹配它本身。

复杂一点的模式需要使用特殊字符,称为通配符或控制字符,在进一步介绍通配符前,先举一个实例,程序段 A-1 列举了一些简单的模式及其用法。

程序段 A-1　模式及其用法实例

```
1    import re
2    if __name__ == '__main__':
3        str = "We have 51 apples. They have 37 pears."
4        str1 = re.findall('have',str)
5        print('str1:',str1)
6        str2 = re.search('have',str)
7        print('str2:',str2)
8        print(str[str2.start():str2.end()])
9        print(str2.group())
10       str3 = re.match('We',str)
11       if str3!= None:
12           print(str3.group())
13       str4 = re.search('\d',str)
```

```
14          if str4!= None:
15              print(str4.group())
16      str5 = re.findall('\d', str)
17      print(str5)
18      str6 = re.findall('\d + ', str)
19      print(str6)
20      str7 = re.findall('[0 - 9] + ', str)
21      print(str7)
```

程序段 A-1 的执行结果如图 A-1 所示。

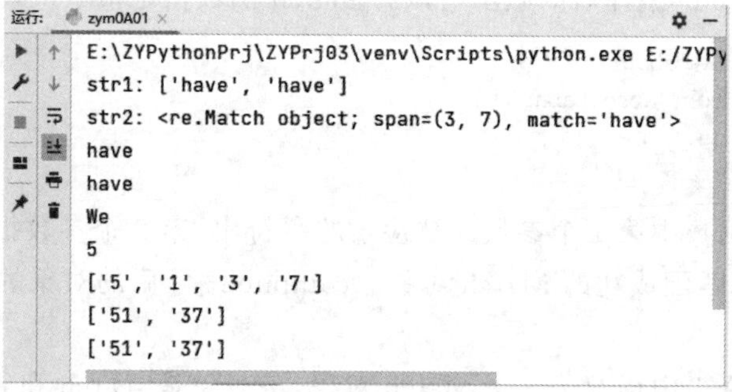

```
运行:  zym0A01 ×                                              ⚙ _
▶ ↑   E:\ZYPythonPrj\ZYPrj03\venv\Scripts\python.exe E:/ZYPy
🔧 ↓   str1: ['have', 'have']
▣ ⇥   str2: <re.Match object; span=(3, 7), match='have'>
      have
▤ 🖶   have
📌    We
      5
      ['5', '1', '3', '7']
      ['51', '37']
      ['51', '37']
```

图 A-1　模块 zym0A01 执行结果

在程序段 A-1 中,第 1 行“import re”装载模块 re,这里的 re 是“regular”(正规的)的前两个字母,模块 re 支持正则表达式应用。

第 3 行“str= "We have 51 apples. They have 37 pears. ""定义字符串 str。

第 4 行“str1=re. findall('have',str)”中的“have”为“模式”字符串,这里,在 str 中查找全部的“have”模式,并返回查到的结果列表,赋给 str1。第 5 行“print('str1：',str1)”输出 str1。

第 6 行“str2=re. search('have',str)”调用 search 方法,在字符串 str 中查找与模式“have”相匹配的第一个字符串,并返回一个 Match 对象,赋给 str2。第 7 行“print('str2：',str2)”输出 Match 对象 str2。第 8 行“print(str[str2. start()：str2. end()])”调用 Match 对象的 start 和 end 方法输出匹配到的字符串；或者使用第 9 行“print(str2.group())”输出匹配到的字符串。

第 10 行“str3=re. match('We',str)”调用 match 函数从开头查找字符串 str 中的模式“We”,返回一个 Match 对象 str3；第 11 行“if str3!=None：”判断如果 str3 不为 None 时,则执行第 12 行“print(str3. group())”输出匹配的字符串。

第 13 行“str4=re. search('\d',str)”中模式为“\d”(这里的 d 为 digit 的首字母),是一个控制字符,表示一个数字(0~9)字符,即模式“\d”匹配一个数字字符。返回 str 字符串中的第一个数字的 Match 对象,赋给 str4。第 14 行“if str4!=None：”判断如果 str4 不为None 时,则第 15 行“print(str4. group())”输出匹配到的数字字符。

第 16 行“str5 = re. findall('\d', str)”查找字符串 str 中的所有数字(以单个数字的形式),返回由这些数字字符组成的列表。第 17 行“print(str5)”输出这个列表,得到“['5', '1', '3', '7']”。

第 18 中的模式“\d＋”是“\d”和“＋”的组合,“\d”表示(匹配)单个数字字符,“＋”表示其前面的模式重复 1 次至多次。因此,“\d＋”表示匹配 1 个或多个数字字符。例如,“789”

将作为一个整体(模式)被匹配上,而不是三个模式。这种匹配是优先匹配满足要求的尽可能长的字符串,被称为"贪心匹配"模式。而"\d+?"(后面加上一个"?"号)表示匹配满足要求的尽可能短的字符串,被称为"非贪心匹配"模式。

第20行的模式"[0-9]+"和"\d+"含义完全相同,"[0-9]"表示匹配0至9中的任一个数字字符。

这样,第18、19行和第20、21行的作用相同,输出结果均为"['51', '37']"。

表A-2列举了正则表达式中常用的控制字符。

表 A-2　正则表达式中常用的控制字符

序　号	控 制 字 符	含　义
1	^	从字符串开头进行匹配,例如,模式"^we"表示字符串开头以"we"开始时才能匹配成功
2	$	模式匹配到字符串结尾处,例如,"me$"表示字符串末尾为"me"时匹配成功。又如,"'(^abc)\w+(xyz$)'"表示匹配所有以"abc"开头且以"xyz"结尾的字符串(中间只能包含字母、数字和下画线)
3	\w	匹配单个字母、数字或下画线(相当于模式[a-zA-Z0-9_])
4	[]	匹配位于"[ ]"中的一个字符,例如,[0-9]表示匹配0至9间的一个数字字符。"[ ]"中的"-"表示范围
5	()	被括住的部分视为一个整体,称为子模式
6	\W	与\w含义相反,匹配除字母、数字或下画线外的单个字符,相当于模式"[^a-zA-Z0-9]",当"^"位于"[ ]"内部时,表示匹配除指定的范围外的一个字符
7	\d	匹配单个数字,与模式"[0-9]"含义相同
8	\D	与\d含义相反,表示匹配除数字之外的一个字符,相当于模式"[^0-9]"
9	.	匹配除换行符外的单个字符
10	\n	匹配一个换行符
11	\s	匹配一个空白符号,包括空格、换行符、换页符、制表符等
12	\S	匹配除空白符之外的一个字符,与\s含义相反
13	\数字	"数字"为1、2、3等正整数,与模式"( )"组合使用,第1个子模式的编号为1,第2个子模式的编号为2,因此"\1"表示引用第1个子模式,"\2"表示引用第2个子模式等。例如模式"(\d)\1"这里只有一个子模式"(\d)",所以其编号为1,故"(\d)\1"表示匹配两个相同的数字,又如"r'([a-z])(\d)\1\2'"将匹配形如"u3u3"这样的字符串,这里的"r"表示"([a-z])(\d)\1\2"中的"\"不是转义控制字符,"([a-z])"的编号为1,"(\d)"的编号为2,只有通过这种方式才能匹配那些"ABAB"形式的字符串。 注意:子模式出现前将不能引用其编号,例如"([a-z])\2(\d)\1"是错误的模式,因为编号为2的模式(\d)还没有出现时,引用了它的编号"\2"
14	*	"*"为控制符,表示其前面的模式重复0次或多次
15	+	"+"为控制符,表示其前面的模式重复1次或多次
16	{m,n}	"{m,n}"为控制符,表示其前面的模式重复至少m次且至多n次;{m}表示其前面的模式重复m次;{m,}表示其前面的模式至少重复m次;{,n}表示其前面的模式至多重复n次。因此,模式"*"相当于模式"{0,}";模式"+"相当于{1,}

续表

序　号	控制字符	含　义
17	?	"?"为控制符,表示其前面的模式重复 0 次或 1 次,相当于模式"{0,1}"。"?"号在"＋""＊""?"或"{m,n}"后表示使用"非贪心匹配",即匹配满足要求的长度最短的字符串,如"{m,n}?"等价于"{m}"
18	|	用于模式匹配的"或"操作符

现在,基于附表 A-2,编写程序用正则表达式从一段文本中检索其中的电话号码和 Email,如程序段 A-2 所示。

程序段 A-2　文件 zym0A02

```
1    import re
2    if __name__ == '__main__':
3        str = 'Tel:15290010005,Email:zhangfei@wisdom.com.cn.'
4        str1 = re.search('1(5|3|8)[0-9]{9}',str)
5        if str1!=None:
6            print('Tel: ',str1.group())
7        str2 = re.search('(\w)+@((\w)+.)+(\w)+',str)
8        if str2!=None:
9            print('Email:',str2.group())
```

程序段 A-2 的执行结果如图 A-2 所示。

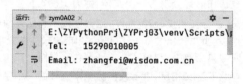

图 A-2　程序段 A-2 执行结果

在程序段 A-2 中,第 1 行"import re"装载模块 re。

第 3 行"str = 'Tel：15290010005,Email：zhangfei@wisdom.com.cn.'"定义字符串 str。

第 4 行"str1＝re.search('1(5|3|8)[0-9]{9}',str)"中模式为"1(5|3|8)[0-9]{9}",表示匹配以 1 开头、第 2 个位置为 5 或 3 或 8、第 3～11 个位置为 0～9 中的数字、长度为 9 的字符串。匹配结果赋给 str1。

第 5 行"if str1!＝None:"判断如果 str1 不为 None 时,则执行第 6 行"print('Tel：　',str1.group())"输出电话号码。

第 7 行"str2＝re.search('(\w)+@((\w)+.)+(\w)+',str)"中模式"(\w)+@((\w)+.)+(\w)+"表示匹配的字符串的特征为:以长度为 1 以上的字符串开头,其后为符号"@",再之后为长度为 1 以上的字符串与"."的组合的 1 次或多次以上,最后为长度为 1 以上的字符串。匹配结果赋给 str2。

第 8 行"if str2!＝None:"判断如果 str2 不为 None 时,则执行第 9 行"print('Email：',str2.group())"输出 Email。

参 考 文 献

[1] 张勇,陈伟,贾晓阳,等.精通 C++语言[M].北京：清华大学出版社,2022.

[2] 小甲鱼.零基础入门学习 Python[M].2 版.北京：清华大学出版社,2019.

[3] 董付国.Python 程序设计基础与应用[M].2 版.北京：机械工业出版社,2022.

[4] 朱文强,钟元生.Python 数据分析实战[M].北京：清华大学出版社,2021.